高等院校网络教育系列教材

Linux 系统管理

沈健　王梦龙　主编
毕雨　朱斌峰　编著

华东理工大学出版社
EAST CHINA UNIVERSITY OF SCIENCE AND TECHNOLOGY PRESS
·上海·

图书在版编目(CIP)数据

Linux 系统管理/沈健,王梦龙主编. 毕雨,朱斌峰编著. —上海:华东理工大学出版社,
2014.8

高等院校网络教育系列教材

ISBN 978 - 7 - 5628 - 3975 - 0

Ⅰ. ①Linux… Ⅱ. ①沈… ②王… Ⅲ. ①Linux 操作系统—高等学校—教材

Ⅳ. ①TP316.89

中国版本图书馆 CIP 数据核字(2014)第 147981 号

内 容 提 要

本书共分 4 篇,基础篇介绍了 Linux 的起源和发展、Linux 的主要发行版本、Linux 与 Windows 的区别、Linux 安装和磁盘规划、Linux 基本配置等;系统管理篇介绍了 Linux 系统设置基础内容,以及应对日常的 Linux 系统问题;网络篇介绍了 Linux 与 Windows 远程访问与共享、Web 与 FTP 服务、邮箱服务、DNS 域名解析服务、DHCP 服务器管理、网络配置等;系统安全篇介绍了 SELinux 基础、身份切换、远程访问工具 SSH、安全工具、身份验证等。本书可作为学习 Linux 系统的教材,也可作为 Linux 系统的使用者和开发者的参考书。

高等院校网络教育系列教材

Linux 系统管理

....

主 编 / 沈 健 王梦龙
编 著 / 毕 雨 朱斌峰
责任编辑 / 徐知今
责任校对 / 金慧娟
封面设计 / 裴幼华
出版发行 / 华东理工大学出版社
          地址:上海市梅陇路 130 号,200237
          电话:(021)64250306(营销部)
                 (021)64252722(编辑部)
          传真:(021)64252707
          网址:press.ecust.edu.cn
印 刷 / 江苏句容市排印厂
开 本 / 787 mm×1092 mm 1/16
印 张 / 16
字 数 / 385 千字
版 次 / 2014 年 8 月第 1 版
印 次 / 2014 年 8 月第 1 次
书 号 / ISBN 978 - 7 - 5628 - 3975 - 0
定 价 / 39.80 元

联系我们:电子邮箱 press@ecust.edu.cn
官方微博 e.weibo.com/ecustpress
淘宝官网 http://shop61951206.taobao.com

　　网络教育是依托现代信息技术进行教育资源传播、组织教学的一种崭新形式，它突破了传统教育传递媒介上的局限性，实现了时空有限分离条件下的教与学，拓展了教育活动发生的时空范围。从 1998 年 9 月教育部正式批准清华大学等 4 所高校为国家现代远程教育第一批试点学校以来，我国网络教育历经了若干年发展期，目前全国已有 68 所普通高等学校和中央广播电视大学开展现代远程教育。网络教育的实施大大加快了我国高等教育的大众化进程，使之成为高等教育的一个重要组成部分；随着它的不断发展，也必将对我国终身教育体系的形成和学习型社会的构建起到极其重要的作用。

　　华东理工大学是国家"211 工程"重点建设高校，是教育部批准成立的现代远程教育试点院校之一。华东理工大学网络教育学院凭借其优质的教育教学资源、良好的师资条件和社会声望，自创建以来得到了迅速的发展。但网络教育作为一种不同于传统教育的新型教育组织形式，如何有效地实现教育资源的传递，进一步提高教育教学效果，认真探索其内在的规律，是摆在我们面前的一个新的、亟待解决的课题。为此，我们与华东理工大学出版社合作，组织了一批多年来从事网络教育课程教学的教师，结合网络教育学习方式，陆续编撰出版一批包括图书、课程光盘等在内的远程教育系列教材，以期逐步建立以学科为先导的、适合网络教育学生使用的教材结构体系。

　　掌握学科领域的基本知识和技能，把握学科的基本知识结构，培养学生在实践中独立地发现问题和解决问题的能力是我们组织教材编写的一个主要目的。系列教材包括了计算机应用基础、大学英语等全国统考科目，也涉及了管理、法学、国际贸易、机械、化工等多学科领域。

　　根据网络教育学习方式的特点编写教材，既是网络教育得以持续健康发展的基础，也是一次全新的尝试。本套教材的编写凝聚了华东理工大学众多在学科研究和网络教育领域中有丰富实践经验的教师、教学策划人员的心血，希望它的出版能对广大网络教育学习者进一步提高学习效率予以帮助和启迪。

华东理工大学副校长　涂善东

Linux 是一种自由和开放源代码的类 Unix 操作系统。它最初是作为支持 Intel x86 架构的个人电脑的一个自由操作系统。如今 Linux 是一个集可靠性、稳定性、高效性于一体的优秀操作系统,被广泛应用在大中型企业级服务器和 Web 服务器上。世界上最快的前 10 名超级电脑运行的都是基于 Linux 内核的操作系统。现在随处可见的智能手机、平板电脑、智能电视等设备上所使用的 Android 操作系统就是创建在 Linux 内核之上的。Linux 已经成为世界上增长最迅速的操作系统。

Linux 能如此成功依靠的是什么? Linux 是用一个协作的开发模型创建的。Linux 和运行在它之上的软件都是由大量的软件爱好者、志愿者、公司员工、政府及世界各地的机构组织创建的。包括 IBM、Oracle、HP 和 Sun 在内的一些全球顶级的软件公司都在开发和使用开源软件。所有的这些企业和组织同时也创建和发展了开源产品,以及许多支持和围绕 Linux 与开源软件的基础设施。

本书内容体系如下:

1. 基础篇(第 1~2 章) 本篇主要内容包括 Linux 的起源和发展、Linux 的主要发行版本、Linux 与 Windows 的区别、Linux 安装和磁盘规划、Linux 基本配置等。通过本篇内容的学习,读者可以掌握 Linux 的特点、搭建 Linux 环境及掌握 Linux 的基本操作。

2. 系统管理篇(第 3~6 章) 本篇主要内容包括 Shell 基本命令、文件目录管理、用户与用户组管理、进程管理、磁盘与文件管理、系统与软件包管理等。通过本篇内容的学习,读者可以掌握 Linux 系统设置基础内容,并能应对日常的 Linux 系统问题。

3. 网络篇(第 7~8 章) 本篇主要内容包括 Linux 与 Windows 远程访问与共享、Web 与 FTP 服务、邮箱服务、DNS 域名解析服务、DHCP 服务器管理、网络配置等。通过本篇内容的学习,读者可以掌握常见的 Linux 服务器搭建技巧,可以将自己的个人 PC"升级"为功能强大的服务器。

4. 系统安全篇(第 9 章) 本篇主要内容包括 SELinux

基础、身份切换、远程访问工具 SSH、安全工具、身份验证等。通过本篇内容的学习，读者可以掌握 Linux 系统基本的安全防护技巧，为自己的 Linux 系统创建一个安全的环境。

本书献给正在学习 Linux 及即将学习 Linux 的朋友，在你们这些学习者之中，有些学习者会坚持信念勇往直前，直至踏入 Linux 的大门，也有些学习者中途会选择放弃。学习本书不需要读者任何 Linux 的学习经验，只要读者知道如何开关机、使用鼠标键盘即可。本书不是一本参考大全，也不是一本命令手册，本书的主旨是希望能够让初学者知道学习 Linux 不是想象中那样难，与 Windows 相比只是在操作上有些不一样而已，并且通过学习能够帮助初学者从对 Linux 一无所知到熟练掌握和使用。

编者

2014.5.10

目　　录

第四篇　系统安全篇

第一篇 基础篇

第1章
Linux 简介

本章学习要点

通过对本章的学习,读者应该掌握 Linux 系统的发展起源、系统化的设计思想、系统特点、各个发行版本及在 Linux 系统使用时与 Windows 系统的区别。其中读者们应着重掌握 Linux 系统的特点,这对今后学习 Linux 有着重要的基础作用。

学习目标

(1) 了解 Linux 系统化的设计思想;

(2) 掌握 Linux 的系统特点;

(3) 了解 Linux 的主要发行版本;

(4) 了解 Linux 与 Windows 系统的区别。

1.1 Linux 的起源

1.1.1 Linux 简介

定义:Linux 是一套免费使用和自由传播的类 Unix 操作系统,它主要用于 Intel x86 系列 CPU 的计算机上。这个系统是由世界各地的成千上万的程序员设计和实现的。它是不受任何商品化软件的版权制约、全世界都能自由使用的 Unix 兼容产品。

通常所说的 Linux,指的是 GNU/Linux,即采用 Linux 内核的 GNU(GNU's Not Unix)操作系统。GNU 既是一个操作系统,也是一种规范。Linux 最早由 Linus Torvalds 从 1991 年开始编写。在此之前,Richard Stallman 创建了 Free Software Foundation(FSF)组织及 GNU 项目,并不断地编写创建 GNU 程序(程序的许可方式均为 GPL:General Public License,即通用公共许可证)。在不断有程序员和开发者加入 GNU 组织中后,GNU 逐步变成了今天我们所看到的 Linux。

由于 Linux 内核的 GNU/Linux 操作系统使用了大量的 GNU 软件,包括了 Shell 程序、工具、程序库、编译器及工具,还有许多其他程序,例如 Emacs,所以 GNU 计划的开创者 Richard Stallman 博士提议将 Linux 操作系统改名为 GNU/Linux。但有些人只把操作系统叫做"Linux"。

Linux 的基本思想有两点:

(1) 一切都是文件;

(2) 每个软件都有确定的用途,同时它们都尽可能被编写得更好。

其中第一点详细来讲就是系统中的所有内容都归结为一个文件,包括命令、硬件和软件设备、操作系统、进程等对于操作系统内核而言，都被视为拥有各自特性或类型的文件。

1.1.2 Linux 的引导程序

早期 Linux 的开机管理程序(boot loader)是使用 LILO(Linux Loader)的，但 LILO 存在着一些难以容忍的缺陷，例如无法识别 8G 以外的硬盘，后来新增 GRUB(GRand Unified Bootloader)克服了这些缺点，具有"动态搜寻核心档案"的功能，可以在开机的时候，自行编辑开机设定的系统档案，通过 ext2 或 ext3 档案系统中载入 Linux Kernel。

1.1.3 GNU 工程简介

GNU 是"GNU's Not Unix"的递归缩写。1983 年 9 月 27 日 Richard Stallman 在 net. unix 新闻组上公布 GNU 计划消息，并附带一份《GNU 宣言》——解释为何发起该计划的文章，指导思想是"重现当年软件界合作互助的团结精神"。1984 年正式启动 GNU 工程，目标是创建一套完全自由的类 Unix 操作系统。为保证 GNU 软件可以自由地"使用、复制、修改和发布"，所有 GNU 软件都要有一份禁止其他人添加任何限制的情况下授权所有权利给任何人的协议条款——GNU 通用公共许可证。这个就是被称为"反版权"(或称 Copyleft)的概念。

许多 Unix 系统上也安装了 GNU 软件，因为 GNU 软件的质量比之前 Unix 的软件还要好。GNU 工具还被广泛地移植到 Windows 和 Mac OS 上。GNU 工程十几年以来已经成为一个软件开发的主要影响力量，创造了无数的重要软件工具。例如：强大的编译器，有力的文本编辑器，甚至一个全功能的操作系统。这个工程是从 1984 年美国麻省理工学院的程序员 Richard Stallman 的想法得来的，他想要建立一个自由的、和 Unix 类似的操作环境。从那时开始，许多程序员聚集起来开始开发一个自由的、高质量、易理解的软件。

注：(1) 1979 年，AT&T 宣布了 Unix 的商业化计划，随之出现了各种二进制的商业 Unix 版本。

(2) GNU 的标志：GNU 头像具有象征性的胡子和优美的卷角，如图 1.1 所示。

(3) 自由软件基金会(Free Software Foundation，FSF)：FSF 成立于 1985 年。

(4) 使用 Linux 作为内核的 GNU 操作系统正在被广泛地使用；尽管这类操作系统常常被简略地称作 Linux，其实更准确的说法应该是 GNU/Linux 系统。

图 1.1　GNU 头像

1.1.4 Linus Torvalds 简介

Linux 内核诞生于 1991 年，由芬兰的一名大学生 Linus Torvalds(当今世界最著名的电脑程序员、黑客)发起，如图 1.2 所示。那时，它只能运行在 i386 系统上，实质上是一个独立编写的 Unix 内核的克隆，旨在充分利用当时全新的 i386 架构。这是他在赫尔辛基大学上学时出于个人爱好而编写的，当时他并不满意计算机教授 Andrew Tannebaum(安德鲁·坦纳鲍姆)编写的一个操作系统示教程序——Minix(米尼克斯)操作系统。最初的设想中，Linux 是一种类似 Minix 的一种操作系统，并且具有 Unix 操作系统的全部功能，从而能替代 Minix。

Linux 的第一个版本在 1991 年 9 月被大学 FTP server 管理员 Ari Lemmke 发布在 Internet 上,最初 Torvalds 称这个核心的名称为"Freax",意思是自由(free)和奇异(freak)的结合字,并且附上了"X"这个常用的字母,以配合所谓的 Unix - like 的系统。但是 FTP server 管理员嫌原来的命名"Freax"不好听,把核心的称呼改成"Linux",当时仅有 10000 行代码,仍必须执行于 Minix 操作系统之上,并且必须使用硬盘开机;随后在 10 月份第二个版本(0.02 版)就发布了,同时这位芬兰赫尔辛基的大学生在 comp.os.minix 上发布一则信息:

图 1.2　Linus Torvalds

Hello everybody out there using minix - I'm doing a (free) operation system (just a hobby, won't be big and professional like gnu) for 386(486) AT clones.

在 1991 年 11 月,Linus Torvalds 写了个小程序,取名为 Linux,放在互联网上。他表达了一个愿望,希望借此搞出一个操作系统的"内核"来(Linux 0.11 版)。这完全是一个偶然事件。但是,Linux 刚一出现在互联网上,便受到广大的 GNU 计划追随者们的喜欢,他们将 Linux 加工成了一个功能完备的操作系统,叫做 GNU Linux。

在 1995 年 1 月,Bob Young 创办了 RedHat 公司,以 GNU Linux 为核心,搞出了一种冠以品牌的 Linux,即 RedHat Linux,称为 Linux 发行版,在市场上出售。

1.1.5　Richard Stallman 简介

Richard Stallman,如图 1.3 所示,美国国家工程院院士,GNU 工程及自由软件基金会的创立者,著名黑客,自由软件运动的精神领袖。他于 1984 年发起了 GNU 工程。Linux 是一个内核,然而一个完整的操作系统不仅仅是内核而已。所以许多个人、组织和企业开发了基于 GNU/Linux 的 Linux 发行版。今天有不计其数的发行版可供人们选择使用,虽然不够统一的标准给不同版本的使用者在技术上的相互沟通带来了一定的麻烦,但归根结底"自由、开源、团结互助"的理念是 Linux 爱好者们共同的向往。

图 1.3　Richard Stallman

1985 年 Richard Stallman 又创立了自由软件基金会为 GNU 计划提供技术、法律及财政支持。尽管 GNU 计划大部分时候是由个人自愿无偿贡献,但 FSF 有时还是会聘请程序员来帮助编写。

1992 年,Linux 与其他 GNU 软件结合,完全自由的操作系统正式诞生。该操作系统往往被称为 GNU/Linux 或简称 Linux。

1.1.6　Linux 系统的特点

Linux 系统在短短的几年之内就得到了非常迅猛的发展,这与 Linux 系统的良好特性是分不开的。Linux 系统包含了 Unix 系统的全部功能和特性,简单地说,Linux 系统具有以下主要特性。

1. 开放性

开放性是指系统遵循世界标准规范，特别是遵循开放系统互联(OSI)国际标准。凡遵循国际标准所开发的硬件和软件，都能彼此兼容，可方便地实现互联。

2. 多用户

多用户是指系统资源可以被不同用户使用，每个用户对自己的资源(如文件、设备等)有特定的权限，互不影响。Linux 和 Unix 都具有多用户的特性。

3. 多任务

多任务是现代计算机的最主要的一个特点。它是指计算机同时执行多个程序，而且各个程序的运行互相独立。Linux 系统调度每一个进程平等地访问微处理器。由于 CPU 的处理速度非常快，其结果是，启动的应用程序看起来好像在并行运行。事实上，从处理器执行一个应用程序中的一组指令到 Linux 调度微处理器再次运行这个程序之间只有很短的时间延迟，所以用户是感觉不出来的。

4. 良好的用户界面

Linux 向用户提供了两种界面：用户界面和系统调用。Linux 的传统用户界面是基于文本的命令行界面，即 Shell，它既可以联机使用，又可存放在文件中脱机使用。Shell 有很强的程序设计能力，用户可以方便地用它编制程序，从而为用户扩充系统功能提供了更高级的手段。可编程 Shell 是指将多条命令组合在一起，形成一个 Shell 程序，这个程序可以单独运行，也可以与其他程序同时运行。

系统调用给用户提供编程时使用的界面。用户可以在编程时直接使用系统提供的系统调用命令。系统通过这个界面为用户程序提供底层、高效率的服务。

Linux 还为用户提供了图形用户界面。它利用鼠标、菜单、窗口、滚动条等方式，给用户呈现一个直观、易操作、交互性强的友好的图形化操作界面。

5. 设备独立性

设备独立性是指操作系统把所有外部设备统一当作文件来看待，只要安装它们的驱动程序，任何用户都可以像使用文件一样，操纵、使用这些设备，而不必知道它们的具体存在形式。

具有设备独立性的操作系统，可以通过把每一个外围设备看作一个独立文件来简化并增加新设备的工作。当需要增加新设备时、系统管理员就在内核中增加必要的连接。这种连接(也称作设备驱动程序)保证每次调用设备提供服务时，内核以相同的方式来处理它们。当新的及更好的外设被开发并交付给用户时，操作允许在这些设备连接到内核后，就能不受限制地立即访问它们。设备独立性的关键在于内核的适应能力。其他操作系统只允许一定数量或一定种类的外部设备连接。而设备独立性的操作系统能够容纳任意种类及任意数量的设备，因为每一个设备都是通过其与内核的专用连接独立进行访问的。

Linux 是具有设备独立性的操作系统，它的内核具有高度适应能力，随着更多的程序员加入 Linux 编程，会有更多硬件设备加入各种 Linux 内核和发行版本中。另外，由于用户可以免费得到 Linux 的内核源代码，因此，用户可以修改内核源代码，以便适应新增加的外部设备。

6. 丰富的网络功能

完善的内置网络是 Linux 的一大特点。Linux 在通信和网络功能方面优于其他操作系统。其他操作系统没有如此紧密地和内核结合在一起的连接网络的能力,也没有这些内置的联网特性。而 Linux 为用户提供了完善、强大的网络功能。

(1) 支持 Internet 是其网络功能之一。Linux 免费提供了大量支持 Internet 的软件,Internet 是在 Unix 领域中建立并发展起来的,在这方面使用 Linux 是相当方便的,用户能用 Linux 与世界上的其他人通过 Internet 网络进行通信。

(2) 文件传输是其网络功能之二。用户能通过一些 Linux 命令完成内部信息或文件的传输。

(3) Linux 不仅允许进行文件和程序的传输,它还为系统管理员和技术人员提供了访问其他系统的窗口。通过这种远程访问的功能,一位技术人员能够有效地为多个系统服务,即使那些系统位于相距很远的地方。

7. 可靠的系统安全

Linux 采取了许多安全技术措施,包括对读、写控制,带保护的子系统,审计跟踪,核心授权等,这为多用户网络环境中的用户提供了必要的安全保障。

8. 良好的可移植性

Linux 可移植性是指将操作系统从一个平台转移到另一个平台使它仍然能按其自身的方式运行的能力。Linux 是一种可移植的操作系统,能够在从微型计算机到大型计算机的任何环境中和任何平台上运行。其可移植性为运行 Linux 的不同计算机平台与其他任何机器进行准确而有效的通信提供了手段,不需要另外增加特殊的和昂贵的通信接口。

1.2　Linux 的主要发行版本

Linux 的标志和吉祥物是一只名字叫做 Tux(它克斯)的企鹅,如图 1.4 所示。标志的由来是因为 Linus Torvalds 在澳洲时曾被一只动物园里的企鹅咬了一口,便选择了企鹅作为 Linux 的标志。

Linux 的版本号分为两部分:内核版本和发行版本。

1.2.1　Linux 的内核版本

内核版本指的是在 Linus Torvalds 领导下的开发小组开发出的系统内核的版本号,通常,内核版本号的第二位如果是偶数表示是稳定的

图 1.4　Linux 的标
志和吉祥物

版本,如 2.6.25;如果是奇数表示有一些新的东西加入,是不稳定的测试版本,如 2.5.6。Linux 操作系统的核心就是它的内核,Linus Torvalds 和他的小组在不断地开发和推出新的内核。

像所有软件一样,Linux 的内核也在不断升级。升级内容:进程调度、内存管理、配置管理虚拟文件系统、提供网络接口及支持进程间通信。

1.2.2　Linux 的发行版本

Linux 发行的某些不需要安装的,只需通过 CD 或者可启动的 USB 存储设备就能使用的版本,被称为 LiveCD。

一个完整的操作系统不仅仅只有内核,还包括一系列为用户提供各种服务的外围程序。外围程序包括 GNU 程序库和工具,命令行 Shell,图形界面的 X Window 系统和相应的桌面

环境,如 KDE 或 GNOME,并包含数千种从办公套件,编译器,文本编辑器到科学工具的应用软件。所以,许多个人、组织和企业,开发了基于 GNU/Linux 的 Linux 发行版,他们将 Linux 系统的内核与外围应用软件和文档包装起来,并提供一些系统安装界面和系统设置与管理工具,这样就构成了一个发行版本(distribution)。

实际上,Linux 的发行版本就是 Linux 内核再加上外围的实用程序组成的一个大软件包而已。相对于操作系统内核版本,发行版本的版本号是随发布者的不同而不同,与 Linux 系统内核的版本号是相对独立的,例如:RedHat Enterprise Linux 5.2 的操作系统内核是 linux-2.6.18。

Linux 的发行版本大体可以分为两类,一类是商业公司维护的发行版本,另一类是社区组织维护的发行版本,前者以著名的 RedHat Linux 为代表,后者以 Debian 为代表。

1. Debian 介绍

Debian GNU/Linux 是由 Ian Murdock(伊恩·默多克)在 1993 年发起的,因为他的名字以 Ian 开头,他太太的名字 Debra 开头三个字母是 Deb,Debian 就是由这两者组合而成的。

由于 Debian 采用了 Linux Kernel(操作系统的核心),但是大部分基础的操作系统工具都来自 GNU 工程,因此又称为 GNU/Linux。Debian GNU/Linux 附带了超过 29000 个软件包,这些预先编译好的软件被包裹成一种良好的格式,以便于在机器上进行安装。让 Debian 支持其他内核的工作也正在进行,最主要的就是 Hurd。Hurd 是一组在微内核(例如 Mach)上运行的提供各种不同功能的守护进程。

2. Ubuntu 介绍

Ubuntu 是一个以桌面应用为主的 Linux 操作系统,其名称来自非洲南部祖鲁语或豪萨语的"ubuntu"一词,意思是"人性"。"我的存在是因为大家的存在",这是非洲传统的一种价值观,类似华人社会的"仁爱"思想。Ubuntu 基于 Debian 发行版和 GNOME 桌面环境,与 Debian 的不同在于它每 6 个月会发布一个新版本。Ubuntu 的目标在于为一般用户提供一个最新的、同时又相当稳定的主要由自由软件构建而成的操作系统。Ubuntu 具有庞大的社区功能,用户可以方便地从社区获得帮助。Ubuntu 严格来说不能算一个独立的发行版本,Ubuntu 是基于 Debian 的 unstable 版本加强而来的,可以这么说,Ubuntu 就是一个拥有 Debian 所有的优点,以及自己添加的优点,形成近乎完美的 Linux 桌面系统。

Ubuntu 共分三个版本:

(1) 基于 GNOME 的 Ubuntu;

(2) 基于 KDE 的 Kubuntu;

(3) 基于 XFC 的 Xubuntu。特点是界面非常友好,容易上手,对硬件的支持非常全面,是最适合作桌面系统的 Linux 发行版本。Ubuntu 默认桌面环境采用 GNOME,一个 Unix 和 Linux 主流桌面套件和开发平台。

Ubuntu 的版本和发布号:

Ubuntu 每 6 个月发布一个新版本,而每个版本都有代号和版本号,其中有 LTS 是长期支持版。版本号基于发布日期,例如第一个版本,4.10,代表是在 2004 年 10 月发行的。当前版本 Raring Ringtail 于 2013 年 4 月发布,因此版本号为 13.04。

3. RedHat

1994 年 3 月,Linux1.0 版正式发布,Marc Ewing(马克·尤恩)成立了 Red Hat 软件公司,成为最著名的 Linux 分销商之一。redhat.com 发布 redhat 9(简写为 rh9)后,全面转向 redhat enterprise linux(简写为 rhel)的开发。和以往不同的是,新的 rhel 3 二进制代码不再提供下载,而是作为 RedHat 服务的一部分,但源代码依然是开放的。rhel 系列已经发布到了 6.3。

4. Fedora 介绍

Fedora 和 RedHat 这两个 Linux 的发行版商联系很密切。RedHat 自 9.0 以后,不再发布桌面版的,而是把这个项目与开源社区合作,于是就有了 Fedora 这个 Linux 发行版。Fedora 项目是由 Red Hat 赞助的,由开源社区与 Red Hat 工程师合作开发的项目统称。Fedora 的目标,是推动自由和开源软件更快地进步。

特点:

(1) Fedora 是一个开放的、创新的、前瞻性的操作系统和平台,基于 Linux。它允许任何人自由地使用、修改和重新发布,无论现在还是将来。可运行的体系结构包括 x86(即 i386)、x86_64 和 PowerPC。

(2) Fedora 可以说是 RedHat 桌面版本的延续,只不过是与开源社区合作。

(3) Fedora 是一个独立的 Linux 发行版本的操作系统。

5. CentOS 介绍

CentOS 是 RHEL(Red Hat Enterprise Linux)源代码再编译的产物,而且在 RHEL 的基础上修正了不少已知的 bug,相对于其他 Linux 发行版,其稳定性值得信赖。

RHEL 在发行的时候,有两种方式。一种是二进制的发行方式,另一种是源代码的发行方式。

无论是哪一种发行方式,你都可以免费获得(例如从网上下载),并再次发布。但如果你使用了他们的在线升级(包括补丁)或咨询服务,就必须付费。

RHEL 一直都提供源代码的发行方式,CentOS 就是将 RHEL 发行的源代码重新编译一次,形成一个可使用的二进制版本。由于 Linux 的源代码是 GNU,所以从获得 RHEL 的源代码到编译成新的二进制,都是合法的。只是 REDHAT 是商标,所以必须在新的发行版本里将 REDHAT 的商标去掉。

REDHAT 对这种发行版的态度是:"我们其实并不反对这种发行版,真正向我们付费的用户,他们重视的并不是系统本身,而是我们所提供的商业服务。"

所以,CentOS 可以得到 RHEL 的所有功能,甚至是更好的软件。但 CentOS 并不向用户提供商业支持,当然也不承担任何商业责任。

特点:

(1) CentOS(Community Enterprise Operating System,社区企业操作系统)计划是在 2003 年 RedHat 决定不再提供免费的技术支持及产品认证之后成为部分"红帽重建者"之一。

(2) CentOS 修正了 RedHat 中的 bug。

(3) CentOS 的最新版本是 CentOS5.2,相对于以前版本有着更加强大的功能。

6. Slackware 介绍

Slackware 由 Patrick Volkerding(帕特里克·沃克登)创建于 1992 年,算起来应当是历史最悠久的 Linux 发行版。尽管如此,Slackware 仍然深入人心(大部分都是比较有经验的 Linux 老手)。Slackware 稳定、安全,所以仍然有大批的忠实用户。由于 Slackware 尽量采用原版的软件包而不进行任何修改,所以制造新 bug 的概率便低了很多。Slackware 的版本更新周期较长(大约 1 年),但是新版本的软件仍然不间断地提供给用户下载。

7. Mandrake 介绍

MandrakeSoft,Linux Mandrake 的发行商,在 1998 年由一个推崇 Linux 的小组创立,它的目标是尽量让工作变得更简单。最终,Mandrake 给人们提供了一个优秀的图形安装界面,它的最新版本还包含了许多 Linux 软件包。作为 RedHat Linux 的一个分支,Mandrake 将自己定位在桌面市场的最佳 Linux 版本上。但该公司还是支持 Linux 在服务器上的安装,而且成绩并不坏。Mandrake 的安装非常简单明了,为初级用户设置了简单的安装选项。它完全使用 GUI 界面,还为磁盘分区制作了一个适合各类用户的简单 GUI 界面。软件包的选择非常标准,另外还有对软件组和单个工具包的选项。安装完毕后,用户只需重启系统并登录进入即可。Mandrake 主要通过邮件列表和 Mandrak 自己的 Web 论坛提供技术支持。Mandrak 对桌面用户来说是一个非常不错的选择,它还可作为一款优秀的服务器系统,尤其适合 Linux 新手使用。它使用最新版本的内核,拥有许多用户需要在 Linux 服务器环境中使用的软件——数据库和 Web 服务器。Mandrak 没有重大的软件缺陷,只是它更加关注桌面市场,较少关注服务器市场。

8. OpenSUSE 介绍

SUSE 是德国最著名的 Linux 发行版,在全世界范围中也享有较高的声誉。SUSE 自主开发的软件包管理系统也大受好评。SUSE 于 2003 年年末被 Novell 收购。SUSE 在被收购之后的发布显得比较混乱,比如 9.0 版本是收费的,而 10.0 版本(也许由于各种压力)又免费发布。这使得一部分用户感到困惑,也转而使用其他发行版本。最近还跟微软扯到了一起,但是瑕不掩瑜,SUSE 仍然是一个非常专业、优秀的发行版。

OpenSUSE 项目是由 Novell 公司资助的全球性社区计划,旨在推进 Linux 的广泛使用。这个计划提供免费的 OpenSUSE 操作系统。这里是一个由普通用户和开发者共同构成的社区,他们拥有一个共同的目标——创造世界上最好用的 Linux 发行版——SUSE Linux。OpenSUSE 是 Novell 公司发行的企业级 Linux 产品的系统基础。

9. Linux Mint 介绍

Linux Mint 是一份基于 Ubuntu 的发行版,其目标是提供一种更完整的即刻可用体验,这包括提供浏览器插件、多媒体编解码器、对 DVD 播放的支持、Java 和其他组件。它与 Ubuntu 软件仓库兼容。Linux Mint 是一个为 PC 机和 x86 电脑设计的操作系统。因此,一个可以运行 Windows 的电脑也可以使用 Linux Mint 来代替 Windows,或者两个都能运行。既有 Windows 又有 Linux 的系统就是传说中的"双系统"。同样,MAC,BSD 或者其他的 Linux 版本也可以和 Linux Mint 共存。一台装有多系统的电脑在开机的时候会出现一个供你选择操作系统的菜单。Linux Mint 可以很好地在一个单系统的电脑上运行,但是它也可以自动检测其他操作系统并与其互动,例如,如果你在一个安装了 Windows 版本(xp,vista 或者其他版本)的电脑上安装 Linux Mint,它会自动检测并建立双启动以供你在开机的时候选择启动哪个系统。并且你可以在 Linux Mint 下访问 Windows 分区。Linux 安全、稳定、有效并且易于操作的特点，甚至可以和 Windows 相媲美，它越来越受到人们的关注。

10. Gentoo 介绍

Gentoo 是 Linux 世界最"年轻"的发行版本，正因为年轻，所以能吸取在它之前的所有发行版本的优点。Gentoo 最初由 Daniel Robbins（FreeBSD 的开发者之一）创建，首个稳定版本发布于 2002 年。由于开发者对 FreeBSD 的熟识，所以 Gentoo 拥有媲美 FreeBSD 的广受美誉的 ports 系统——Portage 包管理系统。不同于 APT 和 YUM 等二进制文件分发的包管理系统，Portage 是基于源代码分发的，必须编译后才能运行，对于大型软件而言比较慢，不过正因为所有软件都是在本地机器编译的，在经过各种定制的编译参数优化后，能将机器的硬件性能发挥到极致。Gentoo 是所有 Linux 发行版本里安装最复杂的，但是又是安装完成后最便于管理的版本，也是在相同硬件环境下运行最快的版本。

11. 中国大陆的 Linux 发行版

红旗 Linux（Redflag Linux），冲浪 Linux（Xteam Linux），蓝点 Linux，GNU/Linux，Open Desktop，等等。

12. 中国台湾地区的 Linux 发行版

鸿奇 Linux。

目前最著名的发行版本：Debian，Ubuntu，OpenSuse（原 Suse），CentOS，Fedora 等。中国比较著名的红旗 Linux 版本。

1.3 Linux 与 Windows 的比较

1.3.1 Linux 和 Windows 的区别

和 Linux 一样，Windows 系列是完全的多任务操作系统。它们支持同样的用户接口、网络和安全性。但是，Linux 和 Windows 的真正区别在于，Linux 事实上是 Unix 的一种版本，而且来自 Unix 的内容非常巨大。是什么使得 Unix 如此重要？不仅对于多用户机器来说，Unix 是最流行的操作系统，而且它还是免费软件的基础。在 Internet 上，大量免费软件都是针对 Unix 系统编写的。由于有众多的 Unix 厂商，所以 Unix 也有许多实现方法。没有一个单独的组织负责 Unix 的分发。现在，存在一股巨大的力量推动 Unix 社团以开放系统的形式走向标准化。另一方面 Windows 系列是专用系统，由开发操作系统的公司控制接口和设计。在这个意义上这种公司利润很高，因为它对程序设计和用户接口设计建立了严格的标准，和那些开放系统社团完全不一样。一些组织正在试图完成标准化 Unix 程序设计接口的任务。特别要指出的是，Linux 完全兼容 POSIX.1 标准。

安全问题对于 IT 管理员来说是需要长期关注的。主管们需要一套框架来对操作系统的安全性进行合理的评估，包括：基本安全、网络安全和协议、应用协议、发布与操作、确信度、可信计算、开放标准。在本书中，我们将按照这七个类别比较微软 Windows 和 Linux 的安全性。最终的定性结论是：到目前为止，Linux 提供了相对于 Windows 更好的安全性能，只有在一个方面（确信度）例外。

无论按照什么标准对 Windows 和 Linux 进行评估，都存在一定的问题，因为每个操作系统都不止一个版本。微软的操作系统有 Windows 98、Windows NT、Windows 2000、

Windows XP、Windows 2003 Server、Windows 7、Windows 8、Windows 2008 Server 和 Windows CE,而 Linux 的发行版由于内核(基于 2.2、2.4、2.6)的不同和软件包的不同也有较大的差异。本书所使用的操作系统,都是目前的技术而不是那些"古老"的解决方案。

用户需要记住:Linux 和 Windows 在设计上就存在哲学性的区别。Windows 操作系统倾向于将更多的功能集成到操作系统内部,并将程序与内核相结合;而 Linux 不同于 Windows,在于它的内核空间与用户空间有明显的界线。根据设计架构的不同,两者都可以使操作系统更加安全。

1.3.2　Linux 与 Windows 安全性比较

软件安全的衡量标准通常是主观的,因为程序代码的每一行都有出现安全漏洞的风险。每个安全漏洞都有严重程度,但是,这种严重程度对最终用户也许很重要,也许不重要。这个结果就是对安全有很多不同的解释,特别对于 Windows 或者 Linux 操作系统软件这样复杂的应用程序而言。

评定安全等级更为客观的方法是跟踪一个特定的套装软件发布的修复漏洞的补丁数量。当与 Linux 进行对比的时候,这种衡量方法表明 Windows 似乎安全漏洞更多。美国计算机应急反应小组最近发表的安全漏洞测评报告称,微软的 Windows 出现了 250 个安全漏洞,其中有 39 个安全漏洞的危险程度达到了 40 分或者 40 分以上。而 RedHat Linux 只有 46 个安全漏洞,其中只有 3 个安全漏洞的危险程度在 40 分以上。对于这两个操作系统的对比已经有数千份报告了。但是,像这种独立的政府机构发布的报告是最值得关注的。

使用管理员权限和普通的用户账号都可以操作 Windows 和 Linux 系统,但是某些第三方 Windows 应用软件没有严格坚持这个特点,经常需要管理员的权限才能正确运行软件。因此,这些用户发起的病毒攻击的破坏性是很大的。Linux 应用软件通常都遵守这个安全要求,因此很少被攻击者利用。

开发人员要创建一种简单易用的软件的愿望也是 Windows 受到影响的一个原因。Windows 易学易用的目的达到了,但是,其代价是牺牲了全面的安全。此外,Windows 需要兼容不安全的老版本的软件也是一个不利的条件。这个缺点是 Linux 所没有的。

Linux 确实有自己的安全弱点。最普通的弱点是对于某些高级技术缺乏可靠的本地支持。厂商一般开发硬件和相关的驱动程序软件只为大多数 Windows 用户使用。Linux 团体通常对这些产品做逆向工程处理,使这些产品兼容开源软件操作系统。这首先就使他们的工作没有预见性。在某些情况下,可接受的 Linux 硬件兼容要比 Windows 落后几个月甚至几年。幸运的是由于 IBM 和 Novell 支持开源软件标准,帮助优化兼容过程,这个问题并没有引起多大麻烦。

在 Linux 的图形界面接口之外,Linux 的命令行是非常复杂的,通常是不容易学会的。这就延缓了管理员掌握正确加强系统安全的时间。Linux 主要作为支持网络功能的操作系统,缺省安装时启动了很多网络应用程序,这就可能造成可以被利用的不为人知的安全漏洞。幸运的是,让管理员操作更方便的严格的缺省安全和简单的命令行工具弥补了这些弱点。

1.3.3　Linux 与 Windows 工作方式比较

虽然有一些类似之处,但 Windows 和 Linux 的工作方式还是存在一些根本的区别。这些区别只有在对两者都很熟悉以后才能体会到,但它们却是 Linux 思想的核心。

1. Linux 的应用目标是网络而不是打印

Windows 最初出现的时候,这个世界还是一个纸张的世界。Windows 的伟大成就之一在于工作成果可以方便地被看到并打印出来。这样一个开端影响了 Windows 的后期发展。

同样,Linux 也受到了其起源的影响。Linux 的设计定位于网络操作系统。它的设计灵感来自 Unix 操作系统,因此它的命令设计比较简单,或者说是比较简洁。由于纯文本可以非常好地跨网络工作,所以 Linux 配置文件和数据都以文本为基础。

对那些熟悉图形环境的人来说,Linux 服务器初看可能比较原始。但是 Linux 开发更多关注的是它的内在功能而不是表面上的东西。即使是在纯文本的环境中,Linux 同样拥有非常先进的网络、脚本和安全能力。执行一些任务所需的某些表面上看起来比较奇怪的步骤是令人费解的,但实际上 Linux 这些步骤是期望在网络上与其他 Linux 系统协同执行这些任务。Linux 的自动执行能力也很强,只需要设计批处理文件就可以让系统自动完成非常详细的任务。Linux 的这种能力来自其基于文本的本质。

2. 可选的 GUI

Linux 有图形组件。Linux 支持高端的图形适配器和显示器,完全能胜任图形相关的工作。现在,许多数字效果艺术家在 Linux 工作站上来进行他们的设计工作,而以前这些工作需要使用 IRIX 系统来完成。但是,图形环境并没有集成到 Linux 中,而是运行于系统之上的单独一层。这意味着可以只运行 GUI,或者在需要时才运行 GUI。如果系统的主要任务是提供 Web 应用,那么可以停掉图形界面,而将其所占用的内存和 CPU 资源用于应用服务。如果需要在 GUI 环境下做一些工作,可以再打开它,工作完成后再将其关闭。

Linux 有图形化的管理工具及日常办公的工具,比如电子邮件、网络浏览器和文档处理工具等。不过,在 Linux 中,图形化的管理工具通常是控制台(命令行)工具的扩展。也就是说,用图形化工具能完成的所有工作,用控制台命令同样可以完成。同样,使用图形化工具并不妨碍对配置文件进行手工修改。其实际意义可能并不是特别显而易见,但是,如果在图形化管理工具中所做的任何工作都可以以命令行的方式完成,这就表示那些工作也可以由一个脚本来实现。脚本化的命令可以成为自动执行的任务。Linux 同时支持这两种方式,并不要求只用文本或者只用 GUI。你可以根据需要选择最好的方法。

Linux 中的配置文件是可读的文本文件,这与过去的 Windows 中的 INI 文件类似,但与 Windows 的注册表机制在思路上有本质的区别。每一个应用程序都有自己的配置文件,而且通常不与其他的配置文件放在一起。不过,大部分的配置文件都存放于一个目录树(/etc)下的单个地方,所以看起来它们在逻辑上是在一起。文本文件的配置方式使得不通过特殊的系统工具就可以完成配置文件的备份、检查和编辑工作。

3. 文件名扩展

Linux 不使用文件名扩展来识别文件的类型。相反,Linux 根据文件的头内容来识别其类型。为了提高人类可读性仍可以使用文件名扩展,但这对 Linux 系统来说没有任何作用。不过,有一些应用程序,比如 Web 服务器,可能使用命名约定来识别文件类型,但这只是特定的应用程序的要求而不是 Linux 系统本身的要求。

Linux 通过文件访问权限来判断文件是否为可执行文件。任何一个文件都可以赋予可执行权限,这样程序和脚本的创建者或管理员可以将它们识别为可执行文件。这样做有利于安全。保存到系统上的可执行的文件不能自动执行,这样就可以防止许多脚本病毒。

4. 重新引导是最后的手段

如果使用 Windows 已经很长时间了,已经习惯出于各种原因(从软件安装到纠正服务故障)而重新引导系统,但在 Linux 中这一习惯需要改变。Linux 在本质上更遵循"牛顿运动定律",一旦开始运行,它将保持运行状态,直到受到外来因素的影响,比如硬件的故障。实际上,Linux 系统的设计使得应用程序不会导致内核的崩溃,因此不必经常重新引导(与 Windows 系统的设计相对而言)。所以除了 Linux 内核之外,其他软件的安装、启动、停止和重新配置都不用重新引导系统。

如果重新引导了 Linux 系统,原有问题很可能得不到解决,而且还会使问题更加恶化。学习并掌握 Linux 服务和运行级别是成功解决问题的关键。学习 Linux 最困难的方面就是克服重新引导系统的习惯。

另外,远程可以完成 Linux 中的很多工作。只要有一些基本的网络服务在运行,就可以进入那个系统。而且,如果系统中一个特定的服务出现了问题,可以在进行故障诊断的同时让其他服务继续运行。当在一个系统上同时运行多个服务的时候,这种管理方式非常重要。

5. 命令区分大小写

所有的 Linux 命令和选项都区分大小写。例如,－R 与－r 不同,会去做不同的事情。控制台命令几乎都是小写的。

6. 对于用户体验

Windows 操作系统的图形用户界面,易学易用,用户界面统一、友好、美观;与设备无关的图形操作,不需要进行复杂操作;桌面的图形框架是稳定的,只能由 Microsoft 修改;普通用户无法接触其内部系统,导致重要部件不会被更改;支持多线程管理。而 Linux 需要管理员,使用者要懂得代码知识,会手工操作,对于运行有一个清晰的认识;图标图形是可选的,由管理员进行控制;内部是展开的,容易被误操作,导致运行错误;不支持多线程管理。还有就是 Windows 的使用者是通过命令,而 Linux 是需要用户输入,来实现对计算机的管理。

从管理 Windows 到管理 Linux 的转变是很麻烦的。不过,作为一个 Windows 管理员,有自己的优势,对计算机的工作方式的理解依然可用。能否成为一个成功的 Linux 管理员将取决于对两者之间区别的认识及操作习惯的调整。

思考题

1-1 Unix 的大部分代码是用一种流行的程序设计语言编写的,该语言是什么?

1-2 Unix 系统的特点有哪些?

1-3 什么是 Linux? 其创始人是谁?

1-4 Linux 操作系统的诞生、发展和成长过程始终依赖着的重要支柱都有哪些?

1-5 简述 Linux 系统的特点。

1-6 常见的 Linux 的发行版本有哪些?

第 2 章
Linux 的安装与配置

本章学习要点

　　通过对本章的学习,读者应该掌握 Linux 系统的安装、启动、引导及系统磁盘规划,对于这些系统基础的应用技能应该熟练掌握,通过学习能够熟练地独立安装一个完整的 Linux 系统。

学习目标

　　(1)掌握 Linux 系统的安装,能独立进行系统安装;

　　(2)了解 Linux 的启动和引导;

　　(3)了解 Linux 的磁盘规划。

2.1　Linux 的几种常见安装方式

　　Linux 系统安装方法大概分为两种:一种为本地安装,利用服务器光驱进行安装;另外一种为网络安装。在本章中,Linux 本地安装模式以 CD 安装和 DVD 安装为例,具体安装步骤在此只列举 DVD 模式;网络安装模式以 HTTP 安装、FTP 安装和 NFS 安装为例,具体安装步骤在此只列举 NFS 模式。

2.1.1　本地方式安装

　　在本节中,DVD 模式的安装我们以安装 CentOS 为例。目前最新的 CentOS 版本为 CentOS 6.3,可以购买或者下载 CentOS 的安装光盘。安装光盘有两张 DVD,即下载的安装镜像文件为两个。安装系统只用到第一个镜像文件,即 DVD1,另外一个镜像文件是附带的软件包,视情况使用。CD 模式安装过程请参考 DVD 模式安装步骤。

　　1. 刻录光盘并从光驱引导

　　将下载好的 CentOS 系统镜像 DVD1.iso 刻录到 DVD 光盘(建议用 Nero 等专业刻录工具刻录),然后将刻录好的光盘放入服务器光驱中,开启服务器,设置从光驱启动,从光驱引导后,将出现下面如图 2.1 所示的界面。选择第一项,然后按下回车键。

　　界面说明:

　　Install or upgrade an existing system 安装或升级现有的系统;

　　Install system with basic video driver 安装过程中采用基本的显卡驱动;

　　Rescue installed system 进入系统修复模式;

　　Boot from local drive 退出安装从硬盘启动;

　　Memory test 进行内存检测。

Linux 系统管理

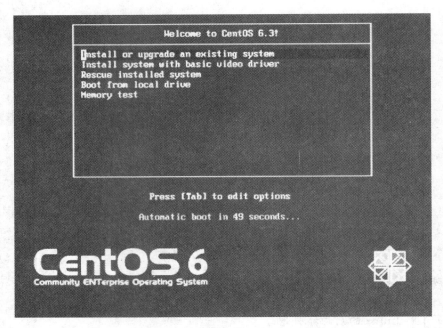

图 2.1

2. 跳过光盘质量测试提示

上一安装步骤回车后，将出现如图 2.2 所示的界面，使用"Tab"键切换到"Skip"，然后按下回车键。

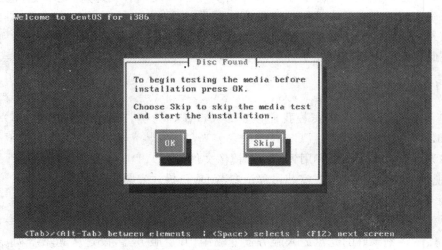

图 2.2

点击如图 2.3 所示界面右下方"Next"键进行下一步操作。

3. 选择安装过程使用的语言

选择安装过程使用的语言：中文（简体），然后点击"Next"，如图 2.4 所示。

14

图 2.3

 What language would you like to use during the installation process?

Arabic (العربية)
Assamese (অসমীয়া)
Bengali (বাংলা)
Bengali(India) (বাংলা (ভারত))
Bulgarian (Български)
Catalan (Català)
Chinese(Simplified) (中文（简体）)
Chinese(Traditional) (中文（正體）)
Croatian (Hrvatski)
Czech (Čeština)
Danish (Dansk)

图 2.4

4. 设置键盘

设置键盘为"美国英语式",然后点击"下一步",如图 2.5 所示。

5. 选择系统使用的存储设备

一般情况,均默认选择"基本存储设备",然后点击"下一步",如图 2.6 所示。

出现如图 2.7 提示时,点击"是,丢弃所有数据"。

请为您的系统选择适当的键盘。

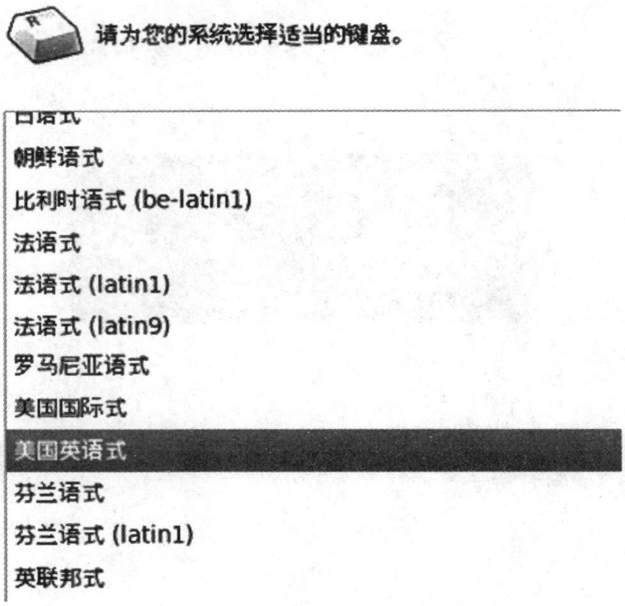

日语式
朝鲜语式
比利时语式 (be-latin1)
法语式
法语式 (latin1)
法语式 (latin9)
罗马尼亚语式
美国国际式
美国英语式
芬兰语式
芬兰语式 (latin1)
英联邦式

图 2.5

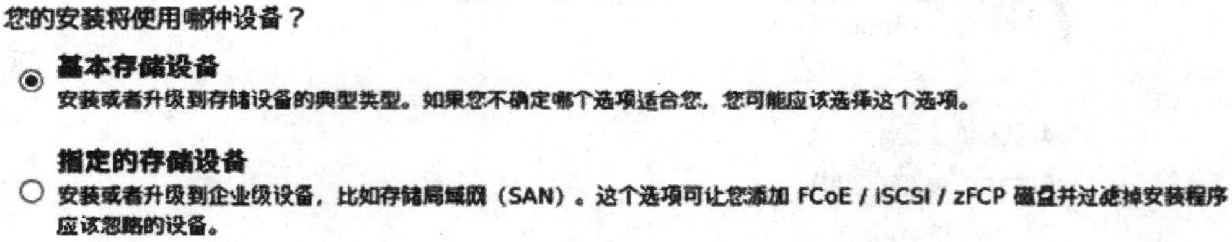

您的安装将使用哪种设备？

⦿ **基本存储设备**
安装或者升级到存储设备的典型类型。如果您不确定哪个选项适合您，您可能应该选择这个选项。

○ **指定的存储设备**
安装或者升级到企业级设备，比如存储局域网（SAN）。这个选项可让您添加 FCoE / iSCSI / zFCP 磁盘并过滤掉安装程序应该忽略的设备。

图 2.6

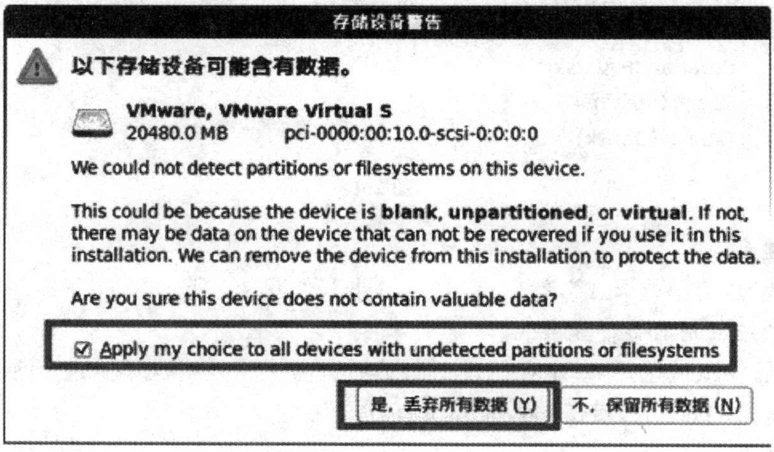

存储设备警告

⚠ **以下存储设备可能含有数据。**

VMware, VMware Virtual S
20480.0 MB   pci-0000:00:10.0-scsi-0:0:0:0

We could not detect partitions or filesystems on this device.

This could be because the device is **blank**, **unpartitioned**, or **virtual**. If not, there may be data on the device that can not be recovered if you use it in this installation. We can remove the device from this installation to protect the data.

Are you sure this device does not contain valuable data?

☑  Apply my choice to all devices with undetected partitions or filesystems

是，丢弃所有数据 (Y)   不，保留所有数据 (N)

图 2.7

6. 设置计算机名

如图 2.8 所示，可根据实际情况，对计算机主机名进行命名，如：nbpt。

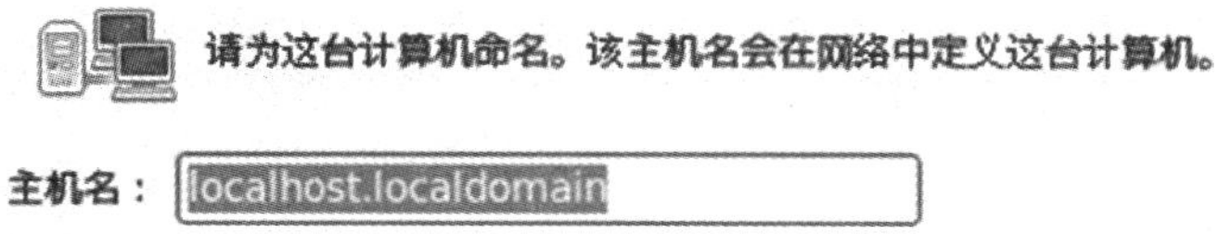

请为这台计算机命名。该主机名会在网络中定义这台计算机。

主机名：localhost.localdomain

图 2.8

7. 配置网络

点击图 2.9 界面左下角的"配置网络"，配置服务器网络。

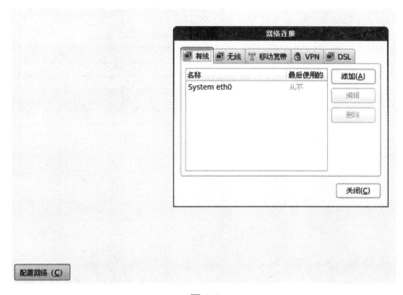

图 2.9

选中"System eth0"，然后点击"编辑"，如图 2.10 所示。

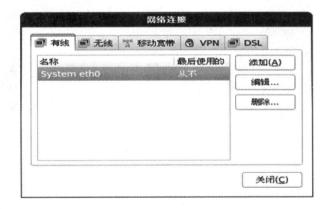

图 2.10

17

给 eth0 配置静态 IP 具体步骤：

（1）点击"编辑"；

（2）勾选"自动连接"；

（3）选择"IPv4 设置"选项卡，"方法"选择"手动"；

（4）点击"添加"；

（5）分别点击并配置"地址""子网掩码""网关"；

（6）填上"DNS 服务器"地址（如果没有可不填，多个 DNS 用逗号分隔）；

（7）点击"应用"完成配置。

具体操作步骤可参考图 2.11。

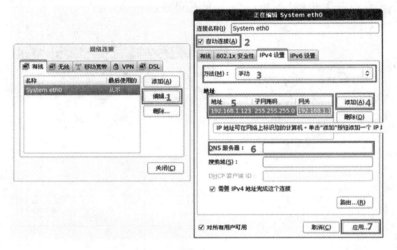

图 2.11

8. 选择系统时区

时区默认为"亚洲/上海"，如图 2.12 所示。注意需要去掉图 2.13 中所示的"系统时钟使用 UTC 时间"前面的钩，然后点击"下一步"。

图 2.12

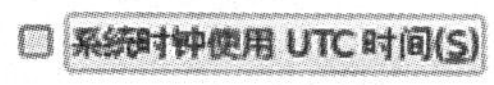

图 2.13

9. 设置 root 账户密码

设置 root 账户密码时，建议输入一个复杂组合的密码，密码包含：大写、小写、数字、符号，如图 2.14 所示。

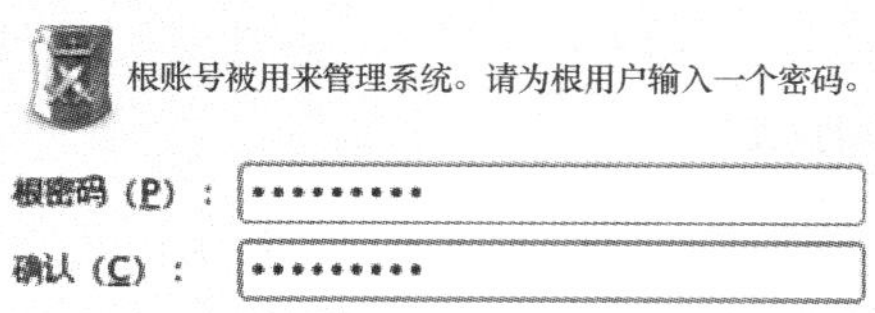

根账号被用来管理系统。请为根用户输入一个密码。

根密码（P）：●●●●●●●●

确认（C）：●●●●●●●●

图 2.14

10. 磁盘分区

选择第一个"使用所有空间"，并勾选左下角的"查看并修改分区布局"，点击"下一步"，如图 2.15 所示。

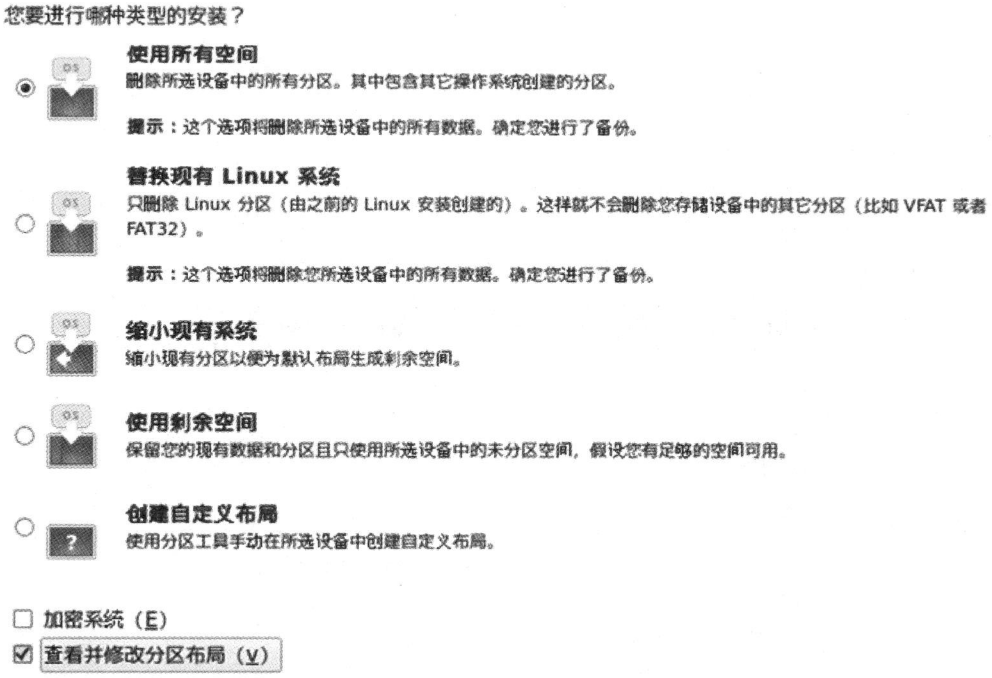

您要进行哪种类型的安装？

使用所有空间
删除所选设备中的所有分区。其中包含其它操作系统创建的分区。

提示：这个选项将删除所选设备中的所有数据。确定您进行了备份。

替换现有 Linux 系统
只删除 Linux 分区（由之前的 Linux 安装创建的）。这样就不会删除您存储设备中的其它分区（比如 VFAT 或者 FAT32）。

提示：这个选项将删除您所选设备中的所有数据。确定您进行了备份。

缩小现有系统
缩小现有分区以便为默认布局生成剩余空间。

使用剩余空间
保留您的现有数据和分区且只使用所选设备中的未分区空间，假设您有足够的空间可用。

创建自定义布局
使用分区工具手动在所选设备中创建自定义布局。

☐ 加密系统（E）
☑ 查看并修改分区布局（V）

图 2.15

点击"重设"，再点击"是"，操作如图 2.16 所示。

（1）创建第 1 个分区（启动分区）：

操作如图 2.17 所示，点击第一个"创建"按钮，再点击弹出的对话框中的"创建"按钮。

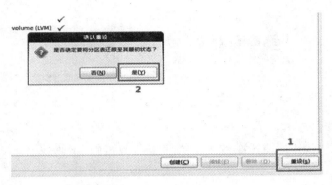

图 2.16

图 2.17

出现如图 2.18 所示界面，然后进行如下操作：

① "挂载点"选择"/boot"；

② "大小(MB)"填入"300"；

③ 点击"确定"。

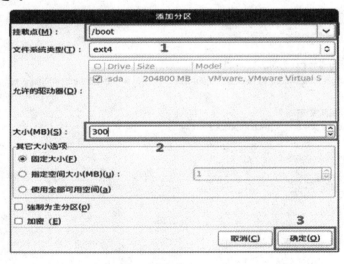

图 2.18

（2）创建第 2 个分区（主分区）：

重复如图 2.17 所示创建步骤，并按照图 2.19 所示进行如下操作：

① "挂载点"选择"/home"；

② "大小（MB）"填入"80000"（根据实际硬盘大小填写）；

③ 点击"确定"。

图 2.19

（3）创建第 3 个分区（交换分区）：

同样如图 2.17 所示进行重复创建步骤，并按照图 2.20 所示进行如下操作：

① "文件系统类型"选择"swap"；

② "大小（MB）"填入"8000"（根据实际内存大小填写，一般为内存的 1.5－2 倍，不大于 8G）；

③ 点击"确定"。

图 2.20

（4）创建第 4 个分区（根分区）：

同样如图 2.17 所示进行重复创建步骤，并按照图 2.21 所示进行如下操作：

① "挂载点"选择"/"；

② 勾选"使用全部可用空间"；

③ 点击"确定"。

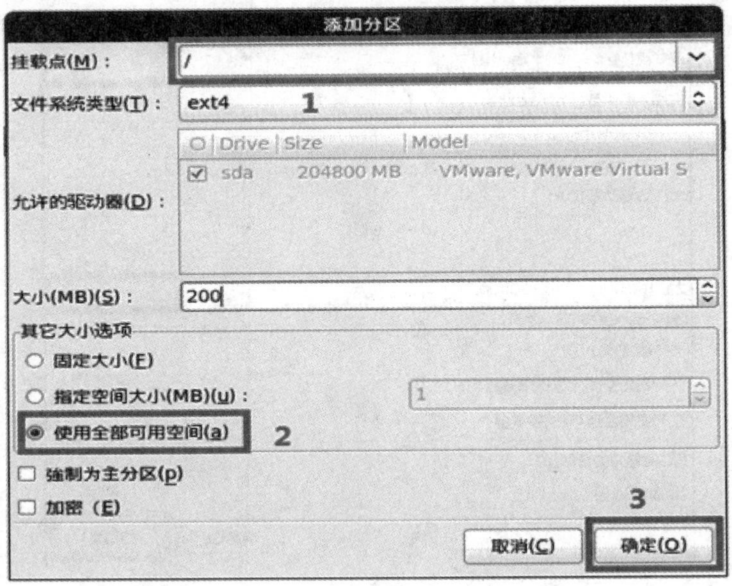

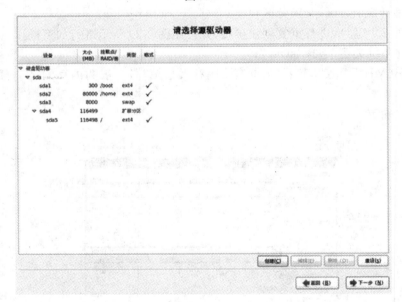

图 2.21

图 2.22

分区完成后效果如图 2.22 所示，点击"下一步"继续，并在如图 2.23 所示的界面中点击"格式化"按钮。

确认分区无误后，点击"将修改写入磁盘"，如图 2.24 所示。

图 2.23

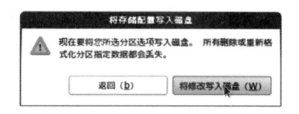

图 2.24

如图 2.25 所示,因为只有一个硬盘,所以保持默认,直接点击"下一步"。

图 2.25

11. 开始安装软件

在各选项中选择"Basic Server",并且点选"现在自定义"选项,然后点击"下一步",如图 2.26 所示。

图 2.27 所示为各选项包含的软件。

在"基本系统"选项中,去掉"Java 平台"前面的钩,并且在"服务器"选项中,勾选"FTP 服务器",然后点击"下一步"按钮,如图 2.28、图 2.29 所示。

图 2.26

Desktop ：基本的桌面系统，包括常用的桌面软件，如文档查看工具。

Minimal Desktop ：基本的桌面系统，包含的软件更少。

Minimal ：基本的系统，不含有任何可选的软件包。

Basic Server ：安装的基本系统的平台支持，不包含桌面。

Database Server ：基本系统平台，加上 mysql 和 PostgreSQL 数据库，无桌面。

Web Server ：基本系统平台，加上 PHP，Web server ，还有 mysql 和 PostgreSQL 数据库的客户端，无桌面。

Virtual Host ：基本系统加虚拟化平台。

Software Development Workstation ：包含的软件包较多，基本系统，虚拟化平台，桌面环境，开发工具。

图 2.27

图 2.28

图 2.29

经过上述操作，CentOS 系统安装开始，如图 2.30 所示。

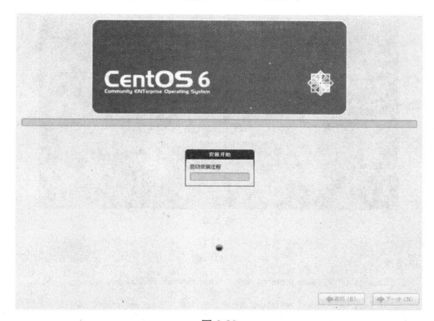

图 2.30

经过几分钟的等待，安装完成，进入如图 2.31 所示界面，点击"重新引导"按钮重新进入系统，至此，CentOS 6.3 在 DVD 模式下安装完成。

祝贺您，您的 CentOS 安装已经完成。

请重启以便使用安装的系统。请注意：可能有更新可用以保证您的系统可以正常工作，建议在重启后安装这些更新。

图 2.31

2.1.2　网络方式安装

在本节中，网络安装以 NFS 为例，安装 RedHat Linux 9。下面是安装步骤。

（1）将 Linux 引导光盘插入光驱中（或者使用启动软盘），如果是虚拟机 VMWare，则直接使用第 1 张光盘中的"images/ boot.iso"文件。重新启动系统，进入如图 2.32 所示的安装引导界面，按 F2 键进入如图 2.33 所示的界面，选择启动参数。

图 2.32

```
Installer Boot Options

- To disable hardware probing, type: linux noprobe <ENTER>.

- To test the install media you are using, type: linux mediacheck <ENTER>.

- To enable rescue mode, type: linux rescue <ENTER>.
  Press <F5> for more information about rescue mode.

- If you have a driver disk, type: linux dd <ENTER>.

- To prompt for the install method being used on a CD-ROM install,
  type linux askmethod <ENTER>.

- If you have an installer update disk, type: linux updates <ENTER>.

- To install using a 640x480 resolution, type: linux lowres.

[F1-Main] [F2-Options] [F3-General] [F4-Kernel] [F5-Rescue]
boot: linux dd_
```

图 2.33

（2）在 boot：提示符下输入"Linux dd"命令，打开如图 2.34 所示的查找驱动盘界面，选择"Yes"，回车后打开如图 2.35 所示的界面，选择启动盘所在驱动器，选择 fd0（启动文件所在驱动器）然后单击"OK"按钮打开如图 2.36 所示的界面。

图 2.34

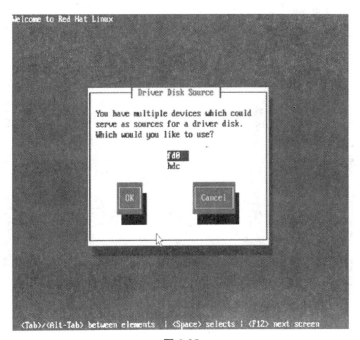

图 2.35

　　（3）用户插入驱动磁盘后，单击"OK"按钮，打开如图 2.37 所示的界面，询问是否需要加载更多驱动磁盘？

Linux 系统管理 ···

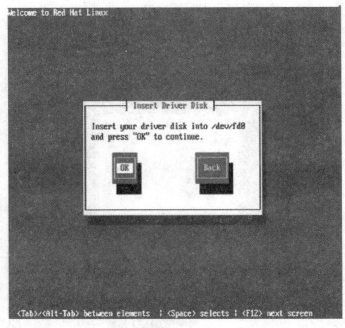

图 2.36

图 2.37

（4）在图 2.37 中选择"No"，打开如图 2.38 所示的界面，选择网络安装时的语言，使用默认"English"选项，单击"OK"按钮打开如图 2.39 所示的选择键盘类型界面。

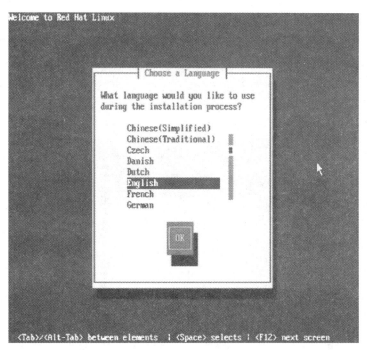

图 2.38

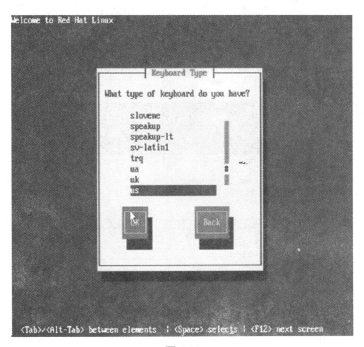

图 2.39

（5）在图 2.39 中选择当前键盘类型（默认为"us"），然后单击"OK"按钮打开如图 2.40 所示的界面选择媒体类型，在此选项列表中用户可以选择多种安装类型。

Local CDROM 从当前系统光盘安装程序，即使用光盘安装。

Hard drive 从当前系统硬盘安装,即安装文件位于当前主机的硬盘驱动器中。

NFS image 网络安装,使用网络上的 NFS 服务器安装,要求 NFS 服务器拥有系统安装程序。

FTP 网络安装,使用网络上的 FTP 服务器安装,要求 FTP 服务器拥有系统安装程序。

HTTP 网络安装,使用网络上的 HTTP 服务器安装,要求 HTTP 服务器拥有系统安装程序。

在图中选择"NFS image"选项,然后单击"OK"按钮,打开如图 2.41 所示的界面,设置当前主要的网络参数。

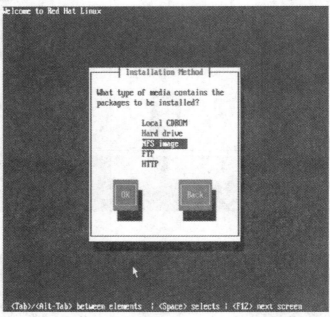

图 2.40

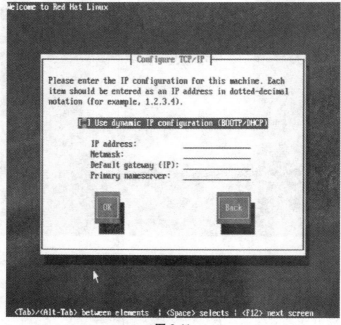

图 2.41

如果支持 DHCP 方式连接网络（即当前局域网内有一个 DHCP 服务器），则选择"Use dynamic IP configuration(BOOTP/DHCP)"选项。

如果需要手工设置 IP 地址，则需要取消上述选项，在图 2.41 中设置 IP 地址、子网掩码、网关及 DNS 服务器地址，设置方式如图 2.42 所示。

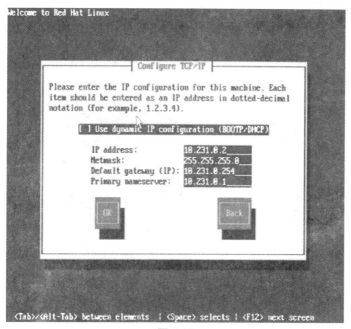

图 2.42

（6）设置好本机 IP 地址后，单击"OK"按钮，打开如图 2.43 所示的 NFS 服务器配置界面，主要设置以下两个参数。

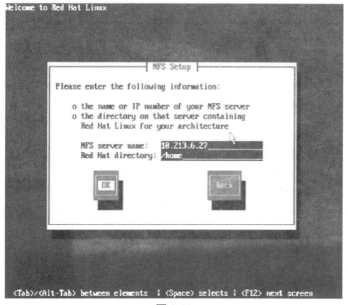

图 2.43

NFS server name 服务器地址（或域名）：当前网络中含有 Linux 安装程序的 NFS 服务器，如果用户 NFS 服务器的域名可以被解析，则可以使用域名方式。

Red Hat directory Red Hat 所在的共享目录路径，在 NFS 服务器配置中，直接将 Linux 安装光盘拷贝到"/home"目录下，因此，共享目录为"/home"。

在设置完成后，单击"OK"按钮，根据网络情况，等待一段时间后，系统将打开如图 2.44 所示的安装界面，此时，安装方法和 Linux 光盘安装方法一致。

图 2.44

在图中，用户可以直接选择启动方式为 admethod 方式，如图 2.45 所示，打开 Linux 安装选项界面后，在"boot：提示符"下输入"linux admethod"，系统不提示使用驱动盘，而直接打开如图 2.46 所示界面进入安装选择。

```
                    Installer Boot Options

 - To disable hardware probing, type: linux noprobe <ENTER>.

 - To test the install media you are using, type: linux mediacheck <ENTER>

 - To enable rescue mode, type: linux rescue <ENTER>.
   Press <F5> for more information about rescue mode.

 - If you have a driver disk, type: linux dd <ENTER>.

 - To prompt for the install method being used on a CD-ROM install,
   type linux askmethod <ENTER>.

 - If you have an installer update disk, type: linux updates <ENTER>.

 - To install using a 640x480 resolution, type: linux lowres.

[F1-Main] [F2-Options] [F3-General] [F4-Kernel] [F5-Rescue]
boot: linux admethod_
```

图 2.45

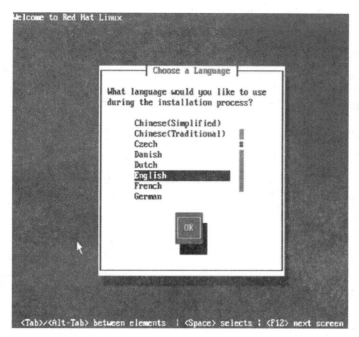

图 2.46

语言选择"English",然后点击"OK"按钮进行正常安装。

至此,Linux 系统的初步安装就到这了。

2.2 Linux 的启动和引导

2.2.1 Linux 的启动过程

Linux 的启动过程分为三个步骤。

(1) 第一步:加载 BIOS 硬件信息,其中包括了 CPU 的相关信息、设备启动顺序信息、硬盘信息、内存信息、时钟信息、PnP 特性等。计算机会按 BIOS 中设置的启动设备(通常是硬盘)启动。

(2) 第二步:读取 MBR(硬盘上第 0 磁道第一个扇区,也就是 Master Boot Record,即主引导记录):MBR 的大小是 512 字节,里面存放了预启动信息、分区表信息。系统找到 BIOS 所指定的硬盘的 MBR 后,就会将其中的 Boot Loader(具体到个人电脑,就是 lilo 或者 grub)复制到 0x7c00 地址所在的物理内存中。通过 Boot Loader 程序,我们可以初始化硬件设备、建立内存空间的映射图,从而将系统的软硬件环境带到一个合适的状态,以便为最终调用操作系统内核做好一切准备。

0x7c00 地址:操作系统或是 Boot Loader 开发者们假设他们的汇编代码被加载并从 0x7c00 处开始执行。因为他们想留下 32kB 内更多的空间给操作系统来加载自己;8086/8088 使用 0×0—0x3FF 作为中断向量,然后 BIOS 数据紧随之后;引导扇区是 512 字节,但是用于引导程序的栈或数据区域需要多于 512 字节;因此 0x7c00,32kB 中的最后 1kB 被选中,以使引导程序能够顺利运行。

33

(3) 第三步：启动复制的 Boot Loader 程序。以 grub 为例，系统读取内存中的 grub 配置信息（一般为 menu.lst 或 grub.lst），并依照此配置信息来启动不同的操作系统。

然而，操作系统所提供的正常功能在启动过程中还不能使用，因此，计算机必须"通过其引导程序让自己启动起来"。

2.2.2　Linux 的引导与 grub

在引导过程中，内核被加载到内存中并开始执行。各种初始化任务得以执行之后，用户就能够使用系统了。

上一节提到，grub 存在于 MBR 中的 Boot Loader 中，其作用为：存储配置信息（一般为 menu.lst 或 grub.lst），并依照此配置信息来启动不同的操作系统，即把机器的控制权移交给操作系统。

Linux 的引导共有七步。

(1) 第一步：加载内核。根据 grub 设定的内核映象所在路径，系统读取内存映象，并进行解压缩操作。此时，屏幕一般会输出"Uncompressing Linux"的提示。当解压缩内核完成后，屏幕输出"OK, booting the kernel"。系统将解压后的内核放置在内存之中，并调用 start_kernel( )函数来启动一系列的初始化函数并初始化各种设备，完成 Linux 核心环境的建立。至此，Linux 内核已经建立起来了，基于 Linux 的程序应该可以正常运行了。

(2) 第二步：启动用户层 init，依据 inittab 文件来设定运行等级。内核被加载后，第一个运行的程序便是/sbin/init，该文件会读取"/etc/inittab"文件，并依据此文件来进行初始化工作。此文件最主要的作用就是设定 Linux 的运行等级，其设定形式是"：id：5：initdefault："，表明 Linux 需要运行在等级 5 上。Linux 的运行等级设定如下。

0——关机；

1——单用户模式；

2——无网络支持的多用户模式；

3——有网络支持的多用户模式；

4——保留，未使用；

5——有网络支持有 X－Window 支持的多用户模式；

6——重新引导系统，即重启。

(3) 第三步：init 进程执行 rc.sysinit，处理系统的初始化流程。在设定了运行等级后，Linux 系统执行的第一个用户层文件就是/etc/rc.d/rc.sysinit 脚本程序，它做的工作非常多，包括设定 PATH、设定网络配置（/etc/sysconfig/network）、启动 swap 分区、设定/proc 等。

(4) 第四步：启动内核模块。具体是依据"/etc/modules.conf"文件或"/etc/modules.d"目录下的文件来装载内核模块。

(5) 第五步：执行不同运行级别的脚本程序。根据运行级别的不同，系统会运行 rc0.d 到 rc6.d 中的相应的脚本程序，来完成相应的初始化工作和启动相应的服务。根据之前设置的运行等级，会启动不同的服务项目。如果当时用户在 inittab 中选择了等级 3，系统则会在"/etc/rc.d/rc3.d"目录中运行相应的服务内容，选择等级 5，就在"/etc/rc.d/rc5.d"目录内。

(6) 第六步：执行用户自定义引导程序（/etc/rc.d/rc.local）。rc.local 就是在一切初始化工作后,Linux 留给用户进行个性化的地方。用户可以把想设置和启动的东西放到这里。

（7）第七步:执行/bin/login 程序,进入登录状态。此时,系统已经进入了等待用户输入 "username" 和 "password" 的时候了,此时用自己的账号登录系统即可。

2.2.3　Linux 启用问题的故障与排除

Linux 在启动过程中会出现一些故障,导致系统无法正常启动,以下列举了几个应用单用户模式、grub 命令操作、Linux 救援模式的典型故障修复案例。

1. 单用户模式

Linux 提供了单用户模式（类似 Windows 安全模式）,可以在最小环境中进行系统维护。在单用户模式（运行级别 1）中,Linux 引导进入根 Shell,网络被禁用,只有少数进程运行。单用户模式可以用来修改文件系统损坏、还原配置文件、移动用户数据等。我们可以在单用户模式中去纠正阻止系统正常启动的很多问题。

（1）案例一:硬盘扇区错乱

在启动过程中最容易遇到的问题就是硬盘可能有坏道或扇区错乱（数据损坏）的情况,这种情况多由于异常断电、不正常关机导致。

此种问题发生在系统启动的时候,屏幕会显示:Press root password or Ctrl＋D。此时输入 root 密码后系统自动进入单用户模式,输入"fsck -y /dev/hda6"（fsck 为文件系统检测修复命令,"-y"设定检测到错误自动修复,/dev/hda6 为发生错误的硬盘分区,请依据具体情况更改此参数）,系统修复完成后,用命令"reboot"重新启动即可。

（2）案例二:grub 选项设置错误

当控制台信息显示"Error 15"时,表示系统无法找到 grub.conf 中指定的内核。这可能是因为打字错误,如将内核文件的"vmlinuz"打成了"vmlinux",所以系统无法找到内核的可执行文件。此时可以按任意键回到 grub 编辑界面,修改此错误,回车保存后按"b"键即可正常引导,之后系统修改 grub.conf 文件中此处错误即可。

这是很多初学 Linux 的用户在修改 grub 设置时很容易犯的错误,出现此黑屏提示时注意观察报错信息,即可针对性修复。

2. grub 引导故障排除

有时 Linux 启动后会直接进入 grub 命令行界面（只有"grub＞"提示符）,此时很多用户就选择了重新安装 grub 甚至重新安装系统。其实一般而言此故障的原因最常见的有两个:一是 grub 配置文件中选项设置错误;二是 grub 配置文件丢失（还有少数原因,如内核文件或镜像文件损坏、丢失,/boot 目录误删除等）,如果是第一种情况,可以首先通过 grub 命令引导系统后修复;若是第二种情况,则要使用 Linux 救援模式修复了。

［案例］　"title Fedora Core (2.6.18-1.2798.fc6)"段（此为 grub.conf 文件中主要的配置选项,"title"段指定了 grub 引导的系统）被误删除。

此时,系统启动后会自动进入"grub＞"命令行,为排除故障我们可以依次进行如下操作:

（1）查找"/boot/grub/grub.conf"文件所在分区:grub＞find /boot/grub/grub.conf (hd0,0);

（2）查看"grub.conf"文件错误:grub＞cat (hd0,0)/boot/grub/grub.conf;

建议系统安装设置好后,要将"grub.conf"文件备份,如果有备份文件如 grub.conf.bak,

则此时可以查看备份文件，与当前文件比较，发现错误：grub>cat（hd0,0）/boot/grub/grub. conf.bak。

（3）确认错误后，先通过命令行方式完成 grub 引导，进入系统后再进行修复 grub.conf 文件错误：

① 指定/boot 分区：root（hd0,0）；

② 指定内核加载：kernel /boot/vmlinuz－2.6.18－1.2798.fc6 ro root＝LABEL＝/ rhgb quiet；

③ 指定镜像文件所在位置：initrd /boot/initrd－2.6.18－1.2798.fc6.img；

④ 从/boot 分区启动：boot（hd0,0）。

3. Linux 救援模式应用

当系统连单用户模式都无法进入时或出现 grub 命令行也不能解决的引导问题，我们就需要使用 Linux 救援模式来进行故障排除了。步骤如下：

（1）将 Linux 安装光盘放入光驱，设置固件 CMOS/BIOS 为光盘引导，当 Linux 安装画面出现后，在"boot："提示符后输入"linux rescue"回车进入救援模式。

（2）系统会检测硬件，引导光盘上的 Linux 环境，依次提示选择救援模式下使用的语言。键盘设置用默认的"us"就好；网络设置可以根据需要，大部分故障修复不需要网络连接，可不进行此项设置，选择"No"。

（3）接下来系统将试图查找根分区，默认在救援模式。硬盘的根分区将挂载到光盘 Linux 环境的/mnt/sysimage 目录下，默认选项"continue"表示挂载权限为读写；"Read－ only"为只读，如果出现检测失败可以选择"skip"跳过。此处，因为要对系统进行修复，所以需要有读写权限，一般选择默认选项"continue"。

进入下一步后，系统提示执行"chroot/mnt/sysimage"命令，可以将根目录挂载到我们硬盘系统的根目录中去。

［案例］ 双系统启动修复

当我们安装双系统环境，先安装 Linux 再安装 Windows；或者已经安装好双系统环境的 Windows 损坏，在重新安装 Windows 后，保存 grub 的 MBR（Master Boot Record，主引导记录）会被 Windows 系统的自举程序 NTLDR 所覆盖，造成 Linux 系统无法引导。

（1）如果要恢复双系统引导，首先用上述方法进入救援模式，执行 chroot 命令如下：sh- 3.1# chroot /mnt/sysimage；

（2）将根目录切换到硬盘系统的根目录中，然后执行 grub－install 命令重新安装 grub：sh-3.1# grub－install /dev/hda，

"/dev/hda"为硬盘名称，如使用 SCSI 硬盘或 Linux 安装在第二块 IDE 硬盘，此项设置要做相应调整。

（3）依次执行 exit 命令，退出 chroot 模式及救援模式（执行两次 exit 命令）：

sh-3.1# exit

sh-3.1# exit

系统重启后，将恢复 grub 引导的双系统启动。

［案例］ 系统配置文件丢失修复

从上一节中我们可以了解到，系统在引导期间，很重要的一个过程就是 init 进程读取其

配置文件"/etc/inittab",启动系统基本服务程序及默认运行级别的服务程序完成系统引导,如果"/etc/inittab"被误删除或修改错误,Linux 将无法正常启动。此时,只有通过救援模式才可以解决此类问题。

（1）有备份文件的恢复办法

进入救援模式,执行 chroot 命令后,如果有此文件的备份（强烈建议系统中的重要数据目录,如/etc、/boot 等要进行备份）,直接将备份文件拷贝回去,退出重启即可。如果是配置文件修改错误,如比较典型的"/boot/grub/grub.conf"（及"/etc/passwd"的文件修改错误,也可以直接修正恢复。假设有备份文件"/etc/inittab.bak",则在救援模式下执行:

sh-3.1# chroot /mnt/sysimage

sh-3.1# cp /etc/inittab.bak /etc/inittab

（2）没有备份文件的恢复办法

如果一些配置文件丢失或软件误删除,且无备份,可以通过重新安装软件包来恢复,首先查找到/etc/inittab 属于哪一个 RPM 包（即便文件丢失,因为存在 RPM 数据库,一样可以查找到结果）:

sh-3.1# chroot /mnt/sysimage

sh-3.1# rpm -qf /etc/inittab

initscripts-8.45.3-1

退出 chroot 模式:

sh-3.1# exit

挂载存放 RPM 包的安装光盘（在救援模式下,光盘通常挂载在/mnt/source 目录下）:

sh-3.1# mount /dev/hdc /mnt/source

Fedora 系统的 RPM 包存放在光盘 Fedora/RPMS 目录下,其他 Linux 存放位置大同小异。由于要修复的硬盘系统的根目录在/mnt/sysimage 下,需要使用--root 选项指定其位置。覆盖安装"/etc/inittab"文件所在的 RPM 包:sh-3.1# rpm -ivh--replacepkgs--root /mnt/sysimage /mnt/source/Fedora/RPMS/ initscripts-8.45.3-1.i386.rpm

其中的 rpm 命令选项"--replacepkgs"表示覆盖安装,执行完成后,即已经恢复了此文件。

如果只想提取 RPM 包中的"/etc/inittab"文件进行恢复,可以在进入救援模式后,执行命令:

sh-3.1# rpm2cpio /mnt/source/Fedora/RPMS/initscripts-8.45.3-1.i386.rpm

| cpio -idv ./etc/inittab

sh-3.1# cp etc/inittab /mnt/sysimage/etc

注意此命令执行时不能将文件直接恢复至/etc 目录,只能提取到当前目录下,且恢复的文件名称所在路径要写完整的绝对路径。提取文件成功后,将其复制到根分区所在的/mnt/sysimage 目录下相应位置即可。

2.3 Linux 的安装与磁盘规划

2.3.1 Linux 的预设目录及作用

在 Linux 系统中，目录是文件系统中组织文件的形式。文件系统将文件组织在若干目录及其子目录中，最上层的目录称作根（Root）目录，用"/"表示，其他的所有目录都是从根目录出发而生成的。这种目录结构类似于一个倒置的树状，所以又称为"树状结构"。

在 Linux 系统中，每个目录都是一种特殊的文件，它们也包含索引节点，在索引节点中存放该文件的控制管理信息。目录支持文件系统的层次结构，文件系统中的每个文件都登记在一个（或多个）目录中。

被包含在一个目录中的目录称作子目录，包含子目录的目录称作父目录。除了"/"根目录以外，所有的目录都是子目录，并且有它们的父目录。一个文件或目录在文件系统中的位置称为路径。Linux 中路径是以字符"/"和文件或目录名组织在一起的，如"/bin"、"/doc"或"/root"、"/Desktop"等。

下面将以 RedHat Linux 系统为例，详细列出 Linux 文件系统中各主要目录的存放内容，如下所示。

名称	内容
/	"/"目录也称为根目录，位于 Linux 文件系统目录结构的顶层，在很多系统中的唯一分区。如果还有其他分区，必须挂在"/"目录下的某个位置。整个目录结构呈树形结构，因此也称为目录树。
/bin	bin 目录为命令文件目录，也称为二进制目录。包含了供系统管理员及普通用户使用的重要的 Linux 命令和二进制（可执行）文件，包含 Shell 解释器等，该目录不能包含子目录。
/dev	dev 目录，也称设备文件目录，存放连接到计算机上的设备（终端、磁盘驱动器、光驱及网卡等）的对应文件，包括字符设备和块设备等。
/etc	etc 目录存放系统的大部分配置文件和子目录。X Window 系统的文件保存在/etc/X11 子目录中，与网络有关的配置文件保存在/etc/sysconfig 子目录中。该目录下的文件由系统管理员来使用，普通用户对大部分文件有只读权限。
/home	home 目录中包含系统上各个用户的主目录，子目录名称即为各用户名。
/lib	lib 目录下存放了各种编程语言库。典型的 Linux 系统包含了 C、C++和 FORTRAN 语言的库文件。用好这些语言开发的应用程序可以使用这些库文件。这就使软件开发者能够利用那些预先写好并测试过的函数。/lib 目录下的库映象文件可以用来启动系统并执行一些命令。目录/lib/modules 包含了可加载的内核模块。/lib 目录存放了所有重要的库文件，其他的库文件则大部分存放在/usr/lib 目录下。
/lost+found	lost+found 目录，在 EXT2 或 EXT3 文件系统中，当系统意外崩溃或机器意外关机，产生的一些文件碎片放在这里。在系统启动的过程中 fsck 工具会检查这里，并修复已经损坏的文件系统。有时系统发生问题，有很

多的文件被移到这个目录中,可能会用手工的方法来修复,或者移动文件到原来的位置上。

/media	media 目录是光驱和软驱的挂载点,Fedora Core 4 系统已经可以自动挂载光驱和软驱。
/mnt	mnt 目录主要是临时挂载文件系统,为某些设备提供默认挂载点,如 floppy,cdrom。这样当挂载了一个设备如光驱时,就可以通过访问目录/mnt/cdrom 下的文件来访问相应的光驱上的文件了。
/root	root 目录为系统管理员的主目录。
/proc	proc 目录是一个虚拟的文件系统,该目录中的文件是内存中的映象。可以通过查看该目录中的文件有关过去系统硬件运行的详细信息,例如使用 more 或者 less 命令查看"/proc/interrupts"文件以获取硬件中断(IRQ)信息,查看"/proc/cpuinfo"文件以获取 CPU 的型号、主频等信息。
/sbin	sbin 目录下保存系统管理员或者 root 用户的命令文件。/usr/sbin 存放了应用软件,/usr/local/sbin 存放了通用的根用户权限的命令。
/tmp	tmp 目录存放了临时文件,一些命令和应用程序会用到这个目录。该目录下的所有文件会被定时删除,以避免临时文件占满整个磁盘。
/usr	usr 目录是 Linux 系统中最大的系统之一,很多系统中,该目录是最为独立分区挂载的。该目录中主要存放不经常变化的数据,以及系统下安装的应用程序目录。
/var	var 目录及该目录下的子目录中通常保存经常变化的内容,如系统日志、邮件文件等。
/boot	boot 目录存放系统的内核文件和引导装载程序文件。
/opt	opt 目录表示的是可选择的意思,有些软件包也会被安装在这里,某些第三方应用程序通常安装在这个目录。
/srv	srv 目录存放一些服务启动之后需要提取的数据。

2.3.2　Linux 的磁盘规划

在安装 Linux 的过程中,有一个步骤是决定如何划分硬盘。如果你已习惯那种将所有东西都放在同一个分区的操作系统,你可能会觉得此步骤似乎有点复杂。然而,将文件系统分散到多个分区(甚至是不同的磁盘)其实有许多好处。

1. 系统考虑

在规划 Linux 的磁盘布局时,有几项因素需要考虑,包括:

(1) 磁盘的容量。

(2) 系统的规模。

(3) 系统的用途。

(4) 预期的备份方法与备份空间。

除了只读的文件系统(CD-ROM 或共享的/usr/分区),Linux 的大多数文件系统都应该保留一些可用的弹性空间。用于保存个人数据的文件系统(例如/home),应该要有能满足用户所需的最大可用空间。但如果顾虑到磁盘实际空间,你可能必须设法在"文件系统的数量"和"可用空间容量"之间取舍,找出最能够有效利用磁盘空间的配置方法。

2. 有限磁盘空间的规划方案

若磁盘空间有限,可以减少文件系统的数量,让原本应该放在个别分区的文件系统共享同一块连续可用空间。比方说,假设只有 1GB 磁盘空间来安装 Linux,则应该尽量减少分区数量。以下是可能的划分方式之一:

/boot

50MB。用一个小型的"/boot"文件系统当第一分区,可确保所有内核映象文件的位置必定在磁盘的 1024 - cylinder 之前。

/

850MB。用一个大的 root 分区来容纳"/boot"之外的所有东西。

swap

100MB。

就此例而言,由于整个 root 分区都位于 1024 - cylinder 之前,所以"/boot"其实也可以直接并入 root 分区。

3. 充裕磁盘空间的规划方案

在资源比较充裕的大型系统,其磁盘布局方式主要是以"功能性"作为基本考虑因素,如备份方式、各文件系统的规模等。以一个具有 100GB 磁盘空间的文件服务器为例,假设它的主要用途是提供共享磁盘空间给局域网络上的用户(透过 NFS 或 Samba),则我们应该将它的"系统软件"与"数据存储"空间分开。以下是可能的规划方式之一:

/boot

50MB。确保内核映象文件的位置必定在磁盘的 1024 - cylinder 之前。

swap

1GB。文件服务器系统的内存用量相当大。

/

500MB(至少)。

/usr

4~8GB。用于存储系统程序。

/var

2~4GB。将日志文件(log file)放在专属分区,可在日志文件规模意外扩大到塞满文件系统时,避免影响到系统的稳定性。

/tmp

500MB。将临时盘在独立的分区,可避免在文件系统被塞满时影响到系统的稳定性。

/home

90GB。供所有用户用于存放数据的专属分区。

在实际操作中,重要的文件服务器会使用备份储存(例如 RAID 0、RAID 5)或是将/home 放在具有硬件控制器的磁盘阵列上。

4. 系统角色

系统担任的角色也会影响磁盘布局。举例来说,用于服务无磁盘驱动器工作站的 NFS 服务器的/usr、/home、/var 的空间应该要比较充裕些;邮件服务器与网页服务器的/home

与/var 应该要有比较多的空间；而日志服务器只要让/var 或/var/log 有足够空间即可。

5. 备份方法

备份方法也会影响磁盘分区的划分方式。例如，某些备份方法是以磁盘分区为备份单位，也就是说，列在/etc/fstab 里的每个文件系统都会被当成个别的备份单位，所以这些文件系统的容量就不能超过备份储存的存储能力。

事实上，"系统角色"与"备份方法"这两个因素有时候会互相影响。比方说，若你希望备份文件服务器的"/home"文件系统，但是备份储存只能容纳 32GB，则存放"/home"文件系统的分区就不应该超过 32GB，除非你采用不以分区为单位的备份方法。

6. 交换空间

在安装 Linux 的过程中，你会被要求设置一个 swap 分区。这个特殊的磁盘空间是让操作系统拿来作为主存储器使用，利用这种方法，内核可同时运行比主存储器容量更多的程序。

有一条古老相传的经验法则可帮助你决定交换空间应该设为多大：主存储器（RAM）的总容量的两倍。举例来说，若你的系统有 512MB RAM，则交换空间至少要有 1GB。当然，这只是经验法则，实际需要的交换空间取决于系统的用途、负载状况、同时运行的进程数量与程序规模，但基本原则是不低于主存储器容量的两倍。

7. 一般性的划分原则

就某种程序上来说，如何规划分区算得上是一种艺术。你的经验越丰富，就越懂得如何规划才算妥当。没有所谓绝对正确的规划方法，是否妥当，取决于规划结果是否能满足实际需求。这里只能提供一般性的指导原则供参考：

（1）保持一个小的 root 文件系统（/），将目录树的其余部分分散到其他分区。root 文件系统受损的机会与其容量成正比，小型 root 文件系统比较不容易受损。

（2）将"/boot"文件系统独立于一个小分区，而且该分区的位置一定要在 1024-cylinder 之前。

（3）将"/var"独立出来。给它可容纳日志文件的足够空间，但不宜过多。日志文件轮替机制会尽量保持所有文件的大小在合理范围内，并自动删掉过期的日志文件。独立的"/var"文件系统可避免轮替机制意外失效时，成长过量的日志文件排挤了系统其余部分所需的磁盘空间。

（4）将"/tmp"独立出来。其容量依应用程序实际需求而定，一般而言，它应该要足以容纳所有用户同时活动时所产生出来的全部临时文件。

（5）将"/usr"独立出来。其容量要大到足以应付重编译内核的需求。独立的"/usr"使得其他工作站可透过 read - only NFS 共享此文件系统。

（6）在多人使用的系统中将"/home"独立出来。如果用量庞大，应该将它放在一个磁盘阵列子系统。

（7）交换空间至少是主存储器总容量的两倍。如果主存储器容量不大（少于 64MB），则应该让交换空间有三倍或四倍于主存储器的总容量。

思考题

2-1　Linux 的安装有几种方式？

2-2　Linux 的启动过程分为哪几个步骤?

2-3　Linux 的引导过程分为哪几个步骤?

2-4　如何处理控制台显示"Error 15"信息?

2-5　在规划 Linux 的磁盘布局时,需要考虑哪几项因素?

第二篇　系统管理篇

第3章
Linux 用户操作基础

本章学习要点

　　通过对本章的学习,读者应该学习 Linux 系统用户操作基础,包括 Shell 程序的使用,文件、目录与进程管理,I/O 重定向,Linux 进程管理,VIM 的使用。其中重点学习 Shell 程序的使用、文件与目录及进程管理,对其能进行熟练操作。

学习目标

　　(1) 掌握 Shell 程序的使用;
　　(2) 掌握文件、目录与进程管理;
　　(3) 了解 I/O 重定向;
　　(4) 掌握 Linux 进程管理;
　　(5) 了解 VIM 的使用。

3.1　Shell 基础

3.1.1　初识 Shell

　　Shell 是一种具备特殊功能的程序,它是介于使用者和 Unix/Linux 操作系统的核心程序(kernel)之间的一个接口。Shell 是一执行程序,它由输入设备读取命令,再将其转为计算机可以理解的机械码,然后执行它。各种操作系统都有它自己的 Shell,以 DOS 为例,它的 Shell 就是 command.com 文件。如同 DOS 下有 NDOS,4DOS,DRDOS 等不同的命令解译程序可以取代标准的 command.com,Unix 下除了 Bourne Shell(/bin/sh)外还有 C Shell(/bin/csh)、Korn Shell(/bin/ksh)、Bourne again Shell(/bin/bash)、Tenex C Shell(tcsh)等其他的 Shell。Unix/Linux 将 Shell 独立于核心程序之外,使得它就如同一般的应用程序,可以在不影响操作系统本身的情况下进行修改、更新版本或是添加新的功能。

　　1. Shell 的生平

　　第一个有重要意义的,标准的 Unix Shell 是 V7(AT&T 的第七版)Unix,在 1979 年底被提出,且以它的创造者 Stephen Bourne 来命名。Bourne Shell 是以 Algol 这种语言为基础来设计,主要被用来做自动化系统管理工作。虽然 Bourne Shell 以其简单和速度而受到欢迎,但它缺少许多交谈性使用的特色,例如历程、别名和工作控制。

　　C Shell 是在美国加州大学伯克利(Berkeley)分校于 20 世纪 70 年代末期发展而成的,而以 2BSD Unix 的部分发行。这个 Shell 主要是由 Bill Joy 写成,提供了一些在标准 Bourne Shell 所看不到的额外特色。C Shell 是以 C 程序语言作为基础,且它被用来当程序语言时，能共享类似的语法。它也提供在交谈式运用上的改进，例如命令列历程、别名和工作控制。因为 C Shell 是在大型机器上设计出来，且增加了一些额外功能，所以 C Shell 在小型机器上跑得较慢，即使在大型机器上与 Bourne Shell 比起来也显得缓慢。有了 Bourne Shell 和 C Shell 之后，Unix 使用者就有了选择，且争论哪一个 Shell 较好。AT&T 的 David Korn 在 20 世纪 80 年代中期发明了 Korn Shell，在 1986 年发行且在 1988 年成为正式的部分 SVR4 Unix。Korn Shell 实际上是 Bourne Shell 的超集，且不仅可在 Unix 系统上执行，同时也可在 OS/2、VMS 和 DOS 上执行。它提供了与 Bourne Shell 向上兼容的能力，且增加了许多在 C Shell 上受欢迎的特色，更增加了速度和效率。Korn Shell 已历经许多修正版，要找寻你使用的是哪一个版本可在 ksh 提示符号下按"Ctrl+V"键。

2. 三种主要的 Shell 及其分支

在大部分的 Unix 系统，三种著名且被广泛支持的 Shell 是 Bourne Shell（AT&T Shell，在 Linux 下是 BASH）、C Shell（Berkeley Shell，在 Linux 下是 TCSH）和 Korn Shell（Bourne Shell 的超集）。这三种 Shell 在交谈模式下的表现相当类似，但作为命令文件语言时，在语法和执行效率上就有些不同了。

Bourne Shell 是标准的 Unix Shell，以前常被用来作为管理系统。大部分的系统管理命令文件，例如 rc start、stop 与 shutdown 都是 Bourne Shell 的命令文件，且在单一使用者模式（single user mode）下以 root 签入时它常被系统管理者使用。Bourne Shell 是由 AT&T 发展的，以简洁、快速著名。Bourne Shell 提示符号的默认值是"."。

C Shell 是加州大学伯克利分校所开发的，且加入了一些新特性，如命令列历程（history）、别名（alias）、内建算术、档名完成（filename completion）和工作控制（job control）。对于常在交谈模式下执行 Shell 的使用者而言，他们较喜爱使用 C Shell；但对于系统管理者而言，则较偏好以 Bourne Shell 来作命令文件，因为 Bourne Shell 命令文件比 C Shell 命令文件来得简单及快速。C Shell 提示符号的默认值是"."。

Korn Shell 是 Bourne Shell 的超集（superset），由 AT&T 的 David Korn 所开发。它增加了一些特色，比 C Shell 更为先进。Korn Shell 的特色包括了可编辑的历程、别名、函式、正规表达式万用字符（regular expression wildcard）、内建算术、工作控制、共同处理（coprocessing）、特殊的除错功能。Bourne Shell 几乎和 Korn Shell 完全向上兼容（upward compatible），所以在 Bourne Shell 下开发的程序仍能在 Korn Shell 上执行。Korn Shell 提示符号的默认值也是 $。在 Linux 系统使用的 Korn Shell 叫做 pdksh，它是指 Public Domain Korn Shell。除了执行效率稍差外，Korn Shell 在许多方面都比 Bourne Shell 更佳；但是，若将 Korn Shell 与 C Shell 相比就很困难，因为两者在许多方面都各有所长，就效率和容易使用上看，Korn Shell 是优于 C Shell 的，相信许多使用者对于 C Shell 的执行效率都有负面的印象。

在 Shell 的语法方面，Korn Shell 比较接近一般的程序语言，而且它具有子程序的功能及提供较多的资料形态。至于 Bourne Shell，它所拥有的资料形态是三种 Shell 中最少的，仅提供字符串变量和布尔形态。在整体考量下 Korn Shell 是三者中表现最佳者，其次为 C Shell，最后才是 Bourne Shell，但是在实际使用中仍有其他应列入考虑的因素，如速度是最重要的选择时，很可能应该采用 Bourne Shell，因为它是最基本的 Shell，执行的速度最快。

3.1.2　Bash 简介与基础

1. 简介

Bash 是一个为 GNU 项目编写的 Unix Shell。它的名字是一系列缩写：Bourne-Again Shell——这是关于 Bourne Shell 的一个双关语（Bourne again / born again）。Bourne Shell 是一个早期的重要 Shell，由 Stephen Bourne 在 1978 年前后编写，并同 Version 7 Unix 一起发布。Bash 则在 1987 年由 Brian Fox 创造。从 1990 年起，Chet Ramey 成为主要的维护者。

Bash 是大多数 Linux 系统及 Mac OS X v10.4 默认的 Shell，它能运行于大多数 Unix 风格的操作系统之上，甚至被移植到了 Microsoft Windows 上的 Cygwin 系统中，以实现 Windows 的 POSIX 虚拟接口。此外，它也被 DJGPP 项目移植到了 MS－DOS 上。

Bash 的命令语法是 Bourne Shell 命令语法的超集。数量庞大的 Bourne Shell 脚本大多不经修改就可以在 Bash 中执行，只有那些引用了 Bourne 特殊变量或使用了 Bourne 的内置命令的脚本才需要修改。Bash 的命令语法很多来自 Korn Shell（ksh）和 C Shell（csh），例如命令行编辑、命令历史、目录栈、$RANDOM 和 $PPID 变量，以及 POSIX 的命令置换语法：$(...)。作为一个交互式的 Shell，按下"Tab"键即可自动补全已部分输入的程序名、文件名、变量名等。

2. 基础

Bash 的语法针对 Bourne Shell 的不足做了很多扩展。其中的一些列举在这里。

（1）使用整数［编辑］

与 Bourne Shell 不同的是 Bash 不用另外生成进程即能进行整数运算。Bash 使用（（...））命令和 $［...］变量语法来达到这个目的。

```
VAR＝55                # 将整数 55 赋值给变量 VAR
((VAR＝VAR ＋ 1))      # 变量 VAR 加 1。注意这里没有 '$'
((＋＋VAR))             # 另一种方法给 VAR 加 1。使用 C 语言风格的前缀自增
((VAR＋＋))             # 另一种方法给 VAR 加 1。使用 C 语言风格的后缀自增
echo $［VAR ＊ 22］    # VAR 乘以 22 并将结果送入命令
echo $((VAR ＊ 22))   # VAR 乘以 22 并将结果送入命令
```

（（...））命令可以用于条件语句，因为它的退出状态是 0 或者非 0（大多数情况下是 1），可以用于是与非的条件判断：

```
if ((VAR ＝＝Y ＊ 3 ＋ X ＊ 2))
then
        echo Yes
fi
((Z >23)) && echo Yes
```

（（...））命令支持下列比较操作符：'＝＝'、'！＝'、'>'、'<'、'>＝'，和 '<＝'。

Bash 不能在自身进程内进行浮点数运算。当前有这个能力的 Unix Shell 只有 Korn Shell 和 Z Shell。

（2）输入输出重定向［编辑］

Bash 拥有传统 Bourne Shell 缺乏的 I/O 重定向语法。Bash 可以同时重定向标准输出和标准错误,这需要使用下面的语法。

command &>file

这比等价的 Bourne Shell 语法"command >file 2>&1"来得简单。2.05b 版本以后,Bash 可以用下列语法重定向标准输入至字符串(称为 here string):

command <<<"string to be read as standard input"

如果字符串包括空格就需要用引号包裹字符串。

例:重定向标准输出至文件,写数据,关闭文件,重置标准输出。

```
# 生成标准输出(文件描述符 1)的拷贝文件描述符 6
exec 6>&1
# 打开文件"test.data"以供写入
exec 1>test.data
# 产生一些内容
echo "data:data:data"
# 关闭文件 "test.data"
exec 1>&-
# 使标准输出指向 FD 6(重置标准输出)
exec 1>&6
# 关闭 FD6
exec 6>&-
```

打开及关闭文件

```
# 打开文件 test.data 以供读取
exec 6<test.data
# 读文件直到文件尾
while read -u 6 dta
do
    echo "$dta"
done
# 关闭文件 test.data
exec 6<&-
```

抓取外部命令的输出

```
# 运行'find'并且将结果存于 VAR
# 搜索以"h"结尾的文件名
VAR=$(find . -name "*h")
```

(3)进程内的正则表达式[编辑]

Bash 3.0 支持进程内的正则表达式,使用下面的语法:

[[string =~ regex]]

正则表达式语法同 regex(7) man page 所描述的一致。正则表达式匹配字符串时上述命令的退出状态为 0,不匹配为 1。正则表达式中用圆括号括起的子表达式可以访问 Shell

变量 BASH_REMATCH,如下:

```
if [[ abcfoobarbletch =~ 'foo(bar)bl(. * )' ]]
then
        echo The regex matches!
        echo $BASH_REMATCH        -- outputs:foobarbletch
        echo ${BASH_REMATCH[1]} -- outputs:bar
        echo ${BASH_REMATCH[2]} -- outputs:etch
fi
```

使用这个语法的性能要比生成一个新的进程来运行 grep 命令优越,因为正则表达式匹配在 Bash 进程内完成。如果正则表达式或者字符串包括空格或者 Shell 关键字(诸如 ' * ' 或者 '?'),就需要用引号包裹。

(3) 转义字符[编辑]

$ 'string' 形式的字符串会被特殊处理。字符串会被展开成 string,并像 C 语言那样将反斜杠及紧跟的字符进行替换。反斜杠转义串行的转换方式如下:

转义字符

转义字符扩展成 ...

\a　响铃符

\b　退格符

\e　ANSI 转义符,等价于\033

\f　馈页符

\n　换行符

\r　回车符

\t　水平制表符

\v　垂直制表符

\\　反斜杠

\'　单引号

\nnn　十进制值为 nnn 的 8-bit 字符(1~3 位)

\xHH　十六进制值为 HH 的 8-bit 字符(1 或 2 位)

\cx control-X 字符

扩展后的结果将被单引号包裹,就好像美元符号一直就不存在一样。

双引号包裹的字符串前若有一个美元符号($ "...")将会使得字符串被翻译成符合当前 locale 的语言。如果当前 locale 是 C 或者 POSIX,美元符号会被忽略。如果字符串被翻译并替换,替换后的字符串仍被双引号包裹。

(4) 启动脚本[编辑]

Bash 启动的时候会运行各种不同的脚本。

当 Bash 作为一个登录的交互 Shell 被调用,或者作为非交互 Shell 但带有--login 参数被调用时,它首先读入并执行文件"/etc/profile"。然后它会依次寻找"~/.bash_profile", "~/.bash_login"和"~/.profile",读入并执行第一个存在且可读的文件。--noprofile 参数可以阻止 Bash 启动时的这种行为。

当一个登录 Shell 退出时，Bash 读取并执行"～/.bash_logout"文件，如果此文件存在。

当一个交互的非登录 Shell 启动后，Bash 读取并执行"～/.bashrc"文件。这个行为可以用--norc 参数阻止。--rcfile file 参数强制 Bash 读取并执行指定的 file 而不是默认的"～/.bashrc"。

如果用 sh 来调用 Bash，Bash 在启动后进入 posix 模式，它会尽可能模仿 sh 历史版本的启动行为，以便遵守 POSIX 标准。用 sh 名字调用的非交互 Shell 不会去读取其他启动脚本，--rcfile 参数无效。

当 Bash 以 POSIX 模式启动时（例如带有--posix 参数）它使用 POSIX 标准来读取启动文件。在此模式下，交互 Shells 扩展变量 ENV，从以此为文件名的文件中读取命令并执行。

Bash 会探测自己是不是被远程 Shell 守护程序运行（通常是 rshd）。如果是，它会读取并执行"～/.bashrc"中的命令。但是 rshd 一般不会用 rc 相关参数调用 Shell，也不会允许指定这些参数。

3.2 文件、目录与进程管理

3.2.1 文件权限和操作

在 Linux 中的每一个文件或目录都包含有访问权限，这些访问权限决定了谁能访问和如何访问这些文件和目录。

通过设定权限可以从以下三种访问方式限制访问权限：只允许用户自己访问；允许一个预先指定的用户组中的用户访问；允许系统中的任何用户访问。同时，用户能够控制一个给定的文件或目录的访问程度。一个文件活目录可能有读、写及执行权限。当创建一个文件时，系统会自动地赋予文件所有者读和写的权限，这样可以允许所有者能够显示文件内容和修改文件。文件所有者可以将这些权限改变为任何他想指定的权限。一个文件也许只有读权限，禁止任何修改。文件也可能只有执行权限，允许它像一个程序一样执行。

三种不同的用户类型能够访问一个目录或者文件：所有者、用户组或其他用户。所有者就是创建文件的用户，用户是所有被创建文件的所有者，用户可以允许所在的用户组能访问用户的文件。通常，用户都组合成用户组，例如，某一类或某一项目中的所有用户都能够被系统管理员归为一个用户组，一个用户能够授予所在用户组的其他成员的文件访问权限。最后，用户也将自己的文件向系统内的所有用户开放，在这种情况下，系统内的所有用户都能够访问用户的目录或文件。在这种意义上，系统内的其他所有用户就是 other 用户类。

每一个用户都有它自身的读、写和执行权限。第一套权限控制访问自己的文件权限，即所有者权限。第二套权限控制用户组访问其中一个用户的文件权限。第三套权限控制其他所有用户访问一个用户的文件权限，这三套权限赋予用户不同类型（即所有者、用户组和其他用户）的读、写及执行权限就构成了一个有 9 种类型的权限组。

1. 权限的种类

（1）一般权限

第 2～10 个字符当中的每三个为一组，左边 3 个字符表示所有者权限，中间 3 个字符表示与所有者同一组的用户的权限，右边 3 个字符是其他用户的权限。这三个一组共 9 个字符，代表的意义如下：

① r(Read,读取):对文件而言,具有读取文件内容的权限;对目录来说,具有浏览目录的权限。

② w(Write,写入):对文件而言,具有新增、修改文件内容的权限;对目录来说,具有删除、移动目录内文件的权限。

③ x(eXecute,执行):对文件而言,具有执行文件的权限;对目录来说该用户具有进入目录的权限。

"一"符号表示不具有该项权限。

下面举例说明:

-rwx------:文件所有者对文件具有读取、写入和执行的权限。

-rwxr—r--:文件所有者具有读、写与执行的权限,其他用户则具有读取的权限。

-rw-rw-r-x:文件所有者与同组用户对文件具有读写的权限,而其他用户仅具有读取和执行的权限。

drwx--x--x:目录所有者具有读写与进入目录的权限,其他用户虽然能进入该目录,却无法读取任何数据。

Drwx------:除了目录所有者具有完整的权限之外,其他用户对该目录完全没有任何权限。

每个用户都拥有自己的专属目录,通常集中放置在/home 目录下,这些专属目录的默认权限为 rwx------:

```
[root@localhost ～]# ls -al
总用量 5
drwxr-xr-x 9 root root 240 11 月 8 18:30 .
drwxr-xr-t 22 root root 568 10 月 15 09:13 ..
drwxr-xr-x 2 root root 48 8 月 11 08:09 ftp
drwxrwxrwx 2 habil users 272 11 月 13 19:13 habil
-rw-r--r-- 1 root root 0 7 月 31 00:41 .keep
drwxr-xr-x 2 root root 72 11 月 3 19:34 mp3
drwxr-xr-x 39 sailor users 1896 11 月 11 13:35 sailor
drwxr-xr-x 3 temp users 168 11 月 8 18:17 temp
drwxr-xr-x 3 test users 200 11 月 8 22:40 test
drwxr-xr-x 65 wxd users 2952 11 月 19 18:53 wxd
```

表示目录所有者本身具有所有权限,其他用户无法进入该目录。执行 mkdir 命令所创建的目录,其默认权限为 rwxr-xr-x,用户可以根据需要修改目录的权限。

此外,默认的权限可用 umask 命令修改,用法非常简单,只需执行 umask 777 命令,便代表屏蔽所有的权限,因而之后建立的文件或目录,其权限都变成 000,依次类推。通常 root 账号搭配 umask 命令的数值为 022、027 和 077,普通用户则是采用 002,这样所产生的权限依次为 755、750、700、775。有关权限的数字表示法,后面将会详细说明。

用户登录系统时,用户环境就会自动执行 rmask 命令来决定文件、目录的默认权限。

(2) 特殊权限

其实文件与目录设置不止这些,还有所谓的特殊权限。由于特殊权限会拥有一些"特权",因而用户若无特殊需求,不应该启用这些权限,避免安全方面出现严重漏洞,造成黑客入侵,甚至摧毁系统。

① s 或 S(SUID,Set UID):可执行的文件搭配这个权限,便能得到特权,任意存取该文件的所有者能使用的全部系统资源。请注意具备 SUID 权限的文件,黑客经常利用这种权限,以 SUID 配上 root 账号拥有者,无声无息地在系统中开扇后门,供日后进出使用。

② s 或 S(SGID,Set GID):设置在文件上面,其效果与 SUID 相同,只不过将文件所有者换成用户组,该文件就可以任意存取整个用户组所能使用的系统资源。

③ T 或 T(Sticky):/tmp 和 /var/tmp 目录供所有用户暂时存取文件,亦即每位用户皆拥有完整的权限进入该目录,去浏览、删除和移动文件。

因为 SUID、SGID、Sticky 占用 x 的位置来表示,所以在表示上会有大小写之分。假如同时开启执行权限和 SUID、SGID、Sticky,则权限表示字符是小写的:-rwsr-sr-t 1 root root 4096 6 月 23 08:17 conf;如果关闭执行权限,则表示字符会变成大写: -rwSr-Sr-T 1 root root 4096 6 月 23 08:17 conf。

2. 权限的设置

(1) 使用文件管理器来改变文件或目录的权限

如果用户要改变一个文件目录的权限,右击要改变权限的文件或者目录,在弹出的快捷菜单中选择"属性",系统将打开"属性"对话框。

在"属性"对话框中,单击"权限"标签,就会打开"权限"选项卡。

在这里可以修改文件或者目录的所有者、组群和其他用户的权限,而且可以设置特殊权限。对于特殊权限,最好不要设置,不然会带来很严重的安全问题。当然,在这里也可以改变文件和目录的所有者和所属组。

(2) 使用 chmod 和数字改变文件或目录的访问权限

文件和目录的权限表示,是用 rwx 这三个字符来代表所有者、用户组和其他用户的权限。有时候,字符似乎过于麻烦,因此还有另外一种方法是以数字来表示权限,而且仅需三个数字。

r:对应数值 4

w:对应数值 2

x:对应数值 1

—:对应数值 0

数字设定的关键是 mode 的取值,一开始许多初学者会被搞糊涂,其实很简单,将 rwx 看成二进制数,如果有则有 1 表示,没有则有 0 表示,那么 rwx r-x r--则可以表示成为

111 101 100

再将其每三位转换成为一个十进制数,就是 754。

例如,我们想让 a.txt 这个文件的权限为

自己　同组用户　其他用户

可读　是　是　是

可写　是　是

可执行

那么,我们先根据上表得到权限串为:rw-rw-r--,那么转换成二进制数就是 110 110

100,再每三位转换成为一个十进制数,就得到 664,因此我们执行命令:

[root@localhost ～]# chmod 664 a.txt

按照上面的规则,rwx 合起来就是 4+2+1=7,一个 rwxrwxrwx 权限全开放的文件,数值表示为 777;而完全不开放权限的文件"----------"其数字表示为 000。下面举几个例子:

-rwx------:等于数字表示 700。

-rwxr—r--:等于数字表示 744。

-rw-rw-r-x:等于数字表示 665。

drwx—x—x:等于数字表示 711。

drwx------:等于数字表示 700。

在文本模式下,可执行 chmod 命令去改变文件和目录的权限。我们先执行 ls -l 看看目录内的情况:

[root@localhost ～]# ls -l

总用量 368

-rw-r--r-- 1 root root 12172 8 月 15 23:18 conkyrc.sample

drwxr-xr-x 2 root root 48 9 月 4 16:32 Desktop

-r--r--r-- 1 root root 331844 10 月 22 21:08 libfreetype.so.6

drwxr-xr-x 2 root root 48 8 月 12 22:25 MyMusic

-rwxr-xr-x 1 root root 9776 11 月 5 08:08 net.eth0

-rwxr-xr-x 1 root root 9776 11 月 5 08:08 net.eth1

-rwxr-xr-x 1 root root 512 11 月 5 08:08 net.lo

drwxr-xr-x 2 root root 48 9 月 6 13:06 vmware

可以看到"conkyrc.sample"文件的权限是 644,然后把这个文件的权限改成 777。执行下面命令:

[root@localhost ～]# chmod 777 conkyrc.sample

然后 ls -l 看一下执行后的结果:

[root@localhost ～]# ls -l

总用量 368

-rwxrwxrwx 1 root root 12172 8 月 15 23:18 conkyrc.sample

drwxr-xr-x 2 root root 48 9 月 4 16:32 Desktop

-r--r--r-- 1 root root 331844 10 月 22 21:08 libfreetype.so.6

drwxr-xr-x 2 root root 48 8 月 12 22:25 MyMusic

-rwxr-xr-x 1 root root 9776 11 月 5 08:08 net.eth0

-rwxr-xr-x 1 root root 9776 11 月 5 08:08 net.eth1

-rwxr-xr-x 1 root root 512 11 月 5 08:08 net.lo

drwxr-xr-x 2 root root 48 9 月 6 13:06 vmware

可以看到"conkyrc.sample"文件的权限已经修改为 rwxrwxrwx。

如果要加上特殊权限,就必须使用 4 位数字才能表示。特殊权限的对应数值为

s 或 S (SUID):对应数值 4。

s 或 S（SGID）：对应数值 2。

t 或 T：对应数值 1。

〈code〉

用同样的方法修改文件权限就可以了。

例如：

〈code〉

[root@localhost ～]# chmod 7600 conkyrc.sample

[root@localhost ～]# ls -l

总用量 368

-rwS--S--T 1 root root 12172 8 月 15 23:18 conkyrc.sample

drwxr-xr-x 2 root root 48 9 月 4 16:32 Desktop

-r--r--r-- 1 root root 331844 10 月 22 21:08 libfreetype.so.6

drwxr-xr-x 2 root root 48 8 月 12 22:25 MyMusic

-rwxr-xr-x 1 root root 9776 11 月 5 08:08 net.eth0

-rwxr-xr-x 1 root root 9776 11 月 5 08:08 net.eth1

-rwxr-xr-x 1 root root 512 11 月 5 08:08 net.lo

drwxr-xr-x 2 root root 48 9 月 6 13:06 vmware

假如想一次修改某个目录下所有文件的权限，包括子目录中的文件权限也要修改，要使用参数– R 表示启动递归处理。

例如：

[root@localhost ～]# chmod 777 /home/user 注：仅把/home/user 目录的权限设置为 rwxrwxrwx

[root@localhost ～]# chmod -R 777 /home/user 注：表示将整个/home/user 目录与其中的文件和子目录的权限都设置为 rwxrwxrwx

（3）使用命令 chown 改变目录或文件的所有权

文件与目录不仅可以改变权限，其所有权及所属用户组也能修改，和设置权限类似，用户可以通过图形界面来设置，或执行 chown 命令来修改。

我们先执行 ls -l 看看目录情况：

[root@localhost ～]# ls -l

总用量 368

-rwxrwxrwx 1 root root 12172 8 月 15 23:18 conkyrc.sample

drwxr-xr-x 2 root root 48 9 月 4 16:32 Desktop

-r--r--r-- 1 root root 331844 10 月 22 21:08 libfreetype.so.6

drwxr-xr-x 2 root root 48 8 月 12 22:25 MyMusic

-rwxr-xr-x 1 root root 9776 11 月 5 08:08 net.eth0

-rwxr-xr-x 1 root root 9776 11 月 5 08:08 net.eth1

-rwxr-xr-x 1 root root 512 11 月 5 08:08 net.lo

drwxr-xr-x 2 root root 48 9 月 6 13:06 vmware

可以看到"conkyrc.sample"文件的所属用户组为 root，所有者为 root。

执行下面命令,把"conkyrc.sample"文件的所有权转移到用户 user:

[root@localhost ～]# chown user conkyrc.sample

[root@localhost ～]# ls -l

总用量 368

-rwxrwxrwx 1 user root 12172 8 月 15 23:18 conkyrc.sample

drwxr-xr-x 2 root root 48 9 月 4 16:32 Desktop

-r--r--r-- 1 root root 331844 10 月 22 21:08 libfreetype.so.6

drwxr-xr-x 2 root root 48 8 月 12 22:25 MyMusic

-rwxr-xr-x 1 root root 9776 11 月 5 08:08 net.eth0

-rwxr-xr-x 1 root root 9776 11 月 5 08:08 net.eth1

-rwxr-xr-x 1 root root 512 11 月 5 08:08 net.lo

drwxr-xr-x 2 root root 48 9 月 6 13:06 vmware

要改变所属组,可使用下面命令:

[root@localhost ～]# chown:users conkyrc.sample

[root@localhost ～]# ls -l

总用量 368

-rwxrwxrwx 1 user users 12172 8 月 15 23:18 conkyrc.sample

drwxr-xr-x 2 root root 48 9 月 4 16:32 Desktop

-r--r--r-- 1 root root 331844 10 月 22 21:08 libfreetype.so.6

drwxr-xr-x 2 root root 48 8 月 12 22:25 MyMusic

-rwxr-xr-x 1 root root 9776 11 月 5 08:08 net.eth0

-rwxr-xr-x 1 root root 9776 11 月 5 08:08 net.eth1

-rwxr-xr-x 1 root root 512 11 月 5 08:08 net.lo

drwxr-xr-x 2 root root 48 9 月 6 13:06 vmware

要修改目录的权限,使用-R 参数就可以了,方法和前面一样。

3.2.2　管道与链接文件

1. Linux 管道

管道是 Linux 中很重要的一种通信方式,是把一个程序的输出直接连接到另一个程序的输入,常说的管道多是指无名管道,无名管道只能用于具有亲缘关系的进程之间,这是它与有名管道的最大区别。有名管道叫 named pipe 或者 FIFO(先进先出),可以用函数 mkfifo()创建。

2. Linux 管道的实现机制

在 Linux 中,管道是一种使用非常频繁的通信机制。从本质上说,管道也是一种文件,但它又和一般的文件有所不同,管道可以克服使用文件进行通信的两个问题,具体表现为:限制管道的大小。实际上,管道是一个固定大小的缓冲区。在 Linux 中,该缓冲区的大小为 1 页,即 4kB 字节,使得它的大小不像文件那样不加检验地增长。使用单个固定缓冲区也会带来问题,比如在写管道时可能变满,当这种情况发生时,随后对管道的 write()调用将默认地被阻塞,等待某些数据被读取,以便腾出足够的空间供 write()调用写。读取进程也可能工作得比写进程快。当所有当前进程数据已被读取时,管道变空。当这种情况发生时,一个随后的 read() 调用将默认地被阻塞,等待某些数据被写入,这解决了 read() 调用返回文件结束的问题。

注意:从管道读数据是一次性操作,数据一旦被读,它就从管道中被抛弃,释放空间以便写更多的数据。

3. 管道的结构

在 Linux 中,管道的实现并没有使用专门的数据结构,而是借助了文件系统的 file 结构和 VFS 的索引节点 inode。通过将两个 file 结构指向同一个临时的 VFS 索引节点,而这个 VFS 索引节点又指向一个物理页面而实现的。

4. 管道的读写

管道实现的源代码在 fs/pipe.c 中,在 pipe.c 中有很多函数,其中有两个函数比较重要,即管道写函数 pipe_wrtie() 和管道读函数 pipe_read()。管道写函数通过将字节复制到 VFS 索引节点指向的物理内存而写入数据,而管道读函数则通过复制物理内存中的字节而读出数据。当然,内核必须利用一定的机制同步对管道的访问,为此,内核使用了锁、等待队列和信号。

当写进程向管道中写入时,它利用标准的库函数 write(),系统根据库函数传递的文件描述符,可找到该文件的 file 结构。file 结构中指定了用来进行写操作的函数(即写入函数)地址,于是,内核调用该函数完成写操作。写入函数在向内存中写入数据之前,必须首先检查 VFS 索引节点中的信息,同时满足如下条件时,才能进行实际的内存复制工作:

(1) 内存中有足够的空间可容纳所有要写入的数据;

(2) 内存没有被读程序锁定。

如果同时满足上述条件,写入函数首先锁定内存,然后从写进程的地址空间中复制数据到内存。否则,写入进程就休眠在 VFS 索引节点的等待队列中,接下来,内核将调用调度程序,而调度程序会选择其他进程运行。

写入进程实际处于可中断的等待状态,当内存中有足够的空间可以容纳写入数据,或内存被解锁时,读取进程会唤醒写入进程,这时,写入进程将接收到信号。当数据写入内存之后,内存被解锁,而所有休眠在索引节点的读取进程会被唤醒。

管道的读取过程和写入过程类似。但是,进程可以在没有数据或内存被锁定时立即返回错误信息,而不是阻塞该进程,这依赖于文件或管道的打开模式。反之,进程可以休眠在索引节点的等待队列中等待写入进程写入数据。当所有的进程完成了管道操作之后,管道的索引节点被丢弃,而共享数据页也被释放。

因为管道的实现涉及很多文件的操作,因此,当读者学完有关文件系统的内容后来读 pipe.c 中的代码,你会觉得并不难理解。Linux 管道的创建和使用都要简单一些,唯一的原因是它需要更少的参数。为了实现与 Windows 相同的管道创建目标,Linux 和 Unix 使用下面的代码片段:

创建 Linux 命名管道
```
    int fd1[2];
if(pipe(fd1))
{ printf("pipe() FAILED:errno=%d",errno);
```

```
        return 1;
    }
```

Linux 管道对阻塞之前一次写操作的大小有限制。专门为每个管道所使用的内核级缓冲区确切为 4096 字节。除非阅读器清空管道,否则一次超过 4kB 的写操作将被阻塞。实际上这算不上什么限制,因为读和写操作是在不同的线程中实现的。

Linux 还支持命名管道。Linux 命名管道比 Windows 2000 命名管道快很多,而 Windows 2000 命名管道比 Windows XP 命名管道快得多。

5. 链接

链接有两种,一种被称为硬链接(hard link),另一种被称为符号链接(symbolic link)。建立硬链接时,链接文件和被链接文件必须位于同一个文件系统中,并且不能建立指向目录的硬链接。而对符号链接,则不存在这个问题。默认情况下,ln 产生硬链接。

在硬链接的情况下,参数中的"目标"被链接至[链接名]。如果[链接名]是一个目录名,系统将在该目录之下建立一个或多个与"目标"同名的链接文件,链接文件和被链接文件的内容完全相同。如果[链接名]为一个文件,用户将被告知该文件已存在且不进行链接。如果指定了多个"目标"参数,那么最后一个参数必须为目录。

如果给 ln 命令加上-s 选项,则建立符号链接。如果[链接名]已经存在但不是目录,将不做链接。[链接名]可以是任何一个文件名(可包含路径),也可以是一个目录,并且允许它与"目标"不在同一个文件系统中。如果[链接名]是一个已经存在的目录,系统将在该目录下建立一个或多个与"目标"同名的文件,此新建的文件实际上是指向原"目标"的符号链接文件。

例: $ ln - s lunch /home/xu

用户为当前目录下的文件 lunch 创建了一个符号链接/home/xu。

删除符号链接,有创建就有删除。

rm -rf symbolic_name 注意不是 rm -rf symbolic_name/

链接文件的查看命令:ls

3.2.3　设备文件

Linux 下的文件分为常规文件和设备文件,常规文件一定是在某一个设备上被存储,不论这个设备是真实的还是虚拟的,这里的设备是 Linux 中 vfs 层中的设备,也就是前面所说的设备文件中的设备,vfs 层的设备分为字符设备和块设备,字符设备可以类比为一个 fifo 的队列,无论读还是写都必须按顺序进行,而块设备就可以随机进行读写,常规的文件一般都在块设备上被存储,包括设备文件本身也在一个块设备上被存储着,可以说 vfs 层解决了这种混乱,它提供给上面的操作者一个十分统一的接口。Linux 内核是分层次的,vfs 仅仅是其中的一个层次,即使下面很乱也不是很无序的乱,因为字符设备和块设备的管理方式不同,如果理一下思路就会很自然地想到在 vfs 接口下面有三条线,一条是常规文件,一条是字符设别文件,另一条就是块设备文件。

Linux 用很好的数据结构组织了两类设备文件,对于字符设备比较简单,就是将所有的字符设备都置于一个 map 中,就是 cdev_map,所有的字符设备在注册的时候都会加入这个 map:

```
int register_chrdev(unsigned int major,const char  * name,struct file_operations
* fops)
{
        struct char_device_struct * cd;
        struct cdev  * cdev;
        char * s;
        int err=-ENOMEM;
        cd=__register_chrdev_region(major,0,256,name);
...
        cdev=cdev_alloc();
        if (! cdev)
          goto out2;
          cdev->owner=fops->owner;
          cdev->ops=fops;
          strcpy(cdev->kobj.name,name);
          for (s=strchr(cdev->kobj.name,'/'); s; s=strchr(s,'/'))
                  * s='!';
          err=cdev_add(cdev,MKDEV(cd->major,0),256);
...
          cd->cdev=cdev;
          return major ? 0: cd->major;
...
}
```

注意：这个 map 并不是一个字符设备的链表，而是一个 hash 表，这个 map 主要作用就是和 2.6 内核的新的设备模型联系，也就是和 kobject 联系，Linux 中真正将所有的字符设备连成链表的是上面函数里面的 char_device_struct 结构体,《谈谈 Linux 2.6 内核的驱动框架》中讲到驱动的两条线索，其中以 kobject 连接起来的第一条线索直接存取用户空间其实就是到了这里的 map，这个 map 将把任务交给 vfs 的接口。hash 组织的 kobj_map 效率非常高，其实这里的 hash 函数很简单，就是设备号和 255 相除取余，将 hash 值相等的 kobject 用 next 字段连接成一个链表，然后在需要查找某些值的时候通过 hash 找到链表然后遍历链表通过一个回调函数进行精确比对最终找到需要的结构：

```
struct kobj_map {
        struct probe {
                struct probe  * next;
                dev_t dev;
                unsigned long range;
                struct module  * owner;
                kobj_probe_t  * get;         //这就是那个精确比对的回调函数,这
```
个创意在于将比对策略一起放入了 hash 节点中，这样可以灵活实现不同的比对策略。

```
              int（＊lock）（dev_t,void ＊）;
              void ＊data;
       } ＊probes[255];        //255 个 hash 桶
       struct rw_semaphore ＊sem;
};
```

　　每当打开一个字符设备时,从这个 map 中得到一个 cdev 结构体,而 cdev 中有一个 file_operations 字段,在默认的 open 函数中,用这个 file_operations 字段替换字符设备的默认的 file_operations 字段,然后从此用户就可以用这个 file_operations 来操作字符设备了。

　　对于块设备远远比字符设备复杂,但是看起来要比字符设备有层次感,块设备也有一个前述的 hash 表,只不过它里面映射的不是简单的 vfs 层的块设备了,而是更为底层的通用块设备,就是 gendisk。因为块设备可以利用缓存,这在 Linux 中是很重要的,可以大大提高效率,因此必须在真正的块设备层上面提供一个统一的缓存管理的层次,最好和常规文件的缓存管理统一用一套机制,这样的结果就是 block_device 层次。其实 block_device 是一个在 vfs 和 gendisk 之间的粘接层,可以为统一缓存管理机制提供更加统一的接口（gendisk 很底层,不适合做这件事）,为了和常规文件一致的管理缓存就必须有一套和常规文件一致的 file_operations 结构体,Linux 的 block 设备恰恰提供了这个结构体:def_blk_fops。另外就是以上的 file_operations 必须固定,不能让不同的 disk 任意设置,因为虽然底层设备不同,可是缓存管理机制是统一的,缓存不属于底层,而属于 vfs。gendisk 就是再往下的块设备层次了,它主要管理磁盘结构信息,比如分区信息等,再往下就是 IDE,SCSI 这些特殊的层次了。

　　以上是字符设备和块设备文件的 vfs 架构,那么常规文件呢? 前面说过,常规文件都在块设备中,因此常规文件的操作就成了最终的块设备的操作,最终在经过了缓存层次之后就到了块设备的架构了,最终也要经过 gendisk 到达底层硬件。

　　还有一类设备就是网络设备,比如网卡之类的,可是却没有在任何地方看到网络设备的设备文件,这到底是为什么? 这就要从 TCP/IP 协议栈和 BSD 套接字说起了,在 TCP/IP 之前,操作网络设备是件很平常的事,可是 TCP/IP 之后就没人再直接操作网络设备进行通信了,取而代之的是用协议栈进行通信,TCP/IP 规定应用通信信道是应用层的两个进程之间建立的信道,很多情况下,信道应该是独占的,而设备意味着共享,大家都可以用,因此建立设备文件并没有问题。可是在 TCP/IP 之后,网络设备就被抽象成了一个通信信道,BSD 套接字实现了这一点,因此通信就是两个进程独占一个信道进行通信（不考虑广播和组播）,网络设备就不能随意被共享了,更大的意义是没有必要被共享,没有人再直接操作网络设备进行通信,所有人都是通过套接字用协议栈进行通信的,而一个套接字就是一个信道的一个端点,被一个进程独占,并且在通信开始时动态建立,通信开始时间不早于进程创建时间,因此就把网络设备的管理交给了进程,进程可以很方便地通过协议栈管理设备和应用设备,古老的 ifconfig 不就是通过套接字的 ioctl 配置设备的吗? 这并不违背 Unix 的一切皆文件的理念,套接字本身也是通过 vfs 操作的,只是有了协议栈和套接字用户接口,第一是没有必要再提供网卡设备文件了,第二就是网络通信信道的独占性和协议封装规则已经作为协议栈的标准存在了,底层的硬件网卡也遵循这些协议栈标准（IEEE802.x）,因此操作系统必须提供标准的操作方式而不是将操作自由留给用户,用户如果不懂协议栈标准就无法操作设备并且用设备通信,而协议栈标准是统一的,因此必须由操作系统提供,然后把可以微调的配置用套接字接口的形式留给用户操作和配置。类似于管道,很多无名管道也没有设备文件,只要在进程中以独占方式操作的文件描述符都没有必要有设备文件,一切皆文件指的是 vfs 这个层次而不是必须要在文件系统有永久记录。

3.2.4　目录操作

Linux 下的目录是依照标准来制作的,因此,可以毫无问题地移植到任何其他 Unix 平台。

getcwd/getwd:取得目前所在目录

include

char ＊ getcwd(char ＊ buf,size_t size);

buf 将会返回目前路径名称。

任何的错误发生,将会返回 NULL。如果路径长度超过 size,errno 为 ERANGE。getcwd 返回的值永远是没有 symbol link 的。

include

char ＊ getwd(char ＊ buf);

getwd 是个危险的函数,一般都会强烈建议不要用。PATH_MAX 定义了最长的路径长度。在 Linux 下所以提供这个函数主要是因为传统的继承。

//获取系统目录最大长度

long pathconf(char ＊ path,int flag);

chdir/fchdir/chroot:改变目前所在目录

include

int chdir(const char ＊ pathname);

int fchdir(int fd);

chdir 根据 pathname 变更目前的所在目录,它只改变该程式的所在目录。

fchdir 根据已开启的 fd(file descriptor)目录来变更。

//sample

```
  /＊更改当前工作目录到上级目录＊/
  if(chdir("..")＝＝-1){
      perror("Couldn't change current working directory./n");
      return 1;
  }
```

include

int chroot(const char ＊ path);

chroot 改变该程式的根目录所在。例如 chroot("/home/ftp")会将根目录换到/home/ftp 下,而所有档案操作都不会超出这个范围。为保障档案的安全,当 chdir("/..")时,将会仅切换到 chdir("/"),如此便不会有档案安全问题。

mkdir/rmdir:造/移除目录

```
# include ⟨sys/stat.h⟩
# include ⟨sys/types.h⟩
int mkdir(const char * dirname, mode_t mode);
```
mkdir 会造一个新目录出来,例如 mkdir("/home/foxman",0755);。
如果该目录或档案已经存在,则操作失败。
```
/* mode 设置为 0700,开始的 0 表示八进制 */
if(mkdir("/home/zxc/z",0700) == -1){
    perror("Couldn't create the directory./n");
    return 1;
}
```

```
# include ⟨unistd.h⟩
int rmdir(char * pathname);
```
这个函数移除 pathname 目录。

```
//获得文件信息
# include ⟨sys/types.h⟩⟨sys/stat.h⟩⟨unistd.h⟩
int stat(const char * path, struct stat * buf);
int fstat(int filedes, struct stat * buf);
int lstat(const char * path, struct stat * buf);
```

opendir/readdir/closedir/rewinddir:读取目录资料

```
# include
DIR * opendir(const char * pathname);
int closedir(DIR * dir);
struct dirent * readdir(DIR * dir);
int rewinddir(DIR * dir);
struct dirent {
    long d_ino;                    /* inode number */
    off_t d_off;                   /* offset to this dirent */
    unsigned short d_reclen;       /* length of this d_name */
```

char d_name [NAME_MAX+1];　　　/ * file name（null-terminated）* /
};

opendir 开启一个目录操作 DIR，closedir 关闭目录。

readdir 则循序读取目录中的资料，rewinddir 则可重新读取目录资料。

3.3 I/O 重定向与设备管理

3.3.1 I/O 重定向

I/O 重定向是 Shell 编程中用于捕捉一个文件、命令、程序或脚本甚至代码块的输出，然后把捕捉到的输出作为输入发送给另外一个文件、命令、程序或脚本等。

（1）标准输入的控制

语法：命令<文件　将文件作为命令的输入。

例如：mail -s "mail test" test@gzu521.com <file1　将文件 file1 当作信件的内容，主题名称为"mail test"，送给收信人。

（2）标准输出的控制

语法：命令>文件　将命令的执行结果送至指定的文件中。

例如：ls -l >list　将执行"ls -l"命令的结果写入文件 list 中。

语法：命令>! 文件　将命令的执行结果送至指定的文件中，若文件已经存在，则覆盖。

例如：ls -lg >! list　将执行"ls -lg"命令的结果覆盖写入文件 list 中。

语法：命令>& 文件将命令执行时屏幕上所产生的任何信息写入指定的文件中。

例如：cc file1.c >& error　将编译 file1.c 文件时所产生的任何信息写入文件 error 中。

语法：命令>>文件　将命令执行的结果附加到指定的文件中。

例如：ls - lag>>list　将执行"ls - lag" 命令的结果附加到文件 list 中。

语法：命令>>& 文件　将命令执行时屏幕上所产生的任何信息附加到指定的文件中。

例如：cc file2.c>>& error　将编译 file2.c 文件时屏幕所产生的任何信息附加到文件 error 中。

1. 基本概念（这是理解后面知识的前提，请务必理解）

（1）I/O 重定向通常与 FD 有关，Shell 的 FD 通常为 10 个，即 0~9；

（2）常用的 FD 有 3 个，为 0(stdin,标准输入)、1(stdout,标准输出)、2(stderr,标准错误输出)，默认与 keyboard、monitor 有关；

（3）用 <来改变读进的数据信道(stdin)，使之从指定的档案中读入；

（4）用 >来改变送出的数据信道(stdout,stderr)，使之输出到指定的档案；

（5）0 是 <的默认值，因此 <与 0<是一样的；同理，>与 1>是一样的；

（6）在 I/O 重定向中，stdout 与 stderr 的管道会先准备好，才会从 stdin 中读入资料；

（7）管道"|"(pipe line)：上一个命令的 stdout 接到下一个命令的 stdin；

（8）tee 命令是在不影响原本 I/O 的情况下，将 stdout 复制一份到档案中；

（9）bash(ksh)执行命令的过程：分析命令—变量求值—命令替代(' '和 $ ( ))—重定向—通配符展开—确定路径—执行命令；

（10）( ) 将 command group 置于 sub-shell 去执行，也称 nested sub-shell，它有一点非

常重要的特性是：继承父 Shell 的 Standard input,output,and error plus any other open file descriptors。

（11）exec 命令：常用来替代当前 Shell 并重新启动一个 Shell，换句话说，并没有启动子 Shell。使用这一命令时任何现有环境都将会被清除。exec 在对文件描述符进行操作的时候，也只有在这时，exec 不会覆盖当前的 Shell 环境。

2. 基本 I/O

cmd >file　　把 stdout 重定向到 file 文件中。

cmd >>file　把 stdout 重定向到 file 文件中（追加）。

cmd 1>file　把 stdout 重定向到 file 文件中。

cmd >file 2>&1　把 stdout 和 stderr 一起重定向到 file 文件中。

cmd 2>file　把 stderr 重定向到 file 文件中。

cmd 2>>file　把 stderr 重定向到 file 文件中（追加）。

cmd >>file 2>&1　把 stdout 和 stderr 一起重定向到 file 文件中（追加）。

cmd <file >file2 cmd　命令以 file 文件作为 stdin，以 file2 文件作为 stdout。

cat <>file　以读写的方式打开 file。

cmd <file cmd　命令以 file 文件作为 stdin。

cmd <<delimiter Here document　从 stdin 中读入，直至遇到 delimiter 分界符。

3. 进阶 I/O

>&n　使用系统调用 dup(2)复制文件描述符 n 并把结果用作标准输出。

<&n　标准输入从文件描述符 n 中复制。

<&-　关闭标准输入（键盘）。

>&-　关闭标准输出。

n<&-　表示将 n 号输入关闭。

n>&-　表示将 n 号输出关闭。

上述所有形式都可以前导一个数字，此时建立的文件描述符由这个数字指定而不是缺省的 0 或 1。如：

… 2>file　运行一个命令并把错误输出（文件描述符 2）定向到 file。

… 2>&1　运行一个命令并把它的标准输出和输出合并。（严格地说是通过复制文件描述符 1 来建立文件描述符 2，但效果通常是合并了两个流。）

我们对 2>&1 详细说明一下：2>&1 也就是 FD2＝FD1，这里并不是说 FD2 的值等于 FD1 的值，因为>是改变送出的数据信道，也就是说把 FD2 的"数据输出通道"改为 FD1 的"数据输出通道"。如果仅仅这样，这个改变好像没有什么作用，因为 FD2 的默认输出和 FD1 的默认输出本来都是 monitor，其实是一样的。

但是，当 FD1 是其他文件，甚至是其他 FD 时，这个就具有特殊的用途了。

exec 0exec 1>outfilename # 打开文件 outfilename 作为 stdout。

exec 2>errfilename # 打开文件 errfilename 作为 stderr。

exec 0<&- # 关闭 FD0。

exec 1>&- # 关闭 FD1。

exec 5>&- # 关闭 FD5。

3.3.2 设备管理

Linux 的设备管理的主要任务是控制设备完成输入、输出操作,所以又称输入、输出(I/O)子系统。它的任务是把各种设备硬件的复杂物理特性的细节屏蔽起来,提供一个对各种不同设备使用统一方式进行操作的接口。Linux 把设备看作是特殊的文件,系统通过处理文件的接口——虚拟文件系统 VFS 来管理和控制各种设备。

1. Linux 设备的分类

Linux 设备被分为三类:字符设备、块设备和网络设备。字符设备是以字符为单位输入、输出数据的设备,一般不需要使用缓冲区而直接对它进行读写。块设备是以一定大小的数据块为单位输入输出数据的,一般要使用缓冲区在设备与内存之间传送数据。网络设备是通过通信网络传输数据的设备,一般指与通信网络连接的网络适配器(网卡)等。Linux 使用套接口(socket)以文件 I/O 方式提供了对网络数据的访问。

2. 设备驱动程序

系统对设备的控制和操作是由设备驱动程序完成的。设备驱动程序是由设备服务子程序和中断处理程序组成的。设备服务子程序包括了对设备进行各种操作的代码,中断处理子程序处理设备中断。设备驱动程序的主要功能是:对设备进行初始化启动或停止设备的运行,把设备上的数据传送到内存,把数据从内存传送到设备,检测设备状态。驱动程序是与设备相关的。驱动程序的代码由内核统一管理,驱动程序在具有特权级的内核态下运行。设备驱动程序是输入、输出子系统的一部分。驱动程序是为某个进程服务的,其执行过程仍处在进程运行的过程中,即处于进程上下文中。若驱动程序需要等待设备的某种状态,它将阻塞当前进程,把进程加入该种设备的等待队列中。Linux 的驱动程序分为两个基本类型:字符设备驱动程序和块设备驱动程序。

3. 设备的识别

对设备的识别使用设备类型、主设备号、次设备号。设备类型。字符设备还是一个块设备。按照设备使用的驱动程序不同而赋予设备不同的主设备号。主设备号是与驱动程序一一对应的,同时还使用次设备号来区分一种设备中的各个具体设备。次设备号用来区分使用同一个驱动程序的个体设备。例如,系统中的块设备 IDE 硬盘的主设备号是 3,而多个 IDE 硬盘及其各个分区分别赋予次设备号 1,2,3…

4. 设备文件

• Linux 设备管理的基本特点是把物理设备看成文件,采用处理文件的接口和系统调用来管理控制设备。

• 从抽象的观点出发,Linux 的设备又称为设备文件。

• 设备文件也有文件名,设备文件名一般由两部分组成。

• 第一部分为 2~3 个字符,表示设备的种类,如串口设备是 cu,并口设备是 lp,IDE 普通硬盘是 hd,SCIS 硬盘是 sd,软盘是 fp 等。

• 第二部分通常是字母或数字,用于区分同种设备中的单个设备,如 hda、hdb、hdc 分别表示第一块、第二块、第三块 IED 硬盘。而 hda1、hda2 表示第一块硬盘中的第一个、第二个磁盘分区。

• 设备文件一般置于/dev 目录下,如/dev/hda2、/dev/lp0 等。

• Linux 使用虚拟文件系统 VFS 作为统一的操作接口来处理文件和设备。

• 与普通的目录和文件一样,每个设备也使用一个 VFSinode 来描述,其中包含着该种设备的主、次设备号。

• 对设备的操作也是通过对文件操作的 file_operations 结构体来调用驱动程序的设备服务子程序。

• 例如,当进程要求从某个设备上输入数据时,由该设备的 file_operations 结构体得到服务子程序的操作函数入口,然后调用其中的 read() 函数完成数据输入操作。

• 同样,使用 file_operations 中的 open()、close()、write() 分别完成对设备的启动、停止设备运行,向设备输出数据的操作。

5. 字符设备与块设备管理

在 Linux 中,一个设备在使用之前必须向系统进行注册,设备注册是在设备初始化时完成的。

(1) 字符设备管理

• 在系统内核保持着一张字符设备注册表,每种字符设备占用一个表项。

• 字符设备注册表是结构数组 chrdevs[]:

\# define MAX_CHRDEV 128

static struct device_struct chrdevs[MAX_CHRDEV];

• 注册表的表项是 device_struct 结构:

struct device_struct {

const char * name;　　　　　　　 /* 指向设备名字符串 */

struct file_operations * fops;　 /* 指向文件操作函数的指针 */

};

• 在字符设备注册表中,每个表项对应一种字符设备的驱动程序,所以字符设备注册表实质上是驱动程序的注册表。

• 使用同一个驱动程序的每种设备有一个唯一的主设备号,所以注册表的每个表项与一个主设备号对应。

• 在 Linux 中正是使用主设备号来对注册表数组进行索引,即 chrdevs[] 数组的下标值就是主设备号。

• device_struct 结构中有指向 file_operations 结构的指针 f_ops。file_operations 结构中的函数指针指向设备驱动程序的服务例程。

在打开一个设备文件时,由主设备号就可以找到设备驱动程序。

(2) 块设备管理

• 块设备在使用前也要向系统注册。

• 块设备注册在系统的块设备注册表中,块设备注册表是结构数组 blkdevs[]。

• 结构数组的元素也是 device_struct 结构:

static struct device_struct blkdevs[MAX_BLKDEV]。

• 在块设备注册表中,每个表项对应一种块设备。

• 注册表 blkdevs[] 数组的下标是主设备号。

• 块设备是以块为单位传送数据的,设备与内存之间的数据传送必须经过缓冲。

• 当对设备读写时,首先把数据置于缓冲区内,应用程序需要的数据由系统在缓冲区内读写。

• 只有在缓冲区内已没有要读的数据,或缓冲区已满而无写入的空间时,才启动设备控制器进行设备与缓冲区之间的数据交换。

• 设备与缓冲区的数据交换是通过 blk_dev[]数组实现的:

struct blk_dev_struct blk_dev[MAX_BLKDEV]。

• 每个块设备对应数组中的一项,数组的下标值与主设备号对应。

• 数组元素是 blk_dev_struct 结构:

struct blk_dev_struct {

void (* request_fn)(void);

struct request * current_request;

struct request plug;

struct tq_struct plug_tq;

};

request_fn:指向设备读写请求函数的指针。

current_request:指向 request 结构的指针。

当缓冲区需要与设备进行数据交换时,缓冲机制就在 blk_dev_struct 中加入一个 request 结构。每个 request 结构对应一个缓冲区对设备的读写请求。在 request 结构中有一个指向缓冲区信息的指针,由它决定缓冲区的位置和大小等。

3.4 进程管理

3.4.1 进程状况查看

进程是一个其中运行着一个或多个线程的地址空间和这些线程所需要的系统资源。一般来说,Linux 系统会在进程之间共享程序代码和系统函数库,所以在任何时刻内存中都只有代码的一份拷贝。

当对进程进行调度时,需要了解系统中当前进程的具体状况。也就是说,要了解当前有哪些进程正在运行,哪些进程已经结束,有没有僵死的进程,哪些进程占用了过多的系统资源等。下面将告诉用户查看进程所用的常用命令。

1. ps 命令

要对进程进行监测和控制,首先必须了解当前进程的情况,也就是需要查看当前进程,而 ps 命令就是最基本同时也是非常强大的进程查看命令。使用该命令可以确定有哪些进程正在运行和运行的状态、进程是否结束、进程有没有僵死、哪些进程占用了过多的资源等。总之大部分信息都是可以通过执行该命令得到的。

(1) ps 命令及其参数

ps 命令最常用的还是用于监控后台进程的工作情况,因为后台进程是不和屏幕键盘这些标准输入/输出设备进行通信的,所以如果需要检测其情况,便可以使用 ps 命令了。

ps 命令参数:

选项	选项含义
-e	显示所有进程
-f	全格式
-h	不显示标题
-l	长格式
-w	宽输出
a	显示终端上的所有进程,包括其他用户的进程
r	只显示正在运行的进程
x	显示没有控制终端的进程

O[＋|－] k1 [,[＋|－] k2 [,…]]　根据 SHORT KEYS、k1、k2 中快捷键指定的多级排序顺序显示进程列表。对于 ps 的不同格式都存在着默认的顺序指定。这些默认顺序可以被用户的指定所覆盖。其中"＋"字符是可选的,"－"字符是倒转指定键的方向。

pids 只列出指定进程的情况。各进程 ID 之间使用逗号分隔。该进程列表必须在命令行参数的最后一个选项后面紧接着给出,中间不能插入空格。比如:ps -f1,4,5。

以下介绍长命令行选项,这些选项都使用"--"开头:

--sort X[＋|－] key [,[＋|－] key [,…]]　从 SORT KEYS 段中选一个多字母键。"＋"字符是可选的,因为默认的方向就是按数字升序,例如 ps -jax -sort＝uid,-ppid,＋pid。

--help　显示帮助信息。

--version　显示该命令的版本信息。

在前面的选项说明中提到了排序键,接下来对排序键作进一步说明。需要注意的是排序中使用的值是 ps 使用的内部值,并非仅用于某些输出格式的伪值。

（2）常用 ps 命令参数

前面介绍的参数可能让读者觉得有些可怕,实际上这是一个非常容易使用的命令,一般的用户只需掌握一些最常用的命令参数就可以了。最常用的三个参数是 u、a、x,下面将通过例子来说明其具体用法。

[例 3.1]　以 root 身份登录系统,查看当前进程状况

$ ps

PID TTY TIME COMMAND

5800 ttyp0 00:00:00 bash

5835 ttyp0 00:00:00 ps

可以看到,显示的项目共分为四项,依次为 PID(进程 ID)、TTY(终端名称)、TIME(进程执行时间)、COMMAND(该进程的命令行输入)。

可以使用 u 选项来查看进程所有者及其他一些详细信息,如下所示:

$ ps u

USER PID %CPU %MEM USZ RSS TTY STAT START TIME COMMAND

test 5800 0.0 0.4 1892 1040 ttyp0 S Nov27 0:00 -bash

test 5836 0.0 0.3 2528 856 ttyp0 R Nov27 0:00 ps u

在 Bash 进程前面有条横线,意味着该进程便是用户的登录 Shell,所以对于一个登录用户来说带短横线的进程只有一个。还可以看到%CPU、%MEM 两个选项,前者指该进程占用的 CPU 时间和总时间的百分比;后者指该进程占用的内存和总内存的百分比。

在这种情况下看到了所有控制终端的进程;但是对于其他那些没有控制终端的进程还是没有观察到,所以这时就需要使用 x 选项。使用 x 选项可以观察到所有的进程情况。

〔例 3.2〕 下面是使用 x 选项的例子:

```
$ ps x
PID TTY STAT TIME COMMAND
5800 ttyp0 S 0:00 -bash
5813 ttyp1 S 0:00 -bash
5921 ttyp0 S 0:00 man ps
5922 ttyp0 S 0:00 sh -c /usr/bin/gunzip -c /var/catman/cat1/ps.1.gz | /
5923 ttyp0 S 0:00 /usr/bin/gunzip -c /var/catman/cat1/ps.1.gz
5924 ttyp0 S 0:00 /usr/bin/less -is
5941 ttyp1 R 0:00 ps x
```

可以发现突然一下子就多出了那么多的进程。这些多出来的进程就是没有控制终端的进程。前面看到的所有进程都是 test 用户自己的。其实还有许多其他用户在使用着系统,自然也就对应着其他的很多进程。如果想对这些进程有所了解,可以使用 a 选项来查看当前系统所有用户的所有进程。经常使用的是 aux 组合选项,这可以显示最详细的进程情况。

〔例 3.3〕 $ ps aux

```
USER PID %CPU %MEM VSZ RSS TTY STAT START TIME COMMAND
root 1 0.0 0.0 1136 64 ? S Nov25 0:02 init [3]
root 2 0.0 0.0 0 0 ? SW Nov25 0:00 [kflushd]
root 3 0.0 0.0 0 0 ? SW Nov25 0:03 [kupdate]
root 4 0.0 0.0 0 0 ? SW Nov25 0:00 [kpiod]
root 5 0.0 0.0 0 0 ? SW Nov25 0:00 [kswapd]
root 163 0.0 0.1 1628 332 ? S Nov25 0:02 sshd
root 173 0.0 0.0 1324 200 ? S Nov25 0:00 syslogd
root 181 0.0 0.0 1420 0 ? SW Nov25 0:00 [klogd]
daemon 191 0.0 0.1 1160 312 ? S Nov25 0:00 /usr/sbin/atd
root 201 0.0 0.1 1348 492 ? S Nov25 0:00 crond
root 212 0.0 0.0 1292 68 ? S Nov25 0:00 inetd
......
```

在显示的最前面是其他用户的进程情况,可以看到有 root、daemon 等用户及他们所启动的进程。在上面的例子中,介绍了 ps 命令最常见的一些选项和选项组合,用户可以根据自己的需要选用。

2. top 命令

top 命令和 ps 命令的基本作用是相同的,显示系统当前的进程和其他状况。但是 top 是一个动态显示过程,即可以通过用户按键来不断刷新当前状态。如果在前台执行该命令,它将独占前台,直到用户终止该程序为止。比较准确地说,top 命令提供了实时的对系统处理器的状态监视。它将显示系统中 CPU 最"敏感"的任务列表。该命令可以按 CPU 使用、内存使用和执行时间对任务进行排序,而且该命令的很多特性都可以通过交互式命令或者在个人定制文件中进行设定。

下面是该命令的语法格式:

top [-] [d delay] [q] [c] [s] [S]

[d]指定每两次屏幕信息刷新之间的时间间隔。当然用户可以使用 s 交互命令来改变之。

[q]该选项将使 top 没有任何延迟地进行刷新。如果调用程序有超级用户权限,那么top 将以尽可能高的优先级运行。

[S]指定累计模式。

[s]使 top 命令在安全模式中运行。这将去除交互命令所带来的潜在危险。

[i]使 top 不显示任何闲置或者僵死进程。

[c]显示整个命令行而不只是显示命令名

top 命令显示的项目很多,默认值是每 5 秒更新一次,当然这是可以设置的。

显示的各项目为:

uptime　该项显示的是系统启动时间、已经运行的时间和三个平均负载值(最近 1 秒,5秒,15 秒的负载值)。

processes　自最近一次刷新以来的运行进程总数。当然这些进程被分为正在运行的、休眠的、停止的等很多种类。进程和状态显示可以通过交互命令 t 来实现。

CPU states　显示用户模式、系统模式、优先级进程(只有优先级为负的列入考虑)和闲置等各种情况所占用 CPU 时间的百分比。优先级进程所消耗的时间也被列入用户和系统的时间中,所以总的百分比将大于 100%。

Mem　内存使用情况统计,其中包括总的可用内存、空闲内存、已用内存、共享内存和缓存所占内存的情况。

Swap　交换空间统计,其中包括总的交换空间,可用交换空间,已用交换空间。

PID　每个进程的 ID。

PPID　每个进程的父进程 ID。

UID　每个进程所有者的 UID。

USER　每个进程所有者的用户名。

PRI　每个进程的优先级别。

NI　该进程的优先级值。

SIZE　该进程的代码大小加上数据大小再加上堆栈空间大小的总数。单位是 kB。

TSIZE　该进程的代码大小。对于内核进程这是一个很奇怪的值。

DSIZE　数据和堆栈的大小。

TRS　文本驻留大小。

D　被标记为"不干净"的页项目。

LIB　使用的库页的大小。对于 ELF 进程没有作用。

RSS　该进程占用的物理内存的总数量,单位是 kB。

SHARE 该进程使用共享内存的数量。

STAT 该进程的状态。

其中 S 代表休眠状态；

D 代表不可中断的休眠状态；

R 代表运行状态；

Z 代表僵死状态；

T 代表停止或跟踪状态。

TIME 该进程自启动以来所占用的总 CPU 时间。如果进入的是累计模式,那么该时间还包括这个进程子进程所占用的时间,且标题会变成 CTIME。

%CPU 该进程自最近一次刷新以来所占用的 CPU 时间和总时间的百分比。

%MEM 该进程占用的物理内存占总内存的百分比。

COMMAND 该进程的命令名称,如果一行显示不下,则会进行截取。内存中的进程会有一个完整的命令行。

下面介绍在 top 命令执行过程中可以使用的一些交互命令。从使用角度来看,熟练地掌握这些命令比掌握选项还重要一些。这些命令都是单字母的,如果在命令行选项中使用了 s 选项,则其中一些命令可能会被屏蔽掉。

〈空格〉 立即刷新显示。

Ctrl+L 擦除并且重写屏幕。

h 或者? 显示帮助画面,给出一些简短的命令总结说明。

k 终止一个进程。系统将提示用户输入需要终止的进程 PID,以及需要发送给该进程什么样的信号。一般的终止进程可以使用信号 15;如果不能正常结束那就使用信号 9 强制结束该进程。默认值是信号 15。在安全模式中此命令被屏蔽。

i 忽略闲置和僵死进程。这是一个开关式命令。

q 退出程序。

r 重新安排一个进程的优先级别。系统提示用户输入需要改变的进程 PID 及需要设置的进程优先级值。输入一个正值将使优先级降低,反之则可以使该进程拥有更高的优先权。默认值是 10。

S 切换到累计模式。

s 改变两次刷新之间的延迟时间。系统将提示用户输入新的时间,单位为 s。如果有小数,就换算成 ms。输入 0 值则系统将不断刷新,默认值是 5 s。需要注意的是如果设置太小的时间,很可能会引起不断刷新,从而根本来不及看清显示的情况,而且系统负载也会大大增加。

f 或者 F 从当前显示中添加或者删除项目。

o 或者 O 改变显示项目的顺序。

l 切换显示平均负载和启动时间信息。

m 切换显示内存信息。

t 切换显示进程和 CPU 状态信息。

c 切换显示命令名称和完整命令行。

M 根据驻留内存大小进行排序。

P　根据 CPU 使用百分比大小进行排序。

T　根据时间/累计时间进行排序。

W　将当前设置写入"～/.toprc"文件中。这是写 top 配置文件的推荐方法。

从上面的介绍中可以看到,top 命令是一个功能十分强大的监控系统的工具,尤其对于系统管理员而言更是如此。一般的用户可能会觉得 ps 命令其实就够用了,但是 top 命令的强劲功能确实提供了不少方便。下面来看看实际使用的情况。

[例 3.4]　键入 top 命令查看系统状况

$ top

1:55pm up 7 min,4 user,load average:0.07,0.09,0.06

29 processes:28 sleeping,1 running,0 zombie,0 stopped

CPU states:4.5% user,3.6% system,0.0% nice,91.9% idle

Mem:38916K av,18564K used,20352K free,11660K shrd,1220K buff

Swap:33228K av,0K used,33228K free,11820K cached

PID USER PRI NI SIZE RSS SHARE STAT LIB %CPU %MEM TIME COMMAND

363 root 14 0 708 708 552 R 0 8.1 1.8 0:00 top

1 root 0 0 404 404 344 S 0 0.0 1.0 0:03 init

2 root 0 0 0 0 0 SW 0 0.0 0.0 0:00 kflushd

3 root -12 -12 0 0 0 SW<0 0.0 0.0 0:00 kswapd

4 root 0 0 0 0 0 SW 0 0.0 0.0 0:00 md_thread

5 root 0 0 0 0 0 SW 0 0.0 0.0 0:00 md_thread

312 root 1 0 636 636 488 S 0 0.0 1.6 0:00 telnet

285 root 6 0 1140 1140 804 S 0 0.0 2.9 0.00 bash

286 root 0 0 1048 1048 792 S 0 0.0 2.6 0.00 bash

25 root 0 0 364 364 312 S 0 0.0 0.9 0.00 kerneld

153 root 0 0 456 456 372 S 0 0.0 1.1 0.00 syslogd

160 root 0 0 552 552 344 S 0 0.0 1.4 0.00 klogd

169 daemon 0 0 416 416 340 S 0 0.0 1.0 0.00 atd

178 root 2 0 496 496 412 S 0 0.0 1.2 0.00 crond

187 bin 0 0 352 352 284 S 0 0.0 0.9 0.00 portmap

232 root 0 0 500 500 412 S 0 0.0 1.2 0.00 rpc.mountd

206 root 0 0 412 412 344 S 0 0.0 1.0 0.00 inetd

215 root 0 0 436 436 360 S 0 0.0 1.1 0.00 icmplog

第一行的项目依次为当前时间、系统启动时间、当前系统登录用户数目、平均负载。第二行为进程情况,依次为进程总数、休眠进程数、运行进程数、僵死进程数、终止进程数。第三行为 CPU 状态,依次为用户占用、系统占用、优先进程占用、闲置进程占用。第四行为内存状态,依次为平均可用内存、已用内存、空闲内存、共享内存、缓存使用内存。第五行为交换状态,依次为平均可用交换容量、已用容量、闲置容量、高速缓存容量。然后下面就是和 ps 相仿的各进程情况列表了。

3.4.2　进程的管理

并发程序和顺序程序有本质上的差别,为了能更好地描述程序的并发执行,实现操作系统的并发性和共享性,引入"进程"的概念。

进程是具有一定独立功能的程序关于某个数据集合上的一次运行活动,是系统进行资源分配和调度的一个独立单位。

处理器是计算机系统中最重要的资源。在现代计算机系统中,为了提高系统的资源利用率,CPU 将不被某一程序独占。通常采用多道程序设计技术,即允许多个程序同时进入计算机系统的内存并运行。

1. 进程调度,nice

2. 向进程发送信号

(1) kill,Linux 中不同种类的信号有不同的符号名和整数标识,通过 kill -l 列出所有的信号名称及信号标识。

kill -〈信号名称或信号标识〉PID

比较常用的信号有:SIGHUP(信号标识为 1)重新读取进程的选项;SIGINT(信号标识为 2)请求进程中断,"Ctrl+C"也可产生该信号;SIGKILL(信号标识为 9)强制进程中断;SIGTERM(信号标识为 15)请求进程终止,与信号 9 的区别在于 15 是以正常的方式关闭程序;SIGTSTP(信号标识为 20)挂起进程,"Ctrl+Z"也可产生该信号。

3. pkill 命令

kill 命令必须知道进程 PID,pkill 可以根据条件向进程发送信号。

pkill -〈信号名称或信号标识〉[-n][-u〈用户〉][-t〈虚拟终端〉][进程匹配条件]

-n:只选择最新启动匹配进程。

-u〈用户〉:选择指定用户的进程。

-t〈虚拟终端〉:选择由指定的虚拟终端控制的进程。

例如,向用户 jack 所属进程中进程名以"v"开头的发送 SIGKILL 信号:

pkill -9 -u jack ^v

向用户 jack 所属的所有进程发送 SIGKILL 信号:

pkill -9 -u jack

4. killall 命令

可以将信号发由命令名指定的进程,killall 命令在指定命令时默认为区分大小写的,可用"-I"选项让该命令忽略大小写。

例如:killall vim;

Linux 的作业管理:

一般来说,Bash Shell 如不特殊指定,命令会在前台执行,如在执行命令时加入"&",则将该命令放在后台执行,例如:

tar -cvjf etcbak.tar.bz2 /etc & >/dev/null &

该命令会将本次作业置于后台执行,并将所有输出信息丢弃。

如正在执行的命令(作业)置于后台,可使用"Ctrl+Z"将其放在后台执行。

可以使用 jobs 命令查看后台正在执行的作业,默认情况下 jobs 命令只显示作业号,使用"-l"选项后,会连同 PID 一起显示。

5. 进程管理的实现

在本系统中,服务器采用基于主动消息队列管理的并发服务器模型。并发服务器的引入是与进程密切相关的,且 Linux 的进程管理也非常符合并发服务器的工作原理。本系统实现 Linux 服务器端的通信和进程管理,步骤如下:

(1) 服务器端打开一个已知的监听端口;

(2) 在监听端口上监听客户机的连接请求,当有一客户机请求连接时,建立连接线路并返回通信文件描述符;

(3) 父进程创建一个子进程,父进程关闭通信文件描述符,并继续监听端口上的客户机连接请求;

(4) 子进程通过通信文件描述符与客户机进行通信,通信结束后终止子进程,并关闭通信文件描述符。

系统服务器端管理流程图如图 3.1 所示。

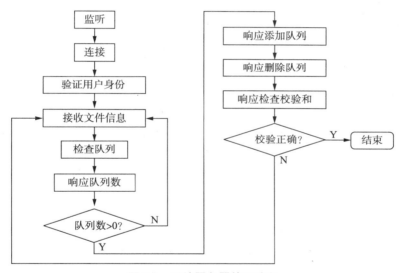

图 3.1　系统服务器管理流程

通过对 Linux 进程管理的剖析,可以看出多进程的管理是一种复杂的并发程序设计。每一进程的状态不仅由其自身决定,而且还要受众多外在因素影响。而在此基础上的进程调度,为了保证系统的稳定性和提高效率与灵活性,还必须采用很多方法。这些都是值得研究和探讨的。

以上是对 Linux 进程管理策略的简单分析。Linux 作为一个操作系统中的自由软件,提供了一个体验操作系统编程的很好范例,这是一个巨大的宝库,值得去挖掘。

3.5　VIM 的使用

3.5.1　VIM 概述

vi(Vim)是 Linux 上常用的编辑器,很多 Linux 发行版都默认安装了 vi(Vim)。vi

(Vim)命令繁多,但是如果使用灵活之后将会大大提高效率。Vim 是从 vi(visual interface)发展出来的一个文本编辑器,主要功能包括:根据设定可以和原始 vi 完全兼容;多缓冲编辑;任意个数的分割窗口(横,竖);具备列表和字典功能的脚本语言;可以在脚本中调用 Perl, Ruby,Python,Tcl,MzScheme,C,C++;单词缩写功能;动态单词补充;多次撤销和重做;对应 400 种以上文本文件的语法高亮;C/C++,Perl,Java,Ruby,Python 等 40 种以上语言的自动缩排;利用 ctags 的标签跳转;崩溃后文件恢复;光标位置和打开的缓冲状态的保存复原(session 功能);可以对两个文件进行差分,同步功能的 diff 模式远程文件编辑。因而在程序员中被广泛使用,并和 Emacs 并列成为类 Unix 系统用户最喜欢的编辑器。在一般的系统管理维护中 vi 就够用,如果想使用代码加亮的话可以使用 Vim。

Vim 有 3 个模式:插入模式、命令模式、低行模式。

插入模式:在此模式下可以输入字符,按"ESC"将回到命令模式。

命令模式:可以移动光标、删除字符等。

低行模式:可以保存文件、退出 vi、设置 vi、查找等功能(低行模式也可以看作是一种命令模式)。

Vim 强大的编辑能力中很大部分是来自其普通模式命令。Vim 的设计理念是命令的组合。例如普通模式命令"dd"删除当前行,"dj"代表删除下一行,原理是第一个"d"含义是删除,"j"键代表移动到下一行,组合后"dj"删除当前行和下一行。另外还可以指定命令重复次数,"2dd"(重复"dd"两次)和"dj"的效果是一样的。"d^"命令中,"^"代表行首,故组合后含义是删除从光标开始到行首间的内容(不包含光标);"d$"命令中," $ "代表行尾,删除到行尾的内容(包含光标);用户学习了各种各样的文本间移动/跳转的命令和其他的普通模式的编辑命令,并且能够灵活组合使用的话,能够比那些没有模式的编辑器更加高效地进行文本编辑。模式间的组合:在普通模式中,有很多方法可以进入插入模式。比较普通的方式是按"a"(append/追加)键或者"i"(insert/插入)键。

关于 Vim 的发展历史,Bram Moolenaar 在 20 世纪 80 年代末购入 Amiga 计算机时, Amiga 上还没有他最常用的编辑器 vi。Bram 从一个开源的 vi 复制 Stevie 开始,开发了 Vim 的 1.0 版本。最初的目标只是完全复制 vi 的功能,那个时候的 Vim 是 Vi Imitation(模拟)的简称。1991 年 Vim 1.14 版被"Fred Fish Disk # 591"这个 Amiga 使用的免费软件集所收录了。1992 年 1.22 版本的 Vim 被移植到 Unix 和 MS－DOS 上。从那个时候开始, Vim 的全名就变成 Vi Improved(改良)了。

在这之后,Vim 加入了不计其数的新功能。作为第一个里程碑是 1994 年的 3.0 版本加入了多视窗编辑模式(分割视窗)。从那之后,同一荧幕可以显示的 Vim 编辑文件数可以不止一个了。1996 年发布的 Vim 4.0 是第一个利用图形接口(GUI)的版本。1998 年 5.0 版本的 Vim 加入了 highlight(语法高亮)功能。2001 年的 Vim 6.0 版本加入了代码折叠、插件、多国语言支持、垂直分割视窗等功能。2006 年 5 月发布的 Vim 7.0 版更加入了拼字检查、上下文相关补充、标签页编辑等新功能。2008 年 8 月发布的 Vim 7.2,该版本合并了 Vim 7.1 以来的所有修正补丁,并且加入了脚本的浮点数支持,在 2010 年 8 月 15 日,历时两年的时间,Vim 又发布了 Vim 7.3 这个版本,这个版本修复了前面版本的一些 bug,以及添加了一些新的特征,因此这个版本比前面几个版本要更加优秀。

3.5.2　VIM 常用操作

1. 打开文件、保存、关闭文件

vi filename	打开 filename 文件
:w	保存文件
:w vpser.net	保存至 vpser.net 文件
:q	退出编辑器,如果文件已修改请使用下面的命令
:q!	退出编辑器,且不保存
:wq	退出编辑器,且保存文件

2. 插入文本或行

a	在当前光标位置的右边添加文本
i	在当前光标位置的左边添加文本
A	在当前行的末尾位置添加文本
I	在当前行的开始处添加文本(非空字符的行首)
O	在当前行的上面新建一行
o	在当前行的下面新建一行
R	替换(覆盖)当前光标位置及后面的若干文本
J	合并光标所在行及下一行为一行(依然在命令模式)

3. 移动光标
(1) 使用上下左右方向键;
(2) 命令模式

h	向左
j	向下
k	向上
l	向右
空格键	向右
Backspace	向左
Enter	移动到下一行首
—	移动到上一行首

4. 删除、恢复字符或行

x	删除当前字符
nx	删除从光标开始的 n 个字符
dd	删除当前行
ndd	向下删除当前行在内的 n 行
u	撤销上一步操作
U	撤销对当前行的所有操作

5. 搜索

/vpser	向光标下搜索 vpser 字符串
? vpser	向光标上搜索 vpser 字符串
n	向下搜索前一个搜索动作
N	向上搜索前一个搜索动作

6. 跳至指定行

n+	向下跳 n 行
n—	向上跳 n 行
nG	跳到行号为 n 的行
G	跳至文件的底部

7. 设置行号

:set nu	显示行号
:set nonu	取消显示行号

8. 复制、粘贴

yy	将当前行复制到缓存区,也可以用 "ayy 复制,"a 为缓冲区,a 也可以替换为 a 到 z 的任意字母,可以完成多个复制任务
nyy	将当前行向下 n 行复制到缓冲区,也可以用 "anyy 复制,"a 为缓冲区,a 也可以替换为 a 到 z 的任意字母,可以完成多个复制任务
yw	复制从光标开始到词尾的字符
nyw	复制从光标开始的 n 个单词
y^	复制从光标到行首的内容
y$	复制从光标到行尾的内容
p	粘贴剪切板里的内容在光标后,如果使用了前面的自定义缓冲区,建议使用"ap 进行粘贴

（续表）

P	粘贴剪切板里的内容在光标前,如果使用了前面的自定义缓冲区,建议使用"ap 进行粘贴

9. 替换

:s/old/new	用 new 替换行中首次出现的 old
:s/old/new/g	用 new 替换行中所有的 old
:n,m s/old/new/g	用 new 替换从 n 到 m 行里所有的 old
:%s/old/new/g	用 new 替换当前文件里所有的 old

10. 编辑其他文件

:e otherfilename	编辑文件名为"otherfilename"的文件

11. 修改文件格式

:set fileformat＝unix	将文件修改为 Unix 格式,如 Win 下面的文本文件在 Linux 下会出现^M

3.6　帮助手册与文档

3.6.1　帮助手册

命令名 -help ｜ more

显示一个简略的命令帮助(对大部分命令有效)。举个例子,试着使用"cp -help ｜ more"。"--help"和 DOS 下的"/h"开关功能类似。当输出超过一个屏幕时,加上"more"是很有必要的。

1. man 命令名

显示对应命令系统的帮助手册。输入"q"退出浏览器。如果用户设置了高级选项,试着输入"man man"。命令"info 命令名"和命令"man 命令名"功能相似,但是包含更多的最新信息。帮助手册对于新手可能有点难以读懂,因为它们最初是写来给 Unix 程序员看的。使用"命令名 -help"可以得到一个简略容易消化的命令帮助。有些程序自带 README 文件或者其他帮助信息文件,建议用户可以去看看目录/usr/share/doc。在指定的部分显示命令帮助,可以使用这样的命令"man 3 exit",这个命令只显示 exit 命令帮助手册的"第三部分";或者使用命令"man -a exit",这个命令显示 exit 命令帮助手册的"所有部分"。exit 命令帮助的所有部分是:1—用户命令;2—系统调用;3—子调用;4—设备;5—文件格式;6—游戏;7—杂项;8—系统管理;9—新内容。打印完整的命令帮助,可以使用命令"man 命令名｜ col -b ｜ lpr"(可选项 col -b 删除所有的退格键和一些难以阅读的特殊字符)。

2. info 命令名

显示指定命令的帮助信息。info 命令取代 man 命令的一个好处是,它通常带有最近更新的系统资料。多使用"空格键"和"退格键",否则用户可能会晕头转向。如果觉得用于翻阅的办法不太好用,用户也可以试着使用 pinfo 命令,看用户会不会更喜欢这个替代品。

3. apropos 命令名

对所输入的命令名给出一个帮助一览表。

4. whatis 命令名

给出匹配所输入命令名的简短清单。whatis 命令有点像 apropos——它们使用相同的数据库。不同的是,whatis 搜索的是关键字,apropos 搜索的是关键字的具体描述。

5. help 命令名

显示 Bash Shell 内置命令的简单信息。使用 help 命令不带任何参数将显示 Bash Shell 所有内置的命令。最短的 Bash Shell 内置命令应该包括:alias,bg,cd,echo,exit,export,help,history,jobs,kill,logout,pwd,set,source,ulimit,umask,unalias,unset。

使用图形的浏览器可以显示整个系统的帮助。一般来说,KDE 帮助通过把对应的图标放在 KDE 控制板上来实现。对等的 GNOME 帮助系统可以使用 gnome-help-browser 命令。

3.6.2　系统文档

pwd

输出工作目录。举例,在屏幕上显示用户当前所在的目录。

Hostname

输出本地主机的名称(用户正在使用的这一台机器)。使用 netconf 修改机器的名称(要求超级用户权限)。

whoami

输出用户的登录名称。

id username

输出用户标识 ID(UID)及其对应的用户组标识 ID(GID),有效的 ID(如果不同于真正的用户 ID)和所属的其他用户组。

date

输出操作系统的当前日期、时间和时区。如果要以 ISO 标准格式输出,用户必须使用命令"date -Iseconds"。用户可以修改当前的日期和时间到 2003-12-31 23:57,使用命令:date 123123572003,或者使用以下两个命令(比较容易理解和记住):

date --set 2003-12-31

date -set 23:57:00

如果要重新设置硬件时钟(BIOS),可以使用命令 setclock,要求有超级用户权限。

time

侦测一个进程所需要的时间加上其他处理的时间的总和。不要和上面提到的 date 命令混淆。比如,用户可以使用命令"time ls"来判断显示一个目录需要多长时间;或者用户可以使用命令"time sleep 10"来测试 time 命令(睡眠 10 秒,什么也不做)。

clock

(两个命令中的一个)从计算机的硬件(由电池供应的实时的硬件时钟)获得日期/时间。

用户可以使用这个命令来设置硬件时钟,但是 setclock 可能简单一些(看前面的两个命令)。举例:"hwclock -systohc -utc"命令把系统时钟设置到硬件时钟(以 UTC 格式)。

who

显示登录在系统里的用户。

w

显示登录在系统里的用户,检查他们正在做什么及他们的处理器使用状况。属于常用的安全方面的命令。

rwho -a(＝remote who,远端的 who 命令)

显示网络里其他计算机的用户登录状况。这个命令要求 rwho 服务必须在远端机器上运行。如果没有,以 root 用户运行 setup(RedHat 特有)激活"rwho"。

finger 用户名

显示对于一个用户的系统信息。可以试一下命令:finger root。任何人都可以使用 finger 命令访问任何一台连接到因特网并提供 finger 服务的计算机。比如:finger @finger.kernel.org。

last

显示最后一个登录到系统的用户。经常运行这个命令作为系统安全检测的手段之一是一个绝好的主意。

lastb("＝last bad",最后一个坏的)

显示最后一个不成功的登录尝试。但是这个命令在用户的系统上不能工作,所以用户可能要使用:touch /var/log/btmp。

"/var/log/btmp"在一般的系统安装里无效的主要原因是因为:它是一个包含登录出错信息的完全可读的文件。一个用户登录时最经常犯的错误是输入用户密码作为用户名,这样,文件"/var/log/btmp"对计算机黑客来说简直是一个礼物。

如果要解决这个问题,修改该文件的文件访问权限为只有 root 用户才可以使用命令"lastb"。命令:"chmod o-r /var/log/btmp"

history │ more

显示当前用户在命令行模式下执行的最后(1000 个)命令。参数"│more"在输出满屏时暂停。如果要检查其他用户在用户系统上都运行了什么,以 root 用户登录,检查在该用户主目录下的文件".bash_history"(没错,该文件可以被修改和删除)。

uptime

显示自从上一次启动到现在机器运行的总时间。

ps(＝ "print status"或者"process status",打印状态或者处理状态)

列出由当前用户运行的进程一览表。

ps axu │ more

列出当前运行的所有进程,包括那些不是来自控制终端的进程,在显示用户进程的同时显示用户名。

top

持续列出正在运行的所有进程,按 CPU 的占用率排序(占用率高的排在最前面)。按"Ctrl＋C"退出。

PID	=用户标识。
USER	=启动或者拥有该进程的用户。
PRI	=进程的优先级别(值越大,优先级别越低,一般进程是 0,最高的级别是 −20,最低的级别是 20。
NI	=优化级别(比如,进程试图以预先给定的优先级别的数值来运行)。数值越高,进程的优化级别也越高(优先级别越低)。
SIZE	=进程加载到内存的代码＋数据＋堆栈的字节总数(以千字节计算)。
RSS	=物理内存被占用的大小(以千字节计算)。
SHARE	=和其他进程共享的内存(以千字节计算)。
STAT	=进程的当前状态 S—睡眠,R—运行,T—停止或者被跟踪,D—不可中断的睡眠,Z—不死的进程。
％CPU	= CPU 占用率百分比(自从上一次屏幕更新以来)。
％MEM	=共享物理内存的占用率。
TIME	=进程占用的 CPU 时间(自从进程启动以来)。
COMMAND	=启动该任务使用的命令行(小心命令行里出现的密码等信息,有权限运行 top 命令的用户都可以看见它们)。

gtop,ktop

(X 终端)在图形用户界面下的两个 top 功能。用户比较习惯使用 gtop(在 gnome 自带)。在 KDE 环境下,ktop 在 K 菜单的"System"菜单下的"Task Manager"里。

uname -a(="Unix Name"带可选项"all")

显示用户本地计算机信息。也可以使用通信用户界面的 guname(X 终端下)得到更好的信息显示。

XFree86 -version

显示本地计算机的 X Windows 的版本。

cat /etc/issue

检查用户的发行版本。用户也可以把用户自己的信息放到文件"/etc/issue"里——在用户登录的时候会显示。如果用户想要显示更多的信息,还有一个比较常见的做法是把本地专有的登录信息内容放在文件"/etc/motd"里("motd"="message of the day",当天信息)

free

内存的信息(以千字节显示)。"共享"内存是指可以被多个进程共同享有的内存(比如,可执行代码是"共享"的)。"缓冲"和"缓存"则是用来保留最近访问的文件和数据——当其他进程需要更多的内存时候这些内容可以被减缩。

df -h(=disk free 硬盘剩余空间)

输出所有文件系统的硬盘信息(以易读的模式,h-human readable,人类可读)

du /-bh │ more(=disk usuage,硬盘使用状况)

输出根目录"/"下每个子目录具体的硬盘使用状况

cat /proc/cpuinfo

CPU 信息——它显示文件 cpuinfo 的内容。要注意的是文件在/proc 目录下不是真正的文件——它们只是在观察内核信息时起连接的作用。

cat /proc/interrupts

显示正在使用的中断号。在配置一个新硬件的时候可能需要浏览一下。

cat /proc/version

Linux 的版本和其他信息

cat /proc/filesystems

显示当前使用的文件系统的类型

cat /etc/printcap |more

显示打印机的设置

lsmod(＝ "list modules"，显示模块，必须是 root 用户，如果不是，使用命令/sbin/lsmod
执行)

显示当前已经加载的内核模块。

set|more

显示当前的用户环境(全部显示)。

echo ＄PATH

显示环境变量"PATH"的内容。这个命令也可以用来显示其他的环境变量。使用 set
来察看所有的环境变量(和前一个命令功能相同)。

dmesg | less

输出内核信息(也就是常说的内核内部缓存信息)。按"q"退出"less"。也可以使用"less
/var/log/dmesg"来直接检查最近一次系统启动时"dmesg"输出到文件里的内容。

chage -l my_login_name

查看用户的密码过期信息。

quota

查看用户的硬盘区间(硬盘使用的限制)。

sysctl -a |more

显示所有可设置的 Linux 内核参数。

runlevel

输出和前一个和当前的运行级别(runlevel)。输出"N5"意味着："没有前一个运行级
别"和"5 是当前的运行级别"。要修改运行级别，使用"init"，举例："init 1"把当前的运行级
别切换到"单用户模式"。

运行级别是 Linux 的操作模式。运行级别可以使用 init 命令进行快捷的修改。举例，
"init 3"将把模式切换到运行级别 3，以下是运行级别的标准：

0—中断(不要把系统初始设置"initdeafult"设成这个值)；

1—单用户模式；

2—多用户模式，不带 NFS(如果用户没有网络，和运行级别 3 相同)；

3—全功能多用户模式；

4—目前没有使用；

5—X11(图形用户界面)；

6—重新启动(不要把系统初始设置"initdeafult"设成这个值)。

系统的初始运行级别设置在文件"/etc/inittab"里。

sar

查看抽取系统活动记录文件信息(/var/log/sarxx,其中 xx 指的是当前的日期)。sar 可以抽取很多种系统统计信息,包括 CPU 的平均载荷,I/O 的统计,当天的网络流量统计或者是几天以前的数据。

思考题

3-1　Shell 的基本功能有哪些?

3-2　Linux 系统中的主要目录有哪些?

3-3　工作目录及其父目录课分别用什么表示?

3-4　常用的 Shell 环境变量有哪些?

3-5　什么是输入/输出重定向? 管道的功能是什么?

3-6　Shell 中的引号分为哪几种?

第4章
Linux 的用户管理

本章学习要点

通过对本章的学习,读者应该学习了解 Linux 系统的用户和用户组的概念与管理及特殊用户与用户组。其中读者们应着重学习掌握 Linux 系统用户与用户组的管理,能熟练进行用户与用户组的增、删、改,这是 Linux 系统的管理的基础。

学习目标

(1) 了解 Linux 用户与用户组的概念;

(2) 掌握 Linux 用户与用户组的管理;

(3) 了解 Linux 特殊用户与用户组。

4.1 用户与用户组的概念

4.1.1 理解 Linux 的单用户多任务,多用户多任务概念

Linux 是一个多用户多任务的操作系统,我们应该了解单用户多任务和多用户多任务的概念。

1. Linux 的单用户多任务

单用户多任务:比如我们以 beinan 登录系统,进入系统后,要打开 gedit 来写文档,但在写文档的过程中,感觉缺少音乐,所以又打开 xmms 播放音乐;当然光听音乐还不够,还得打开 msn,想知道其他弟兄现在正在做什么,这样一来,在用 beinan 用户登录时,执行了 gedit、xmms 及 msn 等,当然还有输入法 fcitx;这样说来就有点简单了,一个 beinan 用户,为了完成工作,执行了几个任务;当然 beinan 这个用户,其他的人还能以远程方式登录过来,也能做其他的工作。

2. Linux 的多用户多任务

有时可能是很多用户同时用同一个系统,但并不是所有的用户都一定要做同一件事,所以这就有多用户多任务之说。

例如 LinuxSir.Org 服务器,上面有 FTP 用户、系统管理员、Web 用户、常规普通用户等。在同一时刻,可能有的人正在访问论坛;有的人可能在上传软件包管理他们的主页系统和 FTP;与此同时,可能还会有系统管理员在维护系统。浏览主页用的是 nobody 用户,大家都用同一个,而上传软件包用的是 FTP 用户;管理员对系统的维护或查看,可能用的是普通账号或超级权限 root 账号。不同用户所具有的权限也不同,要完成不同的任务得需要不同的用户;也可以说不同的用户,可能完成的工作也不一样。

值得注意的是：多用户多任务并不是大家同时挤到一台机器的键盘和显示器前来操作机器，多用户可能通过远程登录来进行，比如对服务器的远程控制，只要有用户权限任何人都是可以上去操作或访问的。

3. 用户的角色区分

用户在系统中是分角色的，在 Linux 系统中，由于角色不同，权限和所完成的任务也不同；值得注意的是用户的角色是通过 UID 和识别的，特别是 UID；在系统管理中，系统管理员一定要坚守 UID 唯一的特性。

root 用户：系统唯一，是真实的，可以登录系统，可以操作系统任何文件和命令，拥有最高权限。

虚拟用户：这类用户也被称之为伪用户或假用户，与真实用户区分开来，这类用户不具有登录系统的能力，但却是系统运行不可缺少的用户，比如 bin、daemon、adm、ftp、mail 等；这类用户都是系统自身拥有的，而非后来添加的，当然也可以添加虚拟用户。

普通真实用户：这类用户能登录系统，但只能操作自己目录的内容，权限有限，这类用户都是系统管理员自行添加的。

4. 多用户操作系统的安全性

多用户系统从事实来说对系统管理更为方便。从安全角度来说，多用户管理的系统更为安全，比如 beinan 用户下的某个文件不想让其他用户看到，只是设置一下文件的权限，只让 beinan 一个用户可读可写可编辑就行了，这样一来只有 beinan 一个用户可以对其私有文件进行操作，Linux 在多用户下表现最佳，Linux 能很好地保护每个用户的安全，但我们也得学会 Linux 才行，再安全的系统，如果不具有安全意识的管理员或管理技术，这样的系统也不是安全的。

从服务器角度来说，多用户下的系统安全性也是最为重要的，我们常用的 Windows 操作系统，它在系统权限管理的能力只能说是一般，根本没有办法和 Linux 或 Unix 类系统相比。

4.1.2　用户(user)的概念

通过前面对 Linux 多用户的理解，明白 Linux 是真正意义上的多用户操作系统，所以能在 Linux 系统中建立若干用户。比如同事想用我的计算机，但我不想让他用我的用户名登录，因为我的用户名下有不想让别人看到的资料和信息(也就是隐私内容)，这时我就可以给他建立一个新的用户名，让他用我所新开的用户名去折腾，这从计算机安全角度来说是符合操作规则的。

当然用户的概念理解还不仅仅于此，在 Linux 系统中还有一些用户是用来完成特定任务的，比如 nobody 和 ftp 等，我们访问 LinuxSir.Org 的网页程序，就是 nobody 用户；我们匿名访问 ftp 时，会用到用户 ftp 或 nobody；如果想了解 Linux 系统的一些账号，请查看"/etc/passwd"。

4.1.3　用户组(group)的概念

用户组就是具有相同特征的用户的集合体。有时要让多个用户具有相同的权限，比如查看、修改某一文件或执行某个命令，这时需要用户组，把用户都定义到同一用户组，通过修改文件或目录的权限,让用户组具有一定的操作权限,这样用户组下的用户对该文件或目录都具有相同的权限,这是通过定义组和修改文件的权限来实现的。

举例:为了让一些用户有权限查看某一文档,比如是一个时间表,而编写时间表的人要具有读写执行的权限,想让一些用户知道这个时间表的内容,而不让他们修改,可以把这些用户都划到一个组,然后来修改这个文件的权限,让用户组可读,这样用户组下面的每个用户都是可读的。

用户和用户组的对应关系是:一对一、多对一、一对多或多对多。

一对一:某个用户可以是某个组的唯一成员;

多对一:多个用户可以是某个唯一的组的成员,不归属其他用户组,比如 beinan 和 linuxsir 两个用户只归属于 beinan 用户组;

一对多:某个用户可以是多个用户组的成员,比如 beinan 可以是 root 组成员,也可以是 linuxsir 用户组成员,还可以是 adm 用户组成员;

多对多:多个用户对应多个用户组,并且几个用户可以归属相同的组,其实多对多的关系是前面三条的扩展,理解了上面的三条,这条也能理解。

4.2　用户的管理

Linux 系统是一个多用户多任务的分时操作系统,任何一个要使用系统资源的用户,都必须首先向系统管理员申请一个账号,然后以这个账号的身份进入系统。用户的账号一方面可以帮助系统管理员对使用系统的用户进行跟踪,并控制他们对系统资源的访问;另一方面也可以帮助用户组织文件,并为用户提供安全性保护。每个用户账号都拥有一个唯一的用户名和各自的口令。用户在登录时输入正确的用户名和口令后,就能够进入系统和自己的主目录。

4.2.1　用户的增、删、改

用户账号的管理工作主要涉及用户账号的添加、修改和删除。

添加用户账号就是在系统中创建一个新账号,然后为新账号分配用户号、用户组、主目录和登录 Shell 等资源。刚添加的账号是被锁定的,无法使用。

1. 添加新的用户账号

使用 useradd 命令,其语法如下:useradd 选项 用户名

-c comment　指定一段注释性描述。

-d 目录　指定用户主目录,如果此目录不存在,则同时使用-m 选项,可以创建主目录。默认目录是"/home/username"。

-g　GID。用户组　指定用户所属的用户组。

-G　指定用户所属的附加组。

-s Shell 文件　指定用户的登录 Shell。

-u UID。指定用户的用户号,如果同时有-o 选项,则可以重复使用其他用户的标识号。

用户名:指定新账号的登录名。

[例 4.1]

useradd -d /usr/sam -m sam 此命令创建了一个用户 sam,

其中-d 和-m 选项用来为登录名 sam 产生一个主目录"/usr/sam"("/usr"为默认的用户主目录所在的父目录)。

[例 4.2]

useradd -s /bin/sh -g group-G adm,root gem

此命令新建了一个用户 gem,该用户的登录 Shell 是/bin/sh,它属于 group 用户组,同时又属于 adm 和 root 用户组,其中 group 用户组是其主组。

增加用户账号就是在"/etc/passwd"文件中为新用户增加一条记录,同时更新其他系统文件如"/etc/shadow","/etc/group"等。

2. 删除账号

如果一个用户的账号不再使用,可以从系统中删除。删除用户账号就是要将"/etc/passwd"等系统文件中的该用户记录删除,必要时还删除用户的主目录。删除一个已有的用户账号使用 userdel 命令,其格式如下:userdel 选项 用户名。

常用的选项是-r,它的作用是把用户的主目录一起删除。例如:# userdel -r sam

此命令删除用户 sam 在系统文件中(主要是"/etc/passwd","/etc/shadow","/etc/group"等)的记录,同时删除用户的主目录。

3. 修改账号

修改用户账号就是根据实际情况更改用户的有关属性,如用户号、主目录、用户组、登录 Shell 等。修改已有用户的信息使用 usermod 命令,其格式如下:usermod 选项 用户名。

常用的选项包括-c,-d,-m,-g,-G,-s,-u 及-o 等,这些选项的意义与 useradd 命令中的选项一样,可以为用户指定新的资源值。另外,有些系统可以使用如下选项:

-l 新用户名

这个选项指定一个新的账号,即将原来的用户名改为新的用户名。

例如:usermod -s /bin/ksh -d /home/z -g developer sam

此命令将用户 sam 的登录 Shell 修改为 ksh,主目录改为/home/z,用户组改为 developer。

4. 用户口令的管理

用户管理的一项重要内容是用户口令的管理。用户账号刚创建时没有口令,但是被系统锁定,无法使用,必须为其指定口令后才可以使用,即使是指定空口令。

指定和修改用户口令的 Shell 命令是 passwd。超级用户可以为自己和其他用户指定口令,普通用户只能用它修改自己的口令。命令的格式为:passwd 选项 用户名。

可使用的选项:

-l 锁定口令,即禁用账号。

-u 口令解锁。

-d 使账号无口令。

-f 强迫用户下次登录时修改口令。

如果默认用户名,则修改当前用户的口令。

例如,假设当前用户是 sam,则下面的命令修改该用户自己的口令:

passwd

Old password:******

New password：*******

Re-enter new password：*******

如果是超级用户,可以用下列形式指定任何用户的口令:

passwd sam

New password：*******

Re-enter new password：*******

普通用户修改自己的口令时,passwd 命令会先询问原口令,验证后再要求用户输入两遍新口令,如果两次输入的口令一致,则将这个口令指定给用户;而超级用户为用户指定口令时,就不需要知道原口令。

为了系统安全起见,用户应该选择比较复杂的口令,例如最好使用 8 位长的口令,口令中包含有大写、小写字母和数字,并且应该与姓名、生日等不相同。

为用户指定空口令时,执行下列形式的命令:

passwd -d sam

此命令将用户 sam 的口令删除,这样用户 sam 下一次登录时,系统就不再询问口令。

passwd 命令还可以用-l(lock)选项锁定某一用户,使其不能登录,例如:

passwd -l sam

新建用户异常情况:

useradd -d /usr/hadoop -u 586 -m hadoop -g hadoop

Creating mailbox file：文件已存在。

删除处理即可：rm -rf /var/spool/mail/用户名

2 useradd：invalid numeric argument 'hadoop'

这是由于 hadoop 组不存在,请先建 hadoop 组,通过 cat /etc/passwd 可以查看用户的 pass,cat /etc/shadow 可以查看用户名,cat /etc/group 可以查看用户组。

4.2.2　其他管理工具

Linux 提供了集成的系统管理工具 userconf,它可以用来对用户账号进行统一管理。

语法:

userconf [--addgroup〈群组〉][--adduser〈用户 ID〉〈群组〉〈用户名称〉〈shell〉][--delgroup〈群组〉][--deluser〈用户 ID〉][--help]

--addgroup〈群组〉　新增群组。

--adduser〈用户 ID〉〈群组〉〈用户名称〉〈shell〉　新增用户账号。

--delgroup〈群组〉　删除群组。

--deluser〈用户 ID〉　删除用户账号。

--help　显示帮助。

4.3　Linux 用户组的管理

每个用户都有一个用户组,系统可以对一个用户组中的所有用户进行集中管理。不同 Linux 系统对用户组的规定有所不同,如 Linux 下的用户属于与它同名的用户组,这个用户组在创建用户时同时创建。用户组的管理涉及用户组的添加、删除和修改。组的增加、删除和修改实际上就对"/etc/group"文件的更新。

4.3.1 用户组的增、删、改（字符界面）

1. 增加一个新的用户组使用 groupadd 命令。

格式如下：

代码：groupadd 选项 用户组［用户组添加后，将用户进行组赋予用 chown 和 chgrp 指令］

可以使用的选项有：

-g GID 指定新用户组的组标识号（GID）。

-o 一般与-g 选项同时使用，表示新用户组的 GID 可以与系统已有用户组的 GID 相同。

-r 此参数是用来建立系统账号的 GID，会比定义在系统档文件上"/etc/login.defs"的 GID_MIN 来得小。注意 useradd 此用法所建立的账号不会建立使用者目录，也不会记录在/etc/login.defs.下的定义值。如果你想要有使用者目录需额外指定-m 参数来建立系统账号，它会自动帮你选定一个小于 GID_MIN 的值，不需要再加上-g 参数。

-f This is force flag.新增一个已经存在的用户组账号，系统会出现错误信息，然后结束 groupadd。如果是这样的情况，不会新增这个用户组（如果是这个情况下，系统不会再新增一次）也可同时加上-g 选项，当你加上一个 GID，此时 GID 就不再是唯一值，可不加-o 参数，建好用户组后会显结果（adding a group as neither -g or -o options were specified）。

［例 4.3］ # groupadd group1 此命令向系统中增加了一个新组 group1，新组的组标识号是在当前已有的最大组标识号的基础上加 1。

［例 4.4］ # groupadd -g 101 group2 此命令向系统中增加了一个新组 group2，同时指定新组的组标识号是 101。

2. 如果要删除一个已有的用户组，使用 groupdel 命令，格式如下：

代码：groupdel 用户组

例如：# groupdel group1 此命令从系统中删除组 group1。

3. 修改用户组的属性使用 groupmod 命令。其语法如下：

代码：groupmod 选项 用户组

常用的选项有：

-g GID 为用户组指定新的组标识号。

-o 与-g 选项同时使用，用户组的新 GID 可以与系统已有用户组的 GID 相同。

-n 新用户组将用户组的名字改为新名字。

［例 4.5］ # groupmod -g 102 group2 此命令将组 group2 的组标识号修改为 102。

［例 4.6］ # groupmod -g 10000 -n group3 group2 此命令将组 group2 的标识号改为 10000，组名修改为 group3。

4.3.2 其他管理工具

1. 查看用户组

查看当前登录用户所在的组，用 groups；查看 apacheuser 所在组，用 groups

apacheuser;查看所有组,用 cat /etc/group。

有的 Linux 系统没有"/etc/group"文件的,这个时候用下面的这个方法:

cat /etc/passwd |awk -F [:]'{print ＄4}' | sort| uniq | getent group | awk -F [:] '{print ＄1}'

这里用到的一个命令是 getent,可以通过组 ID 来查找组信息,如果这个命令没有的话,那就很难查找系统中所有的组了。

2. 用户在用户组之间切换

如果一个用户同时属于多个用户组,那么用户可以在用户组之间切换,以便具有其他用户组的权限。用户可以在登录后,使用命令 newgrp 切换到其他用户组,这个命令的参数就是目的用户组。

例如:＄ newgrp root 这条命令将当前用户切换到 root 用户组,前提条件是 root 用户组确实是该用户的主组或附加组。类似于用户账号的管理,用户组的管理也可以通过集成的系统管理工具来完成。

3. 用户组信息的放置

用户组的所有信息都存放在"/etc/group"文件中。将用户分组是 Linux 系统对用户进行管理及控制访问权限的一种手段。每个用户都属于某个用户组;一个组中可以有多个用户,一个用户也可以属于不同的组。当一个用户同时是多个组中的成员时,在"/etc/passwd"文件中记录的是用户所属的主组,也就是登录时所属的默认组,而其他组称为附加组。用户要访问属于附加组的文件时,必须首先使用 newgrp 命令使自己成为所要访问组中的成员。

"/etc/group"文件的格式也类似于"/etc/passwd"文件,由冒号隔开若干个字段,这些字段有:组名、口令、组标识号、组内用户列表。

(1)"组名"是用户组的名称,由字母或数字构成。与/etc/passwd 中的登录名一样,组名不应重复。

(2)"口令"字段存放的是用户组加密后的口令字。一般 Linux 系统的用户组都没有口令,即这个字段一般为空,或者是 ＊。

(3)"组标识号"与用户标识号类似,也是一个整数,被系统内部用来标识组。

(4)"组内用户列表"是属于这个组的所有用户的列表,不同用户之间用逗号","分隔。这个用户组可能是用户的主组,也可能是附加组。"/etc/group"文件的一个例子如下:# cat /etc/grouproot::0:rootbin::2:root,binsys::3:root,uucpadm::4:root,admdaemon::5:root,daemonlp::7:root,lpusers::20:root,sam

4. gpasswd 设置一个组的群组密码

格式:gpasswd 参数 用户名 组名

-a——将一个用户加入一个组中;

-d——将一个用户从一个组中删除掉;

-r——取消一个用户组的群组密码;

-g——修改一个用户组的 gid 号;

-n——修改一个用户组的组名 groupmod -n 新组名 老组名。

附:用户和用户组应用实例

```
drwxr-xr-x   7 zte_a   users   4096 2007-11-22 09:58 zte_a
drwxr-xr-x   7 zte_b   users   4096 2007-11-22 09:14 zte_b
drwxr-xr-x   7 zte_c   users   4096 2007-11-22 09:14 zte_c
```

建三个用户 zte_a,zte_b,zte_c 都所属于 users 组

创建 time 目录

```
drwxr-xr-x   2 root   root 4096 2007-11-22 09:26 time
```

创建 time 目录下的 time 文件

```
-rw-r--r--   1 root root   27 2007-11-22 09:26 time.txt
```

需求:让 root 用户可以 wrx 目录 time 下的 time.txt,同时,而只允许属于 users 用户组的用户读 time.txt 文件

步骤:

chmod o-r-x time 设置目录权限

```
drwxr-x---   2 root   root 4096 2007-11-22 09:26 time
```

chmod o-r time.txt 设置文件权限

```
-rw-r-----   1 root root   27 2007-11-22 09:26 time.txt
```

chgrp user time 设置目录所属组

```
drwxr-x---   2 root users 4096 2007-11-22 09:26 time
```

chgrp user time.txt 设置文件所属组

```
-rw-r-----   1 root users 27 2007-11-22 09:26 time.txt
```

注:以后要为 user 组新扩此类用户时,只需 useradd -m new,再用 usermod -g user new 将 new 用户归属于 user 组即可。

4.4　特殊用户和用户组

1. 特殊用户

特殊用户(或称为超级用户、特权用户)拥有访问系统资源的所有权限,是系统的管理者。特殊用户在 Linux 系统中拥有完整的控制能力,可以访问和修改系统文件,可以执行所有命令和程序,完成系统配置、安装设备和软件、启动或者停止服务、建立和管理用户账号,甚至关机与停机系统的执行等系统管理功能。特殊用户拥有建立用户账号的权限,在建立用户账号时,指定用户的类型。程序在运行过程中拥有程序执行者的权限,即特殊账号下运行的程序拥有特殊用户的权限,普通账号下运行的程序拥有普通用户的权限。

注意:在 Linux 中允许建立其他超级用户,用户名称不一定必须是 root,但是 root 这个用户在系统安装时,是由系统创建的。其实,只要用户的 UID 为 0,就是超级用户。但是为了维护 Linux 系统使用的习惯,还是建议使用 root 为超级用户。

2. 特殊用户组

Linux 中有一个 root 组,因为这个组的名称与 root 这个特殊用户的名称相同,所以,我们习惯上把 root 组叫做特殊用户组。特殊用户组的 GID 为 0,隶属于特殊用户组的成员,不具备系统管理的权力。例如,调用 Linux 的文件时,还要看是否具备足够的权限,不像特殊用户一样不受任何限制。

4.5 用户和用户组的配置文件

4.5.1 /etc/passwd 和/etc/groups

在 Linux 系统下,对用户和用户组进行添加、修改、删除等操作的最终目的都是通过修改用户和组的配置文件来实现的,这些主要配置文件主要有:/etc/passwd、/etc/shadows、/etc/groups、/etc/gshadow、/etc/skel 目录等;用户和用户组的配置文件,是系统管理员最应该了解和掌握的系统基础之一,从另一方面来说,了解这些文件也是系统安全管理的重要组成部分。

1. /etc/passwd 用户账号密码文件

[root@jekay /]# cat /etc/passwd

登录名 口令 UID GID 用户全称和描述 用户主目录 用户登录的 Shell 环境 root:x:0:0:root:/root:/bin/bashbin:x:1:1:bin:/bin:/sbin/nologindaemon:x:2:2:daemon:/sbin:/sbin/nologinadm:x:3:4:adm:/var/adm:/sbin/nologinlp:x:4:7:lp:/var/spool/lpd:/sbin/nologinsync:x:5:0:sync:/sbin:/bin/sync……在/etc/passwd 中,每一行都表示的是一个用户的信息;一行有 7 个段位;每个段位用"."号分割。

说明:UID 是用户的 ID 值,是确认用户权限的标识,在系统中每个用户的 UID 的值是唯一的,更确切地说每个用户都要对应一个唯一的 UID,系统管理员应该确保这一规则。系统用户的 UID 的值从 0 开始,是一个正整数,至于最大值可以在/etc/login.defs 可以查到,一般 Linux 发行版约定为 60000;在 Linux 中,root 的 UID 是 0,拥有系统最高权限;把几个用户设置为同样的 UID 会造成系统安全的隐患,尤其是设置成 root 的 UID 号 0。

Linux 系统中的用户角色:用户在系统中是分角色的,在 Linux 系统中,由于角色不同,权限和所完成的任务也不同;值得注意的是用户的角色是通过 UID 和识别的,特别是 UID;在系统管理中,系统管理员一定要坚守 UID 唯一的特性。

root 用户:系统唯一,是真实的,可以登录系统,可以操作系统任何文件和命令,拥有最高权限。

虚拟用户:这类用户也被称之为伪用户或假用户,与真实用户区分开来,这类用户不具有登录系统的能力,但却是系统运行不可缺少的用户,比如 bin、daemon、adm、ftp、mail 等;这类用户都是系统自身拥有的,而非后来添加的,当然我们也可以添加虚拟用户。

普通用户:这类用户能登录系统,但只能操作自身目录的内容;权限有限;这类用户都是系统管理员自行添加的。

/etc/login.defs 是设置用户账号限制的文件,在这里我们可配置密码的最大过期天数,密码的最大长度约束等内容;多数发行版本,添加新用户时的 UID 从 500 开始的,GID 也是从 500 开始;500 内的为系统预留。

2. /etc/shadows 用户账号的加密文件

[root@jekay /]# cat /etc/shadow

root:1MebjzxXM$0hVmQ6MMDB5ZVVAGuUG7G1:135ArrayArray:0:Array ArrayArrayArrayArray:7:::

bin:*:135ArrayArray:0:ArrayArrayArrayArrayArray:7:::

daemon：*：135ArrayArray：0：ArrayArrayArrayArrayArray：7：：：
adm：*：135ArrayArray：0：ArrayArrayArrayArrayArray：7：：：
lp：*：135ArrayArray：0：ArrayArrayArrayArrayArray：7：：：
sync：*：135ArrayArray：0：ArrayArrayArrayArrayArray：7：：：
……

/etc/shadow 文件的内容包括 Array 个段位，每个段位之间用":"号分割。

第一字段：用户名（也被称为登录名），在/etc/shadow 中，用户名和/etc/passwd 是相同的，这样就把 passwd 和 shadow 中用的用户记录联系在一起；这个字段是非空的。

第二字段：密码（已被加密），如果是有些用户在这段是 x，表示这个用户不能登录到系统；这个字段是非空的。

第三字段：上次修改口令的时间；这个时间是从 1Array70 年 1 月 1 日算起到最近一次修改口令的时间间隔（天数），可以通过 passwd 来修改用户的密码，然后查看/etc/shadow 中此字段的变化。

第四字段：两次修改口令间隔最少的天数；如果设置为 0，则禁用此功能，也就是说用户必须经过多少天才能修改其口令；此项功能用处不是太大；默认值是通过"/etc/login.defs"文件定义中获取，PASS_MIN_DAYS 中有定义。

第五字段：两次修改口令间隔最多的天数；这个能增强管理员管理用户口令的时效性，应该说在增强了系统的安全性；如果是系统默认值，是在添加用户时由"/etc/login.defs"文件定义中获取，在 PASS_MAX_DAYS 中定义。

第六字段：提前多少天警告用户口令将过期；当用户登录系统后，系统登录程序提醒用户口令将要作废；如果是系统默认值，是在添加用户时由/etc/login.defs 文件定义中获取，在 PASS_WARN_AGE 中定义。

第七字段：在口令过期之后多少天禁用此用户；此字段表示用户口令作废多少天后，系统会禁用此用户，也就是说系统会不能再让此用户登录，也不会提示用户过期，是完全禁用。

第八字段：用户过期日期；此字段指定了用户作废的天数（从 1Array70 年的 1 月 1 日开始的天数），如果这个字段的值为空，账号永久可用。

第九字段：保留字段。

"/etc/shadow"文件是"/etc/passwd"的投影文件，这个文件并不由"/etc/passwd"而产生的，这两个文件是应该是对应互补的；shadow 内容包括用户及被加密的密码及其他"/etc/passwd"不能包括的信息，比如用户的有效期限等；这个文件只有 root 权限可以读取和操作，权限如下：

-r-------- 1 root root 740 Mar 27 17：03 /etc/shadow

3. /etc/groups 用户组账号文件

具有某种共同特征的用户集合起来就是用户组。用户组配置文件主要有"/etc/group"和"/etc/gshadow"，其中"/etc/gshadow"是"/etc/group"的加密信息文件；"/etc/group"文件相对来说比较简单，通过这个配置文件，我们可以清楚地看到系统中用户组，以及用户属于哪个组，某个组中的用户成员有谁等。

Linux 系统下用户组分为 2 种，用户私有组和公有组。

私用组：只包含一个用户，创建用户时自动创建一个和用户同名的组。

公有组：可以包含多个用户。

当一个用户属于多个用户组时，某个用户的权限只能是当前所属组的权限，而不能是多个组权限的累加，这与 Windows 是不一样的，不要随便把普通用户加入 root 组。

[root@jekay /]# cat /etc/group

组名　群组密码　GID　组中用户列表

root：x：0：root

bin：x：1：root，bin，daemon

daemon：x：2：root，bin，daemon

sys：x：3：root，bin，adm

adm：x：4：root，adm，daemon

tty：x：5：

……

在/etc/group 中的每条记录分四个字段，中间使用":"隔开 GID 和 UID 类似，是一个正整数或 0，是用户组的 ID 值，GID 从 0 开始，0 被系统赋予 root 用户组；系统会预留一些较靠前的 GID 给系统虚拟用户组之用；多数 Linux 发行版本预留了 500，也就是说新用户组的 GID 从 500 开始；查看 /etc/login.defs 中的 GID_MIN 和 GID_MAX 值，可以知道 GID 的最大设置值。

4. /etc/gshadow 用户组账号的加密文件

[root@jekay /]# cat /etc/gshadow

用户组名　用户组密码　用户组的管理者　组成员列表

root：：：root

bin：：：root，bin，daemon

daemon：：：root，bin，daemon

sys：：：root，bin，adm

adm：：：root，adm，daemon

tty：：：

……

"/etc/gshadow"是"/etc/group"的加密文件；用户组密码，用于结构比较复杂的权限模型。

5. /etc/skel 目录　用来初始化用户的主目录

[root@jekay /]# ls -al /etc/skel

total 20

drwxr-xr-x 2 root root 40Array6 Mar 27 16:5Array .

drwxr-xr-x 32 root root 40Array6 Mar 27 17:04 ..

-rw-r--r-- 1 root root 24 Feb 11 2003 .bash_logout

-rw-r--r-- 1 root root 1Array1 Feb 11 2003 .bash_profile

-rw-r--r-- 1 root root 124 Feb 11 2003 .bashrc

目录中存放与用户相关的配置文件。一般来说，每个用户都有自己的主目录，用户成功登录后就处于自己的主目录下。当为新用户创建主目录时，系统会在新用户的主目录下建立一份/etc/skel 目录下所有文件的拷贝,用来初始化用户的主目录。

4.5.2 超级权限控制 sudo 的配置文件

/etc/sudoersroot 超级用户是系统最高权限的拥有者。几乎无所不能,多数的系统设置和权限设置对 root 账号来说是无用的,所以 root 账号权限管理不善就会造成系统安全的隐患,在对系统操作时尽量避免使用 root 登录,也应该尽量避免直接使用 root 账号对系统进行配置和操作;但有时普通用户可能需要 root 权限来完成必要的系统管理工作,我们可以使用 su 和 sudo 来实现。

用户账号类型:

超级用户:在 Linux 操作系统中,root 的权限是最高的,也被称为超级权限的拥有者。普通用户无法执行的操作,root 用户都能完成,所以也被称之为超级管理用户。在系统中,每个文件、目录和进程,都归属于某一个用户,没有用户许可其他普通用户是无法操作的,但是 root 除外。root 用户的特权性还表现在 root 可以超越任何用户和用户组来对文件或目录进行读取、修改或删除(在系统正常的许可范围内);对可执行程序的执行、终止;对硬件设备的添加、创建和移除等;也可以对文件和目录进行属主和权限进行修改,以适合系统管理的需要(因为 root 是系统中权限最高的特权用户);UID 为 0。

普通用户和伪装用户:与超级用户相对的就是普通用户和虚拟(也被称为伪装用户),普通和伪装用户都是受限用户,但为了完成特定的任务,普通用户和伪装用户也是必需的。

Linux 是一个多用户多任务的操作系统,多用户主要体现在用户的角色的多样性,不同的用户所分配的权限也不同。这也是 Linux 系统比 Windows 系统更为安全的本质所在。但值得注意的是超级用户的操作是在系统最高许可范围内的操作;有些操作就是具有超级权限的 root 也无法完成;如:/proc 目录、加了写保护的文件等。

［root@jekay /］# ls -ld /proc

dr-xr-xr-x 47 root root 0 Mar 27 12:03 /proc

［root@jekay tmp］# chattr +i file

［root@jekay tmp］# rm -f file

rm:cannot remove 'file':Operation not permitted

获取超级权限的过程,就是切换普通用户身份到超级用户身份的过程。这个过程主要是通过 su 和 sudo 来解决。使用 su 命令临时切换用户身份,su 命令就是切换用户的工具。

su［OPTION 选项参数］［用户］

-,-l,--login 登录并改变到所切换的用户环境;

-c,--commmand＝COMMAND 执行一个命令,然后退出所切换到的用户环境;

su 在不加任何参数,默认为切换到 root 用户,不改变 Shell 环境;su 加参数 -,表示默认切换到 root 用户,并且改变到 root 用户的环境;su 的确为管理带来方便,通过切换到 root 下,能完成所有系统管理工具,只要把 root 的密码交给任何一个普通用户,他都能切换到 root 来完成所有的系统管理工作;但如果登录的用户比较多,而多个用户都需要使用 root 权限,这时就可能会造成安全隐患,而且由于切换的过程是打开 root 的 Shell 环境,很多情况下也会造成 root 权限外泄。

sudo 工具:由于 su 对切换到超级权限用户 root 后,权限的无限制性,所以 su 并不能担任多个管理员所管理的系统。通过 sudo, 我们能把某些超级权限有针对性的下放, 并且不需要普通用户知道 root 密码, 所以 sudo 相对于权限无限制性的 su 来说, 还是比较安全的, 所以 sudo 也能被称为受限制的 su。另外 sudo 是需要授权许可的, 所以也被称为授权许可的 su。sudo 执行命令的流程是当前用户切换到 root (或其他指定切换到的用户), 然后以 root (或其他指定的切换到的用户) 身份执行命令, 执行完成后, 直接退回到当前用户。而这些的前提是要通过 sudo 的配置文件 "/etc/sudoers" 来进行授权, sudo 的配置文件是 "/etc/sudoers", 可通过命令 visudo 直接进行编辑, 通过 sudo -l 来查看哪些命令是可以执行或禁止的。"/etc/sudoers" 文件中每行算一个规则, 前面带有 "#" 号可以当作是说明的内容, 并不执行; 如果规则很长, 一行列不下时, 可以用 "\" 号来续行, 这样看来一个规则也可以拥有多个行。/etc/sudoers 的规则可分为两类; 一类是别名定义, 另一类是授权规则。别名定义并不是必需的, 但授权规则是必需的。

默认 "/etc/sudoers" 配置文件

[root@jekay]# cat /etc/sudoers

sudoers file.

This file MUST be edited with the 'visudo' command as root.

See the sudoers man page for the details on how to write a sudoers file.

Host alias specification

User alias specification

Cmnd alias specification

Defaults specification

User privilege specification

root ALL=(ALL) ALL

Uncomment to allow people in group wheel to run all commands

%wheel ALL=(ALL) ALL

Same thing without a password

%wheel ALL=(ALL) NOPASSWD：ALL

Samples

%users ALL=/sbin/mount /cdrom,/sbin/umount /cdrom

%users localhost=/sbin/shutdown -h now

别名规则定义格式如下:

Alias_Type NAME=item1, item2, …, 或 Alias_Type NAME=item1, item2, item3：NAME=item4, item5

别名类型 (Alias_Type)：(别名类型包括如下四种)

(1) Host_Alias 定义主机别名; 项目可以是主机名, 可以是单个 ip (整段 IP 地址也可以), 也可以是网络掩码;

Host_Alias BE01=localhost, bt05, tt04, 10.0.0.4, 255.255.255.0, 1Array2.168.1.0/24

　　注：定义主机别名 HT01, 通过 = 号列出成员

(2) User_Alias 用户别名, 别名成员可以是用户, 用户组 (前面要加 % 号)

User_Alias SYSAD=jekay, linux, lt, benet：NETAD=jekay：WEBMASTER=admin

（3）Runas_Alias 用来定义 runas 别名，这个别名指定的是"目的用户"，即 sudo 允许切换至的用户；

Runas_Alias OP＝root,operator

（4）Cmnd_Alias 定义命令别名；

Cmnd_Alias DISKMAG＝/sbin/fdisk,/sbin/parted

Cmnd_Alias NETMAG＝/sbin/ifconfig,/etc/init.d/network

Cmnd_Alias KILL＝/usr/bin/kill

NAME 就是别名了，NMAE 的命名是包含大写字母、下画线及数字，但必须以一个大写字母开头；item 按中文翻译是项目，在这里我们可以译成"成员"，如果一个别名下有多个成员，成员与成员之间，通过半角逗号分隔；成员必须是有效并事实存在的。item 成员受别名类型 Host_Alias、User_Alias、Runas_Alias、Cmnd_Alias 制约，定义什么类型的别名，就要有什么类型的成员相配。我们用 Host_Alias 定义主机别名时，成员必须是与主机相关联，比如是主机名（包括远程登录的主机名）、IP 地址（单个或整段）、掩码等；当用户登录时，可以通过 w 命令来查看登录用户主机信息；用 User_Alias 和 Runas_Alias 定义时，必须用系统用户作为成员；用 Cmnd_Alias 定义执行命令的别名时，必须是系统存在的文件，文件名可以用通配符表示，配置 Cmnd_Alias 时命令需要绝对路径；其中 Runas_Alias 和 User_Alias 有点相似，但与 User_Alias 绝对不是同一个概念，Runas_Alias 定义的是某个系统用户可以以 sudo 身份切换到 Runas_Alias 下的成员；我们在授权规则中以实例进行解说；别名规则是每行算一个规则，如果一个别名规则一行容不下时，可以通过"\"来续行；同一类型别名的定义，一次也可以定义几个别名，它们中间用"："号分隔。

/etc/sudoers 中的授权规则：

（1）授权规则是分配权限的执行规则，前面所讲到的定义别名主要是为了更方便地授权引用别名；如果系统中只有几个用户，下放权限比较有限的话，可以不用定义别名，而是针对系统用户直接授权，所以在授权规则中别名并不是必需的。

（2）授权用户　主机＝命令动作，这三个要素缺一不可，但在动作之前也可以指定切换到特定用户下，在这里指定切换的用户要用"（ ）"括起来，如果不需要密码直接运行命令的，应该加 NOPASSWD：参数，但这些可以省略。

（3）授权用户　主机＝[（切换到哪些用户或用户组）][是否需要密码验证] 命令 1,[（切换到哪些用户或用户组）][是否需要密码验证][命令 2]，[（切换到哪些用户或用户组）][是否需要密码验证][命令 3]……

注解：凡是"[ ]"中的内容，是可以省略，命令与命令之间用"，"号分隔；可以使用 NOPASSWD 参数，就不要在运行命令时提示密码输入。

举例：

jekay ALL＝（root）/bin/chown,/bin/chmod 执行时会提示输入 jekay 的密码；

jekay ALL＝（root）NOPASSWD：/bin/chown,/bin/chmod 就不需要密码；

jekay ALL＝（root）NOPASSWD：/bin/more

切换到 jekay 用户下使用 more /etc/shadow 就可以了，不会提示输入密码；

User_Alias SYSUSER＝jekay

SYSUSER ALL＝（root）/sbin/fdisk 使用用户别名来完成。

sudo［参数选项］命令

-l　列出用户在主机上可用的和被禁止的命令。一般配置好"/etc/sudoers"后,要用这个命令来查看和测试是不是配置正确的。

-v　验证用户的时间戳,如果用户运行 sudo 后,输入用户的密码后,在短时间内可以不用输入口令来直接进行 sudo 操作,用-v 可以跟踪最新的时间戳。

-u　指定以某个用户执行特定操作。

-k　删除时间戳,下一个 sudo 命令要求用求提供密码。

4.5.3　添加用户规则文件"/etc/login.defs"和"/etc/default/useradd"

1. "/etc/login.defs"配置文件

/etc/login.defs 文件是当创建用户时的一些规划,比如创建用户时,是否需要目录,UID 和 GID 的范围,用户的期限等,这个文件是可以通过 root 来定义的。

/etc/logins.defs 文件内容:

＊REQUIRED＊

Directory where mailboxes reside,_or_ name of file,relative to the

home directory. If you _do_ define both,MAIL_DIR takes precedence.

QMAIL_DIR is for Qmail

#

QMAIL_DIR Maildir

MAIL_DIR /var/spool/mail 注:创建用户时,要在目录/var/spool/mail 中创建一个用户 mail 文件;

MAIL_FILE .mail

Password aging controls:

#

PASS_MAX_DAYS Maximum number of days a password may be used.

PASS_MIN_DAYS Minimum number of days allowed between password changes.

PASS_MIN_LEN Minimum acceptable password length.

PASS_WARN_AGE Number of days warning given before a password expires.

#

PASS_MAX_DAYS ArrayArrayArrayArrayArray 注:用户的密码不过期最多的天数;

PASS_MIN_DAYS 0 注:密码修改之间最小的天数;

PASS_MIN_LEN 5 注:密码最小长度;

PASS_WARN_AGE 7

#

Min/max values for automatic uid selection in useradd

#

UID_MIN 500 注:最小 UID 为 500,也就是说添加用户时,UID 是从 500 开始的;

UID_MAX 60000 注:最大 UID 为 60000;

#

\# Min/max values for automatic gid selection in groupadd

\#

GID_MIN 500 注:GID 是从 500 开始;

GID_MAX 60000

\#

\# If defined,this command is run when removing a user.

\# It should remove any at/cron/print jobs etc. owned by

\# the user to be removed (passed as the first argument).

\#

\# USERDEL_CMD /usr/sbin/userdel_local

\#

\# If useradd should create home directories for users by default

\# On RH systems,we do. This option is ORed with the -m flag on

\# useradd command line.

\# CREATE_HOME yes 注:是否创用户家目录,要求创建;

2. /etc/default/useradd 文件

通过 useradd 添加用户时的规则文件。

\# useradd defaults file

GROUP=100

HOME=/home 注:把用户的家目录建在/home 中;

INACTIVE=-1 注:是否启用账号过期停权,-1 表示不启用;

EXPIRE= 注:账号终止日期,不设置表示不启用;

SHELL=/bin/bash 注:所用 SHELL 的类型;

SKEL=/etc/skel 注:默认添加用户的目录默认文件存放位置,也就是说,当我们用 ad-

　　　　　　　　duser 添加用户时,用户的家目录下的文件,都是从这个目录中

　　　　　　　　复制过去的。

思考题

4-1 如何在删除一个用户时也删除其主目录,在做该操作时应该注意哪些问题?

4-2 如何观察当前系统的运行级别?

4-3 如何确定用户所使用的终端?

4-4 如何在 Unix/Linux 系统添加新用户?

4-5 添加用户时使用什么参数可以指定用户目录?

第5章
磁盘与文件系统管理

本章学习要点

　　通过对本章的学习,读者应该了解 Linux 系统常见的集中文件格式、LVM 与 RAID、文件备份与恢复及网络文件系统 NFS,其中读者应着重学习掌握 Linux 系统的 LVM(逻辑磁盘卷管理)与 RAID(独立冗余磁盘阵列)、文件备份与恢复,LVM 与 RAID 是对 Linux 系统磁盘的管理,是安装和管理 Linux 系统的基础,文件备份与恢复对于操作系统是极其重要的。

学习目标

　　(1) 了解 Linux 常见的集中文件格式;

　　(2) 掌握 LVM 与 RAID;

　　(3) 掌握文件备份与恢复;

　　(4) 了解网络文件系统 NFS。

5.1　常见的几种文件系统

　　文件系统是操作系统用于明确磁盘或分区上的文件的方法和数据结构,即在磁盘上组织文件的方法,也指用于存储文件的磁盘或分区,或文件系统种类。操作系统中负责管理和存储文件信息的软件机构称为文件管理系统,简称文件系统。文件系统由三部分组成:与文件管理有关软件、被管理文件及实施文件管理所需数据结构。从系统角度来看,文件系统是对文件存储器空间进行组织和分配,负责文件存储并对存入的文件进行保护和检索的系统。具体地说,它负责为用户建立文件,存入、读出、修改、转储文件,控制文件的存取,当用户不再使用时撤销文件等。

5.1.1　本地文件系统

　　文件系统是操作系统用于明确磁盘或分区上的文件的方法和数据结构,即在磁盘上组织文件的方法。也指用于存储文件的磁盘或分区,或文件系统种类。

　　磁盘或分区和它所包括的文件系统的不同是很重要的。少数程序(包括最有理由的产生文件系统的程序)直接对磁盘或分区的原始扇区进行操作,这可能破坏一个存在的文件系统。大部分程序基于文件系统进行操作,在不同的文件系统上不能相互工作。

　　一个分区或磁盘能作为文件系统使用前,需要初始化,并将记录数据结构写到磁盘上。这个过程就叫建立文件系统。

　　大部分 Unix 文件系统的种类具有类似的通用结构。其中心概念是超级块 superblock,i

节点 inode,数据块 data block,目录块 directory block 和间接块 indirection block。超级块包括文件系统的总体信息,比如大小(其准确信息依赖文件系统)。i 节点包括除了名字外的一个文件的所有信息,名字与 i 节点数目一起存放在目录中,目录条目包括文件名和文件的 i 节点数目。i 节点包括几个数据块的数目,用于存储文件的数据。i 节点中只有少量数据块的空间,如果需要更多,会动态分配指向数据块的指针空间。这些动态分配的块是间接块;为了找到数据块,由名字指出它必须先找到间接块的号码。

Unix 文件系统通常允许在文件中产生孔(hole),意思是文件系统假装文件中有一个特殊的位置只有 0 字节,但没有为这个文件的这个位置保留实际的磁盘空间(这意味着这个文件将少用一些磁盘空间)。这在小的二进制文件经常发生,如 Linux 共享库、一些数据库和其他一些特殊情况(孔由存储在间接块或 i 节点中的作为数据块地址的一个特殊值实现,这个特殊地址说明没有为文件的这个部分分配数据块,即文件中有一个孔)。

孔有一定的用处。在笔者的系统中,一个简单的测量工具显示在 200MB 使用的磁盘空间中,由于孔,节约了大约 4MB。在这个系统中,程序相对较少,没有数据库文件。

文件系统的功能包括:管理和调度文件的存储空间,提供文件的逻辑结构、物理结构和存储方法;实现文件从标识到实际地址的映射(即按名存取);实现文件的控制操作和存取操作(包括文件的建立、撤销、打开、关闭,对文件的读、写、修改、复制、转储等);实现文件信息的共享并提供可靠的文件保密和保护措施,提供文件的安全措施(文件的转储和恢复能力)。

文件的逻辑结构是依照文件的内容的逻辑关系组织文件结构。文件的逻辑结构可以分为流式文件和记录式文件。

流式文件:文件中的数据是一串字符流,没有结构。

记录式文件:由若干逻辑记录组成,每条记录又由相同的数据项组成,数据项的长度可以是确定的,也可以是不确定的。

主要缺陷:数据关联性差,数据不一致,冗余性大。

1. FAT

通常 PC 机使用的文件系统是 FAT16。像基于 MS - DOS,Win 95 等系统都采用了 FAT16 文件系统。在 Win 9X 下,FAT16 支持的分区最大为 2GB。我们知道计算机将信息保存在硬盘上称为"簇"的区域内。使用的簇越小,保存信息的效率就越高。在 FAT16 的情况下,分区越大簇就要相应增大,存储效率就越低,势必造成存储空间的浪费。并且随着计算机硬件和应用的不断提高,FAT16 文件系统已不能很好地适应系统的要求。在这种情况下,推出了增强的文件系统 FAT32。同 FAT16 相比,FAT32 主要具有以下特点:

(1) 同 FAT16 相比 FAT32 最大的优点是可以支持的磁盘大小达到 32GB,但是不能支持小于 512MB 的分区。

基于 FAT32 的 Win 2000 可以支持分区最大为 32GB;而基于 FAT16 的 Win 2000 支持的分区最大为 4GB。

(2) 由于采用了更小的簇,FAT32 文件系统可以更有效率地保存信息。如两个分区大小都为 2GB,一个分区采用了 FAT16 文件系统,另一个分区采用了 FAT32 文件系统。采用 FAT16 的分区的簇大小为 32KB,而 FAT32 分区的簇只有 4KB 的大小。这样 FAT32 就比 FAT16 的存储效率要高很多,通常情况下可以提高 15%。

(3) FAT32 文件系统可以重新定位根目录和使用 FAT 的备份副本。另外 FAT32 分区的启动记录被包含在一个含有关键数据的结构中,减少了计算机系统崩溃的可能性。

2. RAW

RAW 文件系统是一种磁盘未经处理或者未经格式化产生的文件系统,一般来说有以下几种可能造成正常文件系统变成 RAW 文件系统:

(1) 没有格式化。

(2) 格式化中途取消操作。

(3) 硬盘出现坏道。

(4) 硬盘出现不可预知的错误。

(5) 病毒所致。

解决 RAW 文件系统的最快的方法是立即格式化,并且使用杀毒软件全盘杀毒。当然,如果文件很重要的话可以考虑用磁盘数据恢复软件先救出数据,然后再格式化和杀毒,或者在网上查找一些有关于"Raw 文件系统恢复"的内容。

3. Ext2

Ext2 是 GNU/Linux 系统中标准的文件系统,其特点是存取文件的性能极好,对于中小型的文件更显示出优势,这主要得益于其簇快取层的优良设计。

其单一文件大小与文件系统本身的容量上限与文件系统本身的簇大小有关,在一般常见的 x86 电脑系统中,簇最大为 4KB,则单一文件大小上限为 2048GB,而文件系统的容量上限为 16384GB。

但由于目前核心 2.4 版所能使用的单一分割区最大只有 2048GB,实际上能使用的文件系统容量最多也只有 2048GB。

至于 Ext3 文件系统,它属于一种日志文件系统,是对 Ext2 系统的扩展。它兼容 Ext2,并且从 Ext2 转换成 Ext3 并不复杂。

4. Ext3

Ext3 是一种日志式文件系统,是对 Ext2 系统的扩展,它兼容 Ext2。日志式文件系统的优越性在于:由于文件系统都有快取层参与运作,如不使用时必须将文件系统卸下,以便将快取层的资料写回磁盘中。因此每当系统要关机时,必须将其所有的文件系统全部 shutdown 后才能进行关机。

如果在文件系统尚未 shutdown 前就关机(如停电)时,下次重开机后会造成文件系统的资料不一致,故这时必须做文件系统的重整工作,将不一致与错误的地方修复。然而,这一重整的工作是相当耗时的,特别是容量大的文件系统,而且也不能百分之百保证所有的资料都不会流失。

为了克服此问题,使用所谓的"日志式文件系统"(Journal File System)。此类文件系统最大的特色是,它会将整个磁盘的写入动作完整记录在磁盘的某个区域上,以便有需要时可以回溯追踪。

由于资料的写入动作包含许多的细节,如改变文件标头资料、搜寻磁盘可写入空间、一个个写入资料区段等,每一个细节进行到一半若被中断,就会造成文件系统的不一致,因而需要重整。

然而,在日志式文件系统中,由于详细记录了每个细节,故当在某个过程中被中断时,系统可以根据这些记录直接回溯并重整被中断的部分,而不必花时间去检查其他的部分,故重整的工作速度相当快,几乎不需要花时间。

5. Ext4

Linux kernel 自 2.6.28 版开始正式支持新的文件系统 Ext4。Ext4 是 Ext3 的改进版,修改了 Ext3 中部分重要的数据结构,而不仅仅像 Ext3 对 Ext2 那样,只是增加了一个日志功能而已。Ext4 可以提供更佳的性能和可靠性,还有更为丰富的功能:

(1) 与 Ext3 兼容。执行若干条命令,就能从 Ext3 在线迁移到 Ext4,而无须重新格式化磁盘或重新安装系统。原有 Ext3 数据结构照样保留,Ext4 作用于新数据,当然,整个文件系统因此也就获得了 Ext4 所支持的更大容量。

(2) 更大的文件系统和更大的文件。较之 Ext3 目前所支持的最大 16TB 文件系统和最大 2TB 文件,Ext4 分别支持 1EB(1048576TB,1EB=1024PB,1PB=1024TB)的文件系统及 16TB 的文件。

(3) 无限数量的子目录。Ext3 目前只支持 32000 个子目录,而 Ext4 支持无限数量的子目录。

(4) Extents。Ext3 采用间接块映射,当操作大文件时,效率极其低下。比如一个 100MB 大小的文件,在 Ext3 中要建立 25600 个数据块(每个数据块大小为 4KB)的映射表。而 Ext4 引入了现代文件系统中流行的 extents 概念,每个 extents 为一组连续的数据块,上述文件则表示为"该文件数据保存在接下来的 25600 个数据块中",提高了不少效率。

(5) 多块分配。当写入数据到 Ext3 文件系统中时,Ext3 的数据块分配器每次只能分配一个 4KB 的块,写一个 100MB 文件就要调用 25600 次数据块分配器,而 Ext4 的多块分配器"multiblock allocator"(mballoc)支持一次调用分配多个数据块。

(6) 延迟分配。Ext3 的数据块分配策略是尽快分配,而 Ext4 和其他现代文件操作系统的策略是尽可能地延迟分配,直到文件在 cache 中写完才开始分配数据块并写入磁盘,这样就能优化整个文件的数据块分配,与前两种特性搭配起来可以显著提升性能。

(7) 快速 fsck。以前执行 fsck 第一步就会很慢,因为它要检查所有的 inode,现在 Ext4 给每个组的 inode 表中都添加了一份未使用 inode 的列表,今后 fsck Ext4 文件系统就可以跳过它们而只去检查那些在用的 inode 了。

(8) 日志校验。日志是最常用的部分,也极易导致磁盘硬件故障,而从损坏的日志中恢复数据会导致更多的数据损坏。Ext4 的日志校验功能可以很方便地判断日志数据是否损坏,而且它将 Ext3 的两阶段日志机制合并成一个阶段,在增加安全性的同时提高了性能。

(9) "无日志"(No Journaling)模式。日志总归有一些开销,Ext4 允许关闭日志,以便某些有特殊需求的用户可以借此提升性能。

(10) 在线碎片整理。尽管延迟分配、多块分配和 extents 能有效减少文件系统碎片,但碎片还是不可避免会产生。Ext4 支持在线碎片整理,并将提供 e4defrag 工具进行个别文件或整个文件系统的碎片整理。

(11) inode 相关特性。Ext4 支持更大的 inode,较之 Ext3 默认的 inode 大小 128 字节,Ext4 为了在 inode 中容纳更多的扩展属性(如纳秒时间戳或 inode 版本),默认 inode 大小为 256 字节。Ext4 还支持快速扩展属性(fast extended attributes)和 inode 保留(inodes reservation)。

(12) 持久预分配(persistent preallocation)。P2P 软件为了保证下载文件有足够的空间存放,常常会预先创建一个与所下载文件大小相同的空文件,以免未来的数小时或数天之内磁盘空间不足导致下载失败。Ext4 在文件系统层面实现了持久预分配并提供相应的 API (libc 中的 posix_fallocate()),比应用软件自己实现更有效率。

(13) 默认启用 barrier。磁盘上配有内部缓存,以便重新调整批量数据的写操作顺序,优化写入性能,因此文件系统必须在日志数据写入磁盘之后才能写 commit 记录,若 commit 记录写入在先,而日志有可能损坏,那么就会影响数据完整性。Ext4 默认启用 barrier,只有当 barrier 之前的数据全部写入磁盘,才能写 barrier 之后的数据(可通过"mount -o barrier=0"命令禁用该特性)。

6. Btrfs

Btrfs(通常念成 Butter FS),是由 Oracle 于 2007 年宣布并进行中的 copy-on-write 文件系统。目标是取代 Linux 目前的 ext3 文件系统,改善 ext3 的限制,特别是单个文件的大小,总文件系统大小或文件检查和加入目前 ext3 未支持的功能,像是 writable snapshots、snapshots of snapshots、内建磁盘阵列(RAID)支持及 subvolumes。Btrfs 也宣称专注在"容错、修复及易于管理"。

7. ZFS

ZFS 源自 Sun Microsystems 为 Solaris 操作系统开发的文件系统。ZFS 是一个具有高存储容量、文件系统与卷管理概念整合、崭新的磁盘逻辑结构的轻量级文件系统,同时也是一个便捷的存储池管理系统。ZFS 是一个使用 CDDL 协议条款授权的开源项目。

8. HFS

(1) HFS 文件系统概念

分层文件系统(Hierarchical File System,HFS)是一种由苹果电脑开发,并使用在 Mac OS 上的文件系统。最初被设计用于软盘和硬盘,同时也可以在只读媒体如 CD–ROM 上见到。

(2) HFS 文件系统开发过程

HFS 首次出现在 1985 年 9 月 17 日,作为 Macintosh 电脑上新的文件系统。它取代只用于早期 Mac 型号所使用的平面文件系统(Macintosh File System,MFS)。因为 Macintosh 电脑所产生的数据,比其他通常的文件系统,如 DOS 使用的 FAT 或原始 Unix 文件系统所允许存储的数据更多。苹果电脑开发了一种更适用的新式文件系统,而不是采用现有的规格。例如,HFS 允许文件名最多有 31 个字符的长度,支持 metadata 和双分支(每个文件的数据和资源支分开存储)文件。

尽管 HFS 像其他大多数文件系统一样被视为专有的格式,因为只有它为大多数最新的操作系统提供了很好的通用解决方法以存取 HFS 格式磁盘。

在 1998 年,苹果电脑发布了 HFS Plus,其改善了 HFS 对磁盘空间的地址定位效率低下,并加入了其他的改进。当前版本的 Mac OS 仍旧支持 HFS,但从 Mac OS X 开始 HFS 卷不能作为启动用。

(3) 构成方式

分层文件系统把一个卷分为许多 512 字节的"逻辑块"。这些逻辑块被编组为"分配块",这些分配块可以根据卷的尺寸包含一个或多个逻辑块。HFS 对地址分配块使用 16 位数值,分配块的最高限制数量是 65536。

组成一个 HFS 卷需要下面的五个结构：

① 卷的逻辑块 0 和 1 是启动块，它包含了系统启动信息。例如，启动时载入的系统名称和壳（通常是 Finder）文件。

② 逻辑块 2 包含主目录块（Master Directory Block，MDB）。

③ 逻辑块 3 是卷位图（volume bitmap）的启动块，它追踪分配块使用状态。

④ 总目录文件（catalog file）是一个包含所有文件的记录和储存在卷中目录的 B ∗ -tree。

⑤ 扩展溢出文件（extent overflow file）是当最初总目录文件中三个扩展占用后，另外一个包含额外扩展记录的分配块对应信息的 B ∗ -tree。

9. ReiserFS

ReiserFS，是一种文件系统格式，作者是 Hans Reiser 及其团队 Namesys，1997 年 7 月 23 日他将 ReiserFS 文件系统在互联网上公布。Linux 内核从 2.4.1 版本开始支持 ReiserFS。

ReiserFS 的命名是源自 Hans Reiser 的姓氏，这个日志型文件系统发展比 Ext2/3 晚许多。在技术上使用的是 B ∗ -tree 为基础的文件系统，其特色为能很有效率地处理大型文件到众多小文件都可以用很高的效率处理；实务上 ReiserFS 在处理文件小于 1kB 的小文件时，甚至效率可以比 Ext3 快约 10 倍。

ReiserFS 原先是 Novell 公司的 SuSE Linux Enterprise 采用的缺省文件系统，直到 2006 年 10 月 12 日其宣称将在未来的版本改用 Ext3 作为缺省。Novell 公司否认这与 Hans Reiser 有任何关系。

10. JFS

JFS(JOURNAL FILE SYSTEM)，一种字节级日志文件系统，借鉴了数据库保护系统的技术，以日志的形式记录文件的变化。JFS 通过记录文件结构而不是数据本身的变化来保证数据的完整性。这种方式可以确保在任何时刻都能维护数据的可访问性。

该文件系统主要是为满足服务器（从单处理器系统到高级多处理器和群集系统）的高吞吐量和可靠性需求而设计、开发的。JFS 文件系统是为面向事务的高性能系统而开发的。在 IBM 的 AIX 系统上，JFS 已经过较长时间的测试，结果表明它是可靠、快速和容易使用的。2000 年 2 月，IBM 宣布在一个开放资源许可证下移植 Linux 版本的 JFS 文件系统。JFS 也是一个有大量用户安装使用的企业级文件系统，具有可伸缩性和强大性。与非日志文件系统相比，它的突出优点是快速重启能力，JFS 能够在几秒或几分钟内就把文件系统恢复到一致状态。虽然 JFS 主要是为满足服务器（从单处理器系统到高级多处理器和群集系统）的高吞吐量和可靠性需求而设计的，但还可以用于想得到高性能和可靠性的客户机配置，因为在系统崩溃时 JFS 能提供快速文件系统重启时间，所以它是因特网文件服务器的关键技术。使用数据库日志处理技术，JFS 能在几秒或几分钟之内把文件系统恢复到一致状态。而在非日志文件系统中，文件恢复可能花费几小时或几天。

JFS 的缺点是，使用 JFS 日志文件系统性能上会有一定损失，系统资源占用的比率也偏高，因为当它保存一个日志时，系统需要写许多数据。

11. VMFS

VMware Virtual Machine File System(VMFS)是一种高性能的群集文件系统，它使虚拟化技术的应用超出了单个系统的限制。VMFS 的设计、构建和优化针对虚拟服务器环境，可让多个虚拟机共同访问一个整合的群集式存储池,从而显著提高了资源利用率。VMFS是跨越多个服务器实现虚拟化的基础,它可启用 VMware VmotionTM 、Distributed Resource Scheduler 和 VMware High Availability 等各种服务。VMFS 还能显著减少管理开销,它提供了一种高效的虚拟化管理层,特别适合大型企业数据中心。采用 VMFS 可实现资源共享,使管理员轻松地从更高效率和存储利用率中直接获益。

12. XFS

XFS 是 Silicon Graphics,Inc. 于 20 世纪 90 年代初开发的文件系统。它至今仍作为 SGI 基于 IRIX 的产品(从工作站到超级计算机)的底层文件系统来使用。现在,XFS 也可以用于 Linux。XFS 的 Linux 版的到来是令人激动的,首先因为它为 Linux 社区提供了一种健壮的、优秀的及功能丰富的文件系统,并且这种文件系统所具有的可伸缩性能够满足最苛刻的存储需求。

13. UFS

UFS 文件系统:基于 BSD 高速文件系统的传统 Unix 文件系统,是 Solaris 的默认文件系统。默认启用 UFS 日志记录功能。在早期的 Solaris 版本中,UFS 日志记录功能只能手动启用。Solaris 10 在运行 64 位 Solaris 内核的系统上支持多 TB UFS 文件系统。以前,UFS 文件系统在 64 位系统和 32 位系统上的大小仅限于约 1TB(Tbyte)。现在,所有 UFS文件系统命令和公用程序已更新为支持多 TB UFS 文件系统。

UFS1 文件系统是 OpenBSD 和 Solaris 的默认文件系统。UFS1 也曾是 NetBSD 和 FreeBSD 的默认文件系统,但 NetBSD2.0 和 FreeBSD5.0 以后版本开始使用 UFS2 做默认的文件系统。UFS2 增加了对大文件和大容量磁盘的支持和一些先进的特性。目前似乎还只有 FreeBSD 和 NetBSD 支持 UFS2。Apple OS X 和 Linux 也支持 UFS1,但并不作为它们的默认文件系统。

14. VXFS

VeritasFileSystem(VxFS)是首个商业日志记录文件系统。通过日志记录功能,元数据更改首先写入日志,然后再写入磁盘。由于无须在多处写入更改,且元数据是异步写入的,因此吞吐量的速度较快。VxFS 也是基于扩展区的意向日志记录文件系统。VxFS 设计用于要求高性能和高可用性,并且可以处理大量数据的操作环境。

5.1.2　网络文件系统

网络文件系统(Network File System,NFS),是由 SUN 公司研制的 Unix 表示层协议(pressentation layer protocol),能使使用者访问网络上别处的文件就像在使用自己的计算机一样。NFS 是基于 UDP/IP 协议的应用,其实现主要是采用远程过程调用 RPC 机制,RPC 提供了一组与机器、操作系统及低层传送协议无关的存取远程文件的操作。RPC 采用了 XDR 的支持。XDR 是一种与机器无关的数据描述编码的协议,它以独立于任意机器体系结构的格式对网上传送的数据进行编码和解码,支持在异构系统之间数据的传送。

网络文件系统(NFS)是文件系统之上的一个网络抽象,以允许远程客户端与本地文件系统类似的方式,通过网络进行访问。虽然 NFS 不是第一个此类系统,但是它已经发展并演变成 Unix 系统中最强大、最广泛使用的网络文件系统。NFS 允许在多个用户之间共享公共文件系统,并提供数据集中的优势,来最小化所需的存储空间。

网络文件系统(NFS)从 1984 年问世以来持续演变,并已成为分布式文件系统的基础。当前,NFS(通过 pNFS 扩展)通过网络对分布的文件提供可扩展的访问。下面通过 NFS 的简短历史,探索分布式文件系统背后的理念,特别是有关 NFS 文件新进展。

第一个网络文件系统被称为 File Access Listener,由 Digital Equipment Corporation (DEC)在 1976 年开发。Data Access Protocol(DAP)的实施,这是 DECnet 协议集的一部分。比如 TCP/IP,DEC 为其网络协议发布了协议规范,包括 DAP。

NFS 是第一个现代网络文件系统(构建于 IP 协议之上)。在 20 世纪 80 年代,它首先作为实验文件系统,由 Sun Microsystems 在内部完成开发。NFS 协议已归档为 Request for Comments(RFC)标准,并演化为大家熟知的 NFSv2。作为一个标准,由于 NFS 与其他客户端和服务器的互操作能力而发展快速。

标准持续地演化为 NFSv3,在 RFC 1813 中有定义。这一新的协议比以前的版本具有更好的可扩展性,支持大文件(超过 2GB),异步写入,以及将 TCP 作为传输协议,为文件系统在更广泛的网络中使用铺平了道路。在 2000 年,RFC 3010(由 RFC 3530 修订)将 NFS 带入企业设置。Sun 引入了具有较高安全性,带有状态协议的 NFSv4(NFS 之前的版本都是无状态的)。今天,NFS 是版本 4.1(由 RFC 5661 定义),它增加了对跨越分布式服务器的并行访问的支持(称为 pNFS extension)。

令人惊讶的是,NFS 已经历了近 30 年的开发。它代表了一个非常稳定的(及可移植)网络文件系统,它可扩展、高性能,并达到企业级质量。由于网络速度的增加和延迟的降低,NFS 一直是通过网络提供文件系统服务具有吸引力的选择。甚至在本地网络设置中,虚拟化驱动存储进入网络,支持更多的移动虚拟机。NFS 甚至支持最新的计算模型,优化虚拟的基础设施。

详细介绍请看 5.6 节网络文件系统 NFS。

5.2 LVM 与 RAID

Linux 用户在安装 Linux 操作系统时遇到的一个最常见的难以决定的问题就是如何正确地评估各分区大小,以分配合适的硬盘空间。而遇到出现某个分区空间耗尽时,解决的方法通常是使用符号链接,或者使用调整分区大小的工具(比如 Patition Magic 等),但这都只是暂时的解决办法,没有根本解决问题。随着 Linux 的逻辑卷管理功能的出现,这些问题都迎刃而解,本文就深入讨论 LVM 技术,使得用户在无须停机的情况下方便地调整各个分区大小。冗余磁盘阵列技术诞生于 1987 年,由美国加州大学伯克利分校提出。简单地解释,就是将 n 台硬盘通过 RAID Controller(分为 Hardware,Software)结合成虚拟单台大容量的硬盘使用。RAID 的采用为存储系统(或者服务器的内置存储)带来巨大利益,其中提高传输速率和提供容错功能是最大的优点。

5.2.1 Linux 的逻辑磁盘卷管理(LVM)

1. 简介

LVM 是逻辑卷管理(Logical Volume Manager)的简称,它是 Linux 环境下对磁盘分区进行管理的一种机制,LVM 是建立在硬盘和分区之上,文件系统之下的一个逻辑层,来提高磁盘分区管理的灵活性。通过 LVM 系统管理员可以轻松管理磁盘分区,如将若干个磁盘分区连接为一个整块的卷组（volume group），形成一个存储池。管理员可以在卷组上随意创建逻辑卷组（logical volumes），并进一步在逻辑卷组上创建文件系统。管理员通过 LVM 可以方便地调整存储卷组的大小，并且可以对磁盘存储按照组的方式进行命名、管理和分配，例如按照使用用途进行定义："development" 和 "sales"，而不是使用物理磁盘名 "sda" 和 "sdb"。而且当系统添加了新的磁盘，通过 LVM 管理员就不必将磁盘的文件移动到新的磁盘上以充分利用新的存储空间，而是直接扩展文件系统跨越磁盘即可。

2. LVM 基本术语

LVM 是在磁盘分区和文件系统之间添加的一个逻辑层，为文件系统屏蔽下层磁盘分区布局，提供一个抽象的盘卷，在盘卷上建立文件系统。

以下介绍几个 LVM 术语：

（1）物理存储介质（The physical media）——这里指系统的存储设备（硬盘），如：/dev/hda1、/dev/sda1 等，是存储系统最低层的存储单元。

（2）PV 物理卷（physical volume）——就是指硬盘分区或从逻辑上与磁盘分区具有同样功能的设备（如 RAID），是 LVM 的基本存储逻辑块，但和基本的物理存储介质（如分区、磁盘等）比较，却包含有与 LVM 相关的管理参数。

（3）VG 卷组（volume group）——由一个或多个物理卷组成一个整体，即称为卷组，在卷组中可以动态地添加或移除物理卷，许多个物理卷可以分别组成不同的卷组，卷组名称由用户自行定义。

（4）LV 逻辑卷（logical volume）——逻辑卷是建立在卷组之上的，与物理卷无直接关系，对于逻辑卷来说，每一个卷组就是一个整体，从这个整体中切出一小块空间，作为用户创建文件系统的基础，这一小块空间就称为逻辑卷，使用 mkfs 等工具在逻辑卷之上建立文件系统以后，即可挂载到 Linux 系统中的目录下使用。

（5）PE（physical extent）——每一个物理卷被划分为称为 PE（Physical Extents）的基本单元，具有唯一编号的 PE 是可以被 LVM 寻址的最小单元。PE 的大小是可配置的，默认为 4MB。

（6）LE（logical extent）——逻辑卷也被划分为被称为 LE 的可被寻址的基本单位。在同一个卷组中，LE 的大小和 PE 是相同的，并且一一对应。

在图 5.1 中，首先可以看到，物理卷（PV）由大小等同的基本单元 PE 组成。一个卷组由一个或多个物理卷组成。

从图 5.1 中还可以看到，PE 和 LE 有着一一对应的关系。逻辑卷建立在卷组上。逻辑卷就相当于非 LVM 系统的磁盘分区，可以在其上创建文件系统。

图 5.2 是磁盘分区、卷组、逻辑卷和文件系统之间的逻辑关系的示意图。

和非 LVM 系统将包含分区信息的元数据保存在位于分区的起始位置的分区表中一样，逻辑卷及卷组相关的元数据也是保存在位于物理卷起始处的 VGDA（卷组描述符区域）中。VGDA 包括以下内容：PV 描述符、VG 描述符、LV 描述符和一些 PE 描述符。

系统启动 LVM 时激活 VG，并将 VGDA 加载至内存，来识别 LV 的实际物理存储位置。当系统进行 I/O 操作时，就会根据 VGDA 建立的映射机制来访问实际的物理位置。

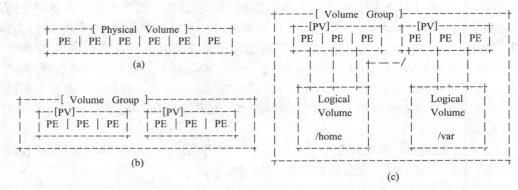

图 5.1

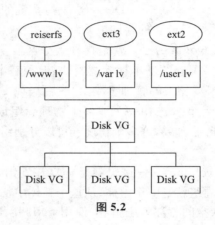

图 5.2

3. 安装 LVM

首先确定系统中是否安装了 LVM 工具,例如:

```
[root@ localhost ~]# rpm -qa | grep lvm
system-config-lvm-1.1.5-1.0.el5
lvm2-cluster-2.02.46-8.el5
lvm2-2.02.46-8.el5
```

如果命令结果输入类似于上例,那么说明系统已经安装了 LVM 管理工具;如果命令没有输出则说明没有安装 LVM 管理工具,则需要从网络下载或者从光盘装 LVM 的 RPM 工具包。

注:安装了 LVM 的 RPM 软件包以后,要使用 LVM 还需要配置内核支持 LVM。RedHat 默认内核是支持 LVM 的,如果需要重新编译内核,则需要在配置内核时,进入 Multi-device Support (RAID and LVM)子菜单,选中以下两个选项:

Multiple devices driver support (RAID andLVM)

〈 * 〉Logical volume manager (LVM) Support

然后重新编译内核,即可将 LVM 的支持添加到新内核中。为了使用 LVM,要确保在系统启动时激活 LVM,幸运的是在 RedHat7.0 以后的版本,系统启动脚本已经具有对激活 LVM 的支持,在/etc/rc.d/rc.sysinit 中有以下内容:

LVM initialization

if [-e /proc/LVM -a -x /sbin/vgchange -a -f /etc/LVMtab]; then

$ " Setting up Logical Volume Management:" action /sbin/vgscan && /sbin/vgchange -a y fi

其中关键是两个命令,vgscan 命令实现扫描所有磁盘得到卷组信息,并创建文件卷组数据文件"/etc/LVMtab"和"/etc/LVMtab.d/ ∗";vgchange -a y 命令激活系统所有卷组。

4. 创建和管理 LVM

(1) 创建分区

使用分区工具(如 fdisk 等)创建 LVM 分区,方法和创建其他一般分区的方式是一样的,区别仅仅是 LVM 的分区类型为 8e。

注:Linux 系统中最常用的两种文件系统 ext3 和 swap 的 ID 号分别为 83,82(16 进制数)。

例如:为 Linux 系统中新添加一块硬盘,执行命令:[root@ localhost ～]# fdisk -l,查看新硬盘,如图 5.3 所示。

```
[root@localhost ~]# fdisk -l

Disk /dev/sda: 21.4 GB, 21474836400 bytes
255 heads, 63 sectors/track, 2610 cylinders
Units = cylinders of 16065 * 512 = 8225280 bytes

   Device Boot      Start         End      Blocks   Id  System
/dev/sda1   *           1          13      104391   83  Linux
/dev/sda2              14        2610    20860402+   8e  Linux LVM

Disk /dev/sdb: 21.4 GB, 21474836400 bytes
255 heads, 63 sectors/track, 2610 cylinders
Units = cylinders of 16065 * 512 = 8225280 bytes

Disk /dev/sdb doesn't contain a valid partition table
[root@localhost ~]#
```

图 5.3

如图 5.3 所示:Disk /dev/sdb 即为新添加的硬盘。

接下来为新添加的硬盘分区:

执行命令:[root@ localhost ～]# fdisk /dev/sdb

为硬盘分区。

具体的分区过程视实际需求而定。

P 指令:列出硬盘中分区情况;

n 指令:新建分区;

d 指令:删除分区;

t 指令:变更分区类型;

w 和 q 指令:推出 fdisk 分区工具,w 保存设置退出,q 不保存设置退出。

图 5.4 所示为磁盘分区。

图 5.5 为磁盘分区后的结果。

```
[root@localhost ~]# fdisk /dev/sdb
Device contains neither a valid DOS partition table, nor Sun, SGI or OSF disklab
el
Building a new DOS disklabel. Changes will remain in memory only,
until you decide to write them. After that, of course, the previous
content won't be recoverable.


The number of cylinders for this disk is set to 2610.
There is nothing wrong with that, but this is larger than 1024,
and could in certain setups cause problems with:
1) software that runs at boot time (e.g., old versions of LILO)
2) booting and partitioning software from other OSs
   (e.g., DOS FDISK, OS/2 FDISK)
Warning: invalid flag 0x0000 of partition table 4 will be corrected by w(rite)

Command (m for help): _
```

图 5.4

```
[root@localhost ~]# fdisk -l /dev/sdb

Disk /dev/sdb: 21.4 GB, 21474836480 bytes
255 heads, 63 sectors/track, 2610 cylinders
Units = cylinders of 16065 * 512 = 8225280 bytes

   Device Boot      Start         End      Blocks   Id  System
/dev/sdb1               1         609     4891761   83  Linux
/dev/sdb2             610        1218     4891792+  83  Linux
/dev/sdb3            1219        2610    11181240    5  Extended
/dev/sdb5            1219        2610    11181208+  83  Linux
[root@localhost ~]# _
```

图 5.5

/dev/sdb1 为第一个主分区；

/dev/sdb2 为第二个主分区；

/dev/sdb3 为拓展分区；

/dev/sdb5 为第一个逻辑分区。

图 5.6 中,将新硬盘的主分区(dev/sdb1 和/dev/sdb2)分区类型更改为 8e(LVM 的分区类型为 8e)：

```
[root@localhost ~]# fdisk /dev/sdb

The number of cylinders for this disk is set to 2610.
There is nothing wrong with that, but this is larger than 1024,
and could in certain setups cause problems with:
1) software that runs at boot time (e.g., old versions of LILO)
2) booting and partitioning software from other OSs
   (e.g., DOS FDISK, OS/2 FDISK)

Command (m for help): t
Partition number (1-5): 1
Hex code (type L to list codes): 8e
Changed system type of partition 1 to 8e (Linux LVM)

Command (m for help): t
Partition number (1-5): 2
Hex code (type L to list codes): 8e
Changed system type of partition 2 to 8e (Linux LVM)

Command (m for help): w_
```

图 5.6

再次查看分区结果(图 5.7)：可以看到两个主分区的分区类型都变成了 Linux LVM。

重新探测/dev/sdb 磁盘中分区情况的变化：[root@ localhost ～]# partprobe /dev/sdb。

```
[root@localhost ~]# fdisk -l /dev/sdb

Disk /dev/sdb: 21.4 GB, 21474836480 bytes
255 heads, 63 sectors/track, 2610 cylinders
Units = cylinders of 16065 * 512 = 8225280 bytes

   Device Boot      Start         End      Blocks   Id  System
/dev/sdb1               1         609     4891761   8e  Linux LVM
/dev/sdb2             610        1218     4891792+  8e  Linux LVM
/dev/sdb3            1219        2610    11181240    5  Extended
/dev/sdb5            1219        2610    11181208+  83  Linux
[root@localhost ~]# _
```

图 5.7

（2）创建物理卷

创建物理卷的命令为 pvcreate,利用该命令将希望添加到卷组的所有分区或者磁盘创建为物理卷。

将整个磁盘创建为物理卷的命令为：[root@localhost ～]# pvcreate /dev/sdb。

将单个或多个分区创建为物理卷的命令为：[root@localhost ～]# pvcreate /dev/sdb1。

[root@localhost ～]# pvcreate /dev/sdb1 /dev/sdb2。

将/dev/sdb1 和/dev/sdb2 分区装换成物理卷(图 5.8)。

```
[root@localhost ~]# pvcreate /dev/sdb1 /dev/sdb2
  Physical volume "/dev/sdb1" successfully created
  Physical volume "/dev/sdb2" successfully created
[root@localhost ~]# _
```

图 5.8

描当前系统中建立的物理卷,并显示信息。

[root@localhost ～]# pvscan

PV /dev/sda2　VG VolGroup00　　　LVM2 [19.88 GB / 0　free]

PV /dev/sdb1　LVM2 [4.67 GB]

PV /dev/sdb2　LVM2 [4.67 GB]

Total：3 [29.21 GB] / in use：1 [19.88 GB] / in no VG：2 [9.33 GB]

（3）创建卷组

创建卷组的命令为 vgcreate,将使用 pvcreate 建立的物理卷创建为一个完整的卷组：

[root@localhost ～]# vgcreate web_document /dev/sdb1 /dev/sdb2

Volume group "web_document" successfully created

扫描当前系统中建立的 LVM 卷组,并显示信息。

[root@localhost ～]# vgscan

Reading all physical volumes.

This may take a while...

Found volume group "web_document" using metadata typeLVM2

Found volume group "VolGroup00" using metadata typeLVM2

vgcreate

命令第一个参数是指定该卷组的逻辑名：web_document。后面参数是指定希望添加到该卷组的所有分区和磁盘。vgcreate 在创建卷组 web_document 以外,还设置使用大小为 4 MB 的 PE(默认为 4MB),这表示卷组上创建的所有逻辑卷都以 4 MB 为增量单位来进行扩充或缩减。由于内核原因,PE 大小决定了逻辑卷的最大容量,4 MB 的 PE 决定了单个逻辑卷最大容量为 256 GB,若希望使用大于 256 GB 的逻辑卷则创建卷组时指定更大的 PE。PE 大小范围为 8 kB 到 512 MB,并且必须是 2 的倍数(使用-s 指定,具体请参考 man vgcreate)。

(4)激活卷组

为了立即使用卷组而不是重新启动系统,可以使用 vgchange 来激活卷组:

[root@localhost ~]# vgchange -a y web_document

(5)添加新的物理卷到卷组中

当系统安装了新的磁盘并创建了新的物理卷,而要将其添加到已有卷组时,就需要使用 vgextend 命令:

[root@localhost ~]# vgextend web_document /dev/sdb5

Volume group "web_document" successfully extended

这里/dev/sdb5 是新的物理卷。

结果如图 5.9 所示。

```
[root@localhost ~]# pvscan
  PV /dev/sdb1   VG web_document   lvm2 [4.66 GB / 4.66 GB free]
  PV /dev/sdb2   VG web_document   lvm2 [4.66 GB / 4.66 GB frcc]
  PV /dev/sdb5   VG web_document   lvm2 [10.66 GB / 10.66 GB free]
  PV /dev/sda2   VG VolGroup00     lvm2 [19.88 GB / 0    free]
  Total: 4 [39.86 GB] / in use: 4 [39.86 GB] / in no VG: 0 [0    ]
[root@localhost ~]# _
```

图 5.9

(6)从卷组中删除一个物理卷

要从一个卷组中删除一个物理卷,首先要确认要删除的物理卷没有被任何逻辑卷正在使用,就要使用 pvdisplay 命令查看一个该物理卷信息(图 5.10)。

```
[root@localhost ~]# pvdisplay /dev/sdb5
  --- Physical volume ---
  PV Name               /dev/sdb5
  VG Name               web_document
  PV Size               10.66 GB / not usable 3.15 MB
  Allocatable           yes
  PE Size (KByte)       4096
  Total PE              2729
  Free PE               2729
  Allocated PE          0
  PV UUID               GARtHR-35At-fh3C-4KPl-Hz10-tDnH-uOgaLP

[root@localhost ~]# _
```

图 5.10

如果某个物理卷正在被逻辑卷所使用,就需要将该物理卷的数据备份到其他地方,然后再删除。删除物理卷的命令为 vgreduce:[root@localhost ~]# vgreduce web_document /dev/sdb5

[root@localhost ~]# pvscan

PV /dev/sdb1   VG web_documentLVM2 [4.66 GB / 0   free]

PV /dev/sdb2　VG web_documentLVM2 [4.66 GB / 1.33 GB free]

PV /dev/sda2　VG VolGroup00LVM2 [19.88 GB / 0　free]

PV /dev/sdb5LVM2 [10.66 GB]

（7）创建逻辑卷

创建逻辑卷的命令为 lvcreate：[root@localhost ～]# lvcreate -L 8G -n web web_docu-ment。该命令就在卷组 web_document 上创建名字为 web，大小为 8G 的逻辑卷，并且设备入口为/dev/web_document/web（web_document 为卷组名，web 为逻辑卷名）。

如果希望创建一个使用全部卷组的逻辑卷，则需要首先察看该卷组的 PE 数，然后在创建逻辑卷时指定：

[root@localhost ～]# vgdisplay web_document | grep "Total PE"

Total PE　　2388

[root@localhost ～]# lvcreate -L 2388 web_document -n web1

Logical volume "web1" created

图 5.11 显示了逻辑卷 web 的详细信息：可以看到逻辑卷大小为 8G 等信息。

```
[root@localhost ~]# lvdisplay /dev/web_document/web
    --- Logical volume ---
    LV Name                /dev/web_document/web
    VG Name                web_document
    LV UUID                5HNjPA-Z6PM-M245-g1A0-4K10-ptCq-ZXAWuS
    LV Write Access        read/write
    LV Status              available
    # open                 0
    LV Size                8.00 GB
    Current LE             2048
    Segments               2
    Allocation             inherit
    Read ahead sectors     auto
    - currently set to     256
    Block device           253:2

[root@localhost ~]# _
```

图 5.11

（8）创建文件系统

使用 mkfs 命令在"web"逻辑卷中创建 EXT3 文件系统，并挂载到"lc"目录下。

[root@localhost ～]# mkfs.ext3 /dev/web_document/web

[root@localhost /]# mkdir /lc

[root@localhost /]# mount /dev/web_document/web /lc

[root@localhost /]# df -Th /lc

文件系统	类型	容量	已用	可用	已用%	挂载点
/dev/mapper/web_document-web						
	ext3	7.9G	147M	7.4G	2%	/lc

如果希望系统启动时自动加载文件系统，则还需要在/etc/fstab 中添加内容：

[root@localhost /]# vi /etc/fstab

/dev/VolGroup00/LogVol01 swap		swap	defaults	0 0	（忽略）
/dev/web_document/web	/lc	ext3	defaults	1 2	（主要）

（9）删除一个逻辑卷

删除逻辑卷以前首先需要将其卸载，然后删除：

［root@localhost ～］# umount /dev/web_document/web

［root@localhost ～］# lvremove /dev/web_document/web

Do you really want to remove active logical volume web? ［y/n］：y

Logical volume "web" successfully removed Logical volume "web" successfully removed

（10）扩展逻辑卷大小

LVM 提供了方便调整逻辑卷大小的能力，扩展逻辑卷大小的命令是 lvextend：

［root@localhost ～］# lvextend -L 9G /dev/web_document/web　将逻辑卷拓展到 9G

Rounding up size to full physical extent 9.00GB

Extending logical volume web to 9.00GB

Logical volume web successfully resized

上面的命令就实现了将逻辑卷 web 的大小扩展为 9G。

［root@localhost ～］# lvextend -L ＋1G /dev/web_document/web

上面的命令就实现了将逻辑卷 web 的大小增加 1G。

增加了逻辑卷的容量以后，就需要修改文件系统大小以实现利用扩充的空间。

［root@localhost ～］# resize2fs /dev/web_document/web

resize2fs 1.39（29-May-2006）

Filesystem at /dev/web_document/web is mounted on /lc；on-line resizing required

Performing an on-line resize of /dev/web_document/web to 1572864（4k）blocks.

The filesystem on /dev/web_document/web is now 1572864 blocks long.

5.2.2　独立冗余磁盘阵列（RAID）

1. 简介

RAID 磁盘阵列其特色是 n 台硬盘同时读取速度加快及提供容错性 Fault Tolerant，所以 RAID 主要是解决访问数据的存储速度问题，而不是备份问题。简单地说，RAID 是一种把多块独立的硬盘（物理硬盘）按不同的方式组合起来形成一个硬盘组（逻辑硬盘），从而提供比单个硬盘更高的存储性能和提供数据备份技术。组成磁盘阵列的不同方式称为 RAID 级别（RAID Levels）。

磁盘阵列中针对不同的应用使用的不同技术，称为 RAID levels，RAID 是 Redundant Array of Independent Disks 的缩写，而每一 level 代表一种技术，目前业界公认的标准是 RAID 0～RAID 5。这个 level 并不代表技术的高低，level 5 并不高于 level 3，level 1 也不低过 level 4，至于要选择哪一种 RAID level 的产品，应按用户的操作环境（operating environment）及应用（application）而定，与 level 的高低没有必然的关系。

在 RAID 有一基本概念称为 EDAP（Extended Data Availability and Protection），其强

调扩充性及容错机制,也是各家厂商如:Mylex,IBM,HP,Compaq,Adaptec,Infortrend 等诉求的重点,包括在不需要停机情况下可处理以下动作:

RAID 磁盘阵列支持自动检测故障硬盘;

RAID 磁盘阵列支持重建硬盘坏轨的资料;

RAID 磁盘阵列支持不需要停机的硬盘备援 Hot Spare;

RAID 磁盘阵列支援支持不需要停机的硬盘替换 Hot Swap;

RAID 磁盘阵列支持扩充硬盘容量等。

2. 功能

(1) 扩大了存储能力。可由多个硬盘组成容量巨大的存储空间。

(2) 降低了单位容量的成本。市场上最大容量的硬盘每兆容量的价格要大大高于普及型硬盘,因此采用多个普及型硬盘组成的阵列其单位价格要低得多。

(3) 提高了存储速度。单个硬盘速度的提高均受到各个时期的技术条件限制,要更进一步往往是很困难的,而使用 RAID,则可以让多个硬盘同时分摊数据的读或写操作,因此整体速度能成倍地提高。

(4) 可靠性。RAID 系统可以使用两组硬盘同步完成镜像存储,这种安全措施对于网络服务器来说是最重要不过的了。

(5) 容错性。RAID 控制器的一个关键功能就是容错处理。容错阵列中如有单块硬盘出错,不会影响到整体的继续使用,高级 RAID 控制器还具有拯救数据的功能。

(6) 对于 IDE RAID 来说,目前还有一个功能就是支持 ATA/66/100。RAID 也分为 SCSI RAID 和 IDE RAID 两类,当然 IDE RAID 要廉价得多。如果主机主板不支持 ATA/66/100 硬盘,通过 RAID 卡,则能够使用新硬盘的 ATA/66/100 功能。

3. 优点

RAID 的采用为存储系统(或者服务器的内置存储)带来巨大利益,其中提高传输速率和提供容错功能是最大的优点。

RAID 通过同时使用多个磁盘,提高了传输速率。RAID 通过在多个磁盘上同时存储和读取数据来大幅度提高存储系统的数据吞吐量。在 RAID 中,可以让很多磁盘驱动器同时传输数据,而这些磁盘驱动器在逻辑上又是一个磁盘驱动器,所以使用 RAID 可以达到单个磁盘驱动器几倍、几十倍甚至上百倍的速率。这也是 RAID 最初想要解决的问题。因为当时 CPU 的速度增长很快,而磁盘驱动器的数据传输速率无法大幅提高,所以需要有一种方案解决两者之间的矛盾。RAID 最后成功了。

通过数据校验,RAID 可以提供容错功能。这是使用 RAID 的第二个原因,因为普通磁盘驱动器无法提供容错功能,如果不包括写在磁盘上的 CRC(循环冗余校验)码的话。RAID 容错是建立在每个磁盘驱动器的硬件容错功能之上的,所以它提供更高的安全性。在很多 RAID 模式中都有较为完备的相互校验/恢复的措施,甚至是直接相互的镜像备份,从而大大提高了 RAID 系统的容错度,提高了系统的稳定冗余性。

4. 分类

基于不同的架构,RAID 的种类又可以分为:软件 RAID,硬件 RAID,外置 RAID。

软件 RAID 很多情况下已经包含在系统之中,并成为其中一个功能,如 Windows、Net-ware 及 Linux。软件 RAID 中的所有操作皆由中央处理器负责,所以系统资源的利用率会很高,从而使系统性能降低。软件 RAID 是不需要另外添加任何硬件设备,因为它是靠中央处理器的功能来提供所有现成的资源。

硬件 RAID 通常是一张 PCI 卡,在这张卡上会有处理器及内存。因为卡上的处理器已经可以提供一切 RAID 所需要的资源,所以不会占用系统资源,从而令系统的表现可以大大提升。硬件 RAID 的应用之一是可以连接内置硬盘、热插拔背板或外置存储设备。无论连接何种硬盘,控制权都是在 RAID 卡上,亦即是由系统所操控的。在系统里,硬件 RAID PCI 卡通常都需要安装驱动程序,否则系统会拒绝支持。磁盘阵列可以在安装系统之前或之后产生,系统会视之为一个(大型)硬盘,而它具有容错及冗余的功能。磁盘阵列不但可以加入一个现成的系统,它更可以支持容量扩展。方法也很简单,只需要加入一个新的硬盘并执行一些简单的指令,系统便可以实时利用这新加的容量。

外置式 RAID 也是属于硬件 RAID 的一种,区别在于 RAID 卡不会安装在系统里,而是安装在外置的存储设备内。而这个外置的储存设备则会连接到系统的 SCSI 卡上。系统没有任何的 RAID 功能,因为它只有一张 SCSI 卡;所有的 RAID 功能将会移到这个外置存储里。好处是外置的存储往往可以连接更多的硬盘,不会受系统机箱的大小所影响。而一些高级的技术,如双机容错,是需要多个服务器外接到一个外置储存上,以提供容错能力。外置式 RAID 的应用之一是可以安装任何的操作系统,因此是与操作系统无关的。因为在系统里只存在一张 SCSI 卡,并不是 RAID 卡。而对于这个系统及这张 SCSI 卡来说,这个外置式的 RAID 只是一个大型硬盘,并不是什么特别的设备,所以这个外置式的 RAID 可以安装任何的操作系统。唯一的要求就是这张 SCSI 卡在这个操作系统要安装驱动程序。

5. RAID 规范

主要包含 RAID 0~RAID 7 等数个规范,它们的侧重点各不相同,常见的规范有如下几种。

(1) RAID 0:无差错控制的带区组

要实现 RAID 0 必须有两个以上硬盘驱动器,RAID 0 实现了带区组,数据并不是保存在一个硬盘上,而是分成数据块保存在不同驱动器上。因为将数据分布在不同驱动器上,所以数据吞吐率大大提高,驱动器的负载也比较平衡。如果刚好所需要的数据在不同的驱动器上效率最好。它不需要计算校验码,容易实现。它的缺点是没有数据差错控制,如果一个驱动器中的数据发生错误,即使其他盘上的数据正确也无济于事了。不应该将它用于对数据稳定性要求高的场合。如果用户进行图像(包括动画)编辑和其他要求传输比较大的场合使用 RAID 0 比较合适。同时,RAID 可以提高数据传输速率,比如所需读取的文件分布在两个硬盘上,这两个硬盘可以同时读取。那么原来读取同样文件的时间被缩短为1/2。在所有的级别中,RAID 0 的速度是最快的。但是 RAID 0 没有冗余功能的,如果一个磁盘(物理)损坏,则所有的数据都无法使用。

(2) RAID 1:镜像结构

RAID 1 对于使用这种 RAID 1 结构的设备来说,RAID 控制器必须能够同时对两个盘进行读操作和对两个镜像盘进行写操作。通过下面的结构图也可以看到必须有两个驱动器。因为当镜像结构在一组盘出现问题时,可以使用镜像,提高系统的容错能力。它比较容易设计和实现。每读一次盘只能读出一块数据,也就是说数据块传送速率与单独的盘的读取速率相同。因为 RAID 1 的校验十分完备,因此对系统的处理能力有很大的影响,通常的

RAID 功能由软件实现,而这样的实现方法在服务器负载比较重的时候会大大影响服务器效率。当系统需要极高的可靠性时,如进行数据统计,那么使用 RAID 1 比较合适。而且 RAID 1 技术支持"热替换",即在不断电的情况下对故障磁盘进行更换,更换完毕只要从镜像盘上恢复数据即可。当主硬盘损坏时,镜像硬盘就可以代替主硬盘工作。镜像硬盘相当于一个备份盘,可想而知,这种硬盘模式的安全性是非常高的,RAID 1 的数据安全性在所有的 RAID 级别上来说是最好的。但是其磁盘的利用率却只有 50%,是所有 RAID 级别中最低的。

（3）RAID 2:带海明码校验

从概念上讲,RAID 2 同 RAID 3 类似,两者都是将数据条块化分布于不同的硬盘上,条块单位为位或字节。然而 RAID 2 使用一定的编码技术来提供错误检查及恢复。这种编码技术需要多个磁盘存放检查及恢复信息,使得 RAID 2 技术实施更复杂。因此,在商业环境中很少使用。由于海明码的特点,它可以在数据发生错误的情况下将错误校正,以保证输出的正确。它的数据传送速率相当高,如果希望达到比较理想的速度,那最好提高保存校验码 ECC 码的硬盘,对于控制器的设计来说,它又比 RAID 3,4 或 5 要简单。没有免费的午餐,这里也一样,要利用海明码,必须付出数据冗余的代价。输出数据的速率与驱动器组中速率最慢的相等。

（4）RAID 3:带奇偶校验码的并行传送

RAID 3 这种校验码与 RAID 2 不同,只能查错不能纠错。它访问数据时一次处理一个带区,这样可以提高读取和写入速度,它像 RAID 0 一样以并行的方式来存放数据,但速度没有 RAID 0 快。校验码在写入数据时产生并保存在另一个磁盘上。需要实现时用户必须有三个以上的驱动器,写入速率与读出速率都很高,因为校验位比较少,因此计算时间相对而言比较少。用软件实现 RAID 控制将是十分困难的,控制器的实现也不是很容易。它主要用于图形(包括动画)等要求吞吐率比较高的场合。不同于 RAID 2,RAID 3 使用单块磁盘存放奇偶校验信息。如果一块磁盘失效,奇偶盘及其他数据盘可以重新存取数据。如果奇偶盘失效,则不影响数据使用。RAID 3 对于大量的连续数据可提供很好的传输率,但对于随机数据,奇偶盘会成为写操作的瓶颈。利用单独的校验盘来保护数据虽然没有镜像的安全性高,但是硬盘利用率得到了很大的提高,为 $n-1$。

（5）RAID 4:带奇偶校验码的独立磁盘结构

RAID 4 和 RAID 3 很像,不同的是,它对数据的访问是按数据块进行的,也就是按磁盘进行的,每次是一个盘。在图上可以这么看,RAID 3 是一次一横条,而 RAID 4 一次一竖条。它的特点与 RAID 3 也挺像,不过在失败恢复时,它的难度可要比 RAID 3 大得多了,控制器的设计难度也要大许多,而且访问数据的效率不怎么高。

（6）RAID 5:分布式奇偶校验的独立磁盘结构

RAID 5 清晰图片从它的示意图上可以看到,它的奇偶校验码存在于所有磁盘上,其中的 p0 代表第 0 带区的奇偶校验值,其他的意思也相同。RAID 5 的读出效率很高,写入效率一般,块式的集体访问效率不错。因为奇偶校验码在不同的磁盘上,所以提高了可靠性,允许单个磁盘出错。RAID 5 也是以数据的校验位来保证数据的安全,但它不是以单独硬盘来存放数据的校验位,而是将数据段的校验位交互存放于各个硬盘上。这样,任何一个硬盘损坏,都可以根据其他硬盘上的校验位来重建损坏的数据。硬盘的利用率为 $n-1$。但是它对数据传输的并行性解决不好,而且控制器的设计也相当困难。RAID 3 与 RAID 5 相比,重要的区别在于 RAID 3 每进行一次数据传输,需涉及所有的阵列盘。而对于 RAID 5 来说,大部分数据传输只对一块磁盘操作,可进行并行操作。在 RAID 5 中有"写损失",即每一次写操作,将产生四个实际的读/写操作,其中两次读旧的数据及奇偶信息,两次写新的数据及奇偶信息。RAID 5 的话,优点是提供了冗余性(支持一块盘掉线后仍然正常运行),磁盘空间利用率较高($n-1/n$),读写速度较快($n-1$ 倍)。RAID 5 最大的好处是在一块盘掉线的情况下,RAID 照常工作,相对于 RAID 0 必须每一块盘都正常才可以正常工作的状况容错性能好多了。因此 RAID 5 是 RAID 级别中最常见的一个类型。RAID 5 校验位即 P 位是通过其他条带数据做异或求得的。计算公式为 P=D0xorD1xorD2…xorDn,其中 P 代表校验块,Dn 代表相应的数据块,xor 是数学运算符号异或。

RAID 5 校验位算法详解

P=D1 xor D2 xor D3… xor Dn (D1,D2,D3 … Dn 为数据块,P 为校验块,xor 为异或运算)

XOR(Exclusive OR)的校验原理见下表:

A 值	B 值	XOR 结果
0	0	0
1	0	1
0	1	1
1	1	0

这里的 A 与 B 值就代表了两个位,从中可以发现,A 与 B 一样时,XOR("非或"又称"非异或")结果为 0,A 与 B 不一样时,XOR 结果就是 1,如果知道 XOR 结果,A 和 B 中的任何一个数值,就可以反推出剩下的一个数值。比如 A 为 1,XOR 结果为 1,那么 B 肯定为 0,如果 XOR 结果为 0,那么 B 肯定为 1。这就是 XOR 编码与校验的基本原理。

(7) RAID 6:两种存储的奇偶校验码的磁盘结构

RAID 6 名字很长,但是如果看到图,大家立刻会明白为什么,请注意 p0 代表第 0 带区的奇偶校验值,而 pA 代表数据块 A 的奇偶校验值。它是对 RAID 5 的扩展,主要是用于要求数据绝对不能出错的场合。当然了,由于引入了第二种奇偶校验值,所以需要 $n+2$ 个磁盘,同时对控制器的设计变得十分复杂,写入速度也不好,用于计算奇偶校验值和验证数据正确性所花费的时间比较多,造成了不必要的负载。

常见的 RAID 6 组建类型:RAID 6(6D + 2P)。

RAID 6(6D + 2P)原理和 RAID 5 相似,RAID 6(6D + 2P)根据条带化的数据生成校验信息,条带化数据和校验数据一起分散存储到 RAID 组的各个磁盘上。

RAID 6 校验数据生成公式(P 和 Q):

P 的生成用了异或

P=D0 XOR D1 XOR D2 XOR D3 XOR D4 XOR D5　　　　　　　　　　　(1)

Q 的生成用了系数和异或

Q＝A0 * D0 XOR A1 * D1 XOR A2 * D2 XOR A3 * D3 XOR A4 * D4 XOR A5 * D5　　　　　　　　　　　(2)

D0～D5:条带化数据;

A0～A5:系数;

XOR:异或;

*:乘。

在 RAID 6 中,当有 1 块磁盘出故障的时候,利用公式(1)恢复数据,这个过程和 RAID 5 是一样的。而当有 2 块磁盘同时出故障的时候,就需要同时用公式(1)和公式(2)来恢复数据了。

各系数 A0～A5 是线性无关的系数,在 D0,D1,D2,D3,D4,D5,P,Q 中有两个未知数的情况下,也可以联列求解两个方程得出两个未知数的值。这样在一个 RAID 组中有两块磁盘同时坏的情况下,也可以恢复数据。

上面描述的是校验数据生成的算法。其实 RAID 6 的核心就是有两份检验数据,以保证两块磁盘同时出故障的时候,也能保障数据的安全。

(8) RAID 7:优化的高速数据传送磁盘结构

RAID 7 所有的 I/O 传送均是同步进行的,可以分别控制,这样提高了系统的并行性,提高系统访问数据的速度;每个磁盘都带有高速缓冲存储器,实时操作系统可以使用任何实时操作芯片,达到不同实时系统的需要。允许使用 SNMP 协议进行管理和监视,可以对校验区指定独立的传送信道以提高效率。可以连接多台主机,因为加入高速缓冲存储器,当多用户访问系统时,访问时间几乎接近于 0。由于采用并行结构,因此数据访问效率大大提高。需要注意的是它引入了一个高速缓冲存储器,这有利有弊,因为一旦系统断电,在高速缓冲存储器内的数据就会全部丢失,因此需要和 UPS 一起工作。当然了,这么快的东西,价格也非常昂贵。

(9) RAID 10/01:高可靠性与高效磁盘结构

这种结构无非是一个带区结构加一个镜像结构,因为两种结构各有优缺点,因此可以相互补充,达到既高效又高速还可以互为镜像的目的。大家可以结合两种结构的优点和缺点来理解这种新结构。这种新结构的价格高,可扩充性不好。主要用于容量不大,但要求速度和差错控制的数据库中。

其中可分为两种组合:RAID 10 和 RAID 01。

RAID 10 是先镜射再分区数据。是将所有硬盘分为两组,视为是 RAID 0 的最低组合,然后将这两组各自视为 RAID 1 运作。RAID 10 有着不错的读取速度,而且拥有比 RAID 0 更高的数据保护性。

RAID 01 则是跟 RAID 10 的程序相反,是先分区再将数据镜射到两组硬盘。它将所有的硬盘分为两组,变成 RAID 1 的最低组合,而将两组硬盘各自视为 RAID 0 运作。RAID 01 比起 RAID 10 有着更快的读写速度,不过也多了一些会让整个硬盘组停止运转的概率;因为只要同一组的硬盘全部损毁,RAID 01 就会停止运作,而 RAID 10 则可以在牺牲 RAID 0 的优势下正常运作。

RAID 10 巧妙地利用了 RAID 0 的速度及 RAID 1 的保护两种特性,不过它的缺点是需要的硬盘数较多,因为至少必须拥有四个以上的偶数硬盘才能使用。

(10) RAID 50:被称为分布奇偶位阵列条带

同 RAID 10 相仿,RAID 50 具有 RAID 5 和 RAID 0 的共同特性。它由两组 RAID 5 磁

盘组成(每组最少 3 个),每一组都使用了分布式奇偶位,而两组硬盘再组建成 RAID 0,实现跨磁盘抽取数据。RAID 50 提供可靠的数据存储和优秀的整体性能,并支持更大的卷尺寸。即使两个物理磁盘发生故障(每个阵列中一个),数据也可以顺利恢复过来。

RAID 50 最少需要 6 个驱动器,它最适合需要高可靠性存储、高读取速度、高数据传输性能的应用。这些应用包括事务处理和有许多用户存取小文件的办公应用程序。

(11) RAID 53:称为高效数据传送磁盘结构

结构的实施同 Level 0 数据条阵列,其中,每一段都是一个 RAID 3 阵列。它的冗余与容错能力同 RAID 3。这对需要具有高数据传输率的 RAID 3 配置的系统有益,但是它价格昂贵、效率偏低。

(12) RAID 1.5:是一个新生的磁盘阵列方式,它具有 RAID 0+1 的特性,而不同的是,它的实现只需要 2 个硬盘。

从表面上来看,组建 RAID 1.5 后的磁盘,两个都具有相同的数据。当然,RAID 1.5 也是一种不能完全利用磁盘空间的磁盘阵列模式,因此,两个 80GB 的硬盘在组建 RAID 1.5 后,和 RAID 1 是一样的,即只有 80GB 的实际使用空间,另外 80GB 是它的备份数据。如果把两个硬盘分开,分别把它们运行在原系统,也是畅通无阻的。但通过实际应用,我们发现如果两个硬盘在分开运行后,其数据的轻微改变都会引起再次重组后的磁盘阵列,没法实现完全的数据恢复,而是以数据较少的磁盘为准。

6. 编辑本段其他 RAID 级别

(1) RAID 1E

RAID 1E 是 RAID 1 的增强版本,是由 IBM 公司提出的一种私有 RAID 级别,没有成为国际标准。它并不是我们通常所说的 RAID 0+1 的组合。RAID 1E 的工作原理与 RAID 1基本上是一样的,只是 RAID 1E 的数据恢复能力更强,但由于 RAID 1E 写一份数据至少要两次,因此,RAID 处理器的负载得到加强,从而造成磁盘读写能力的下降。RAID 1E 至少需要 3 块硬盘才能实现。

(2) RAID 5E

RAID 5E 是 RAID 磁盘存储中的一个高的级别,RAID 5E(RAID 5 Enhencement)是在 RAID 5 级别基础上的改进,与 RAID 5 类似,数据的校验信息均匀分布在各硬盘上,但是在每个硬盘上都保留了一部分未使用的空间,这部分空间没有进行条带化,最多允许两块物理硬盘出现故障。看起来,RAID 5E 和 RAID 5 加一块热备盘好像差不多,其实由于 RAID 5E 是把数据分布在所有的硬盘上,性能会比 RAID 5 加一块热备盘要好。当一块硬盘出现故障时,有故障硬盘上的数据会被压缩到其他硬盘上未使用的空间,逻辑盘保持 RAID 5 级别。

(3) RAID 5EE

RAID 5EE 是 RAID 磁盘存储中的一个高的级别,RAID 5EE 是一个比较实用的技术。RAID 5EE 提供了一个完善的替代"RAID 5+HotSpare"盘的解决办法。原来的一块单独 HotSpare 热备份盘也进行 Stripe 条带化,并且平均分配到了 5 块磁盘中。这样,在 RAID 5EE读写的时候,5 块磁盘同时参与 I/O,相比于 4 块磁盘+HotSpare 盘的情况,多了一个磁盘的读写带宽,提高了性能。特别是在整体磁盘数量比较少,如 4/5/6 等的情况下,性能的提高尤为明显。

RAID 5EE 相比于 RAID 5 性能提高,那对于可靠性和容量利用率有什么影响呢？对于 RAID 5EE 来讲,一块硬盘损坏,就会自动重构成一个 RAID 5,另外一个硬盘再损坏,就会变成 Degraded 状态的 RAID 5,这和 RAID 5＋HotSpare 的容错能力是一样的,也就是可靠性一样;对于 RAID 5EE 来讲,损失的容量为 2 块物理磁盘,而对于 RAID 5＋HotSpare 来讲,损失的容量也为 2 块物理磁盘,所以容量利用率也一致。值得注意的一点,RAID 5EE 中包括的 HotSpare 盘是分布在每个磁盘中的,只能供 RAID 5EE 本身来使用,不能作为另外 RAID 5 的热备份。

（4）RAID ADG

RAID ADG 类似于 RAID 6,ADG 技术是基于 RAID 5 之上的,采用了冗余的校验盘;也可以理解成是给 RAID 5 再做了一个 RAID 5 的校验。实现两块硬盘的容错,至少需要 4 块硬盘。这个技术是康柏最先提出来的,现在 HP 已经移植了该技术。

7. 编辑本段 RAID 的应用

开始时 RAID 方案主要针对 SCSI 硬盘系统,系统成本比较昂贵。1993 年,HighPoint 公司推出了第一款 IDE－RAID 控制芯片,能够利用相对廉价的 IDE 硬盘来组建 RAID 系统,从而大大降低了 RAID 的"门槛"。从此,个人用户也开始关注这项技术,因为硬盘是现代个人计算机中发展最为"缓慢"和最缺少安全性的设备,而用户存储在其中的数据却常常远超计算机本身的价格。在花费相对较少的情况下,RAID 技术可以使个人用户也享受到成倍的磁盘速度提升和更高的数据安全性,现在个人电脑市场上的 IDE－RAID 控制芯片主要出自 HighPoint 和 Promise 公司,此外还有一部分来自 AMI 公司。

面向个人用户的 IDE－RAID 芯片一般只提供了 RAID 0、RAID 1 和 RAID 0＋1(RAID 10)等 RAID 规范的支持,虽然它们在技术上无法与商用系统相提并论,但是对普通用户来说其提供的速度提升和安全保证已经足够了。随着硬盘接口传输率的不断提高,IDE－RAID 芯片也不断地更新换代,芯片市场上的主流芯片已经全部支持 ATA 100 标准,而 HighPoint 公司新推出的 HPT 372 芯片和 Promise 最新的 PDC20276 芯片,甚至已经可以支持 ATA 133 标准的 IDE 硬盘。在主板厂商竞争加剧、个人电脑用户要求逐渐提高的今天,在主板上加载 RAID 芯片的厂商已经不在少数,用户完全可以不用购置 RAID 卡,直接组建自己的磁盘阵列,感受磁盘狂飙的速度。

Matrix RAID 即所谓的"矩阵 RAID",是 ICH6R 南桥所支持的一种廉价的磁盘冗余技术,是一种经济性高的新颖 RAID 解决方案。Matrix RAID 技术的原理相当简单,只需要两块硬盘就实现了 RAID 0 和 RAID 1 磁盘阵列,并且不需要添加额外的 RAID 控制器,这正是普通用户所期望的。Matrix RAID 需要硬件层和软件层同时支持才能实现,硬件方面目前就是 ICH6R 南桥及更高阶的 ICH6RW 南桥,而 Intel Application Acclerator 软件和 Windows 操作系统均对软件层提供了支持。

Matrix RAID 的原理就是将每个硬盘容量各分成两部分(将一个硬盘虚拟成两个子硬盘,这时子硬盘总数为 4 个),其中用两个虚拟子硬盘来创建 RAID 0 模式以提高效能,而其他两个虚拟子硬盘则透过镜像备份组成 RAID 1 用来备份数据。在 Matrix RAID 模式中数据存储模式如下:两个磁盘驱动器的第一部分被用来创建 RAID 0 阵列,主要用来存储操作系统、应用程序和交换文件,这是因为磁盘开始的区域拥有较高的存取速度,Matrix RAID 将 RAID 0 逻辑分割区置于硬盘前端(外圈)的主因,是可以让需要效能的模块得到最好的效能表现；而两个磁盘驱动器的第二部分用来创建 RAID 1 模式，主要用来存储用户个人的文件和数据。

例如，使用两块 120GB 的硬盘，可以将两块硬盘的前 60GB 组成 120GB 的逻辑分割区，然后剩下两个 60GB 区块组成一个 60GB 的数据备份分割区。像需要高效能、却不需要安全性的应用，就可以安装在 RAID 0 分割区，而需要安全性备份的数据，则可安装在 RAID 1 分割区。换言之，使用者得到的总硬盘空间是 180GB，和传统的 RAID 0+1 相比，容量使用的效益非常之高，而且在容量配置上有着更高的弹性。如果发生硬盘损毁，RAID 0 分割区数据自然无法复原，但是 RAID 1 分割区的数据却会得到保全。

可以说，利用 Matrix RAID 技术，只需要 2 个硬盘就可以在获取高效数据存取的同时又能确保数据安全性。这意味着普通用户也可以低成本享受到 RAID 0+1 应用模式。

8. 编辑本段 NV RAID

NV RAID 是 nVidia 自行开发的 RAID 技术，随着 nForce 各系列芯片组的发展也不断推陈出新。相对于其他 RAID 技术而言，目前最新的 nForce4 系列芯片组的 NV RAID 具有自己的鲜明特点，主要是以下几点。

(1) 交错式 RAID(Cross-Controller RAID)：交错式 RAID 即俗称的混合式 RAID，也就是将 SATA 接口的硬盘与 IDE 接口的硬盘联合起来组成一个 RAID 模式。交错式 RAID 在 nForce3 250 系列芯片组中便已经出现，在 nForce 4 系列芯片组身上该功能得到延续和增强。

(2) 热冗余备份功能：在 nForce 4 系列芯片组中，因支持 Serial ATA 2.0 的热插拔功能，用户可以在使用过程中更换损坏的硬盘，并在运行状态下重新建立一个新的镜像，确保重要数据的安全性。更为可喜的是，nForce 4 的 nVIDIA RAID 控制器还允许用户为运行中的 RAID 系统增加一个冗余备份特性，而不必理会系统采用哪一种 RAID 模式，用户可以在驱动程序提供的"管理工具"中指派任何一个多余的硬盘用作 RAID 系统的热备份。该热冗余硬盘可以让多个 RAID 系统(如一个 RAID 0 和一个 RAID 1)共享，也可以为其中一个 RAID 系统所独自占有，功能类似于时下的高端 RAID 系统。

(3) 简易的 RAID 模式迁移：nForce 4 系列芯片组的 NV RAID 模块新增了一个名为"Morphing"的新功能，用户只需要选择转换之后的 RAID 模式，而后执行"Morphing"操作，RAID 删除和模式重设的工作可以自动完成，无须人为干预，易用性明显提高。

9. NV RAID 的设置方式

nForce 系列芯片组的 BIOS 里有关 SATA 和 RAID 的设置选项有两处，都在 Integrated Peripherals(整合周边)菜单内。

SATA 的设置项：Serial-ATA，设定值有[Enabled]，[Disabled]。这项的用途是开启或关闭板载 Serial-ATA 控制器。使用 SATA 硬盘必须把此项设置为[Enabled]。如果不使用 SATA 硬盘可以将此项设置为[Disabled]，可以减少占用的中断资源。

RAID 的设置项在 Integrated Peripherals/Onboard Device(板载设备)菜单内，光标移到 Onboard Device，按进入如子菜单：RAID Config 就是 RAID 配置选项，光标移到 RAID Config，按进入如 RAID 配置菜单：第一项 IDE RAID 是确定是否设置 RAID，设定值有[Enabled]，[Disabled]。如果不做 RAID，就保持缺省值[Disabled]，此时下面的选项是不可设置的灰色。

如果做 RAID 就选择[Enabled]，这时下面的选项才变成可以设置的黄色。IDE RAID 下面是 4 个 IDE(PATA)通道，再下面是 SATA 通道。nForce2 芯片组是 2 个 SATA 通道，nForce3/4 芯片组是 4 个 SATA 通道。可以根据你自己的意图设置，准备用哪个通道的硬盘做 RAID，就把那个通道设置为[Enabled]。

设置完成就可退出保存 BIOS 设置，重新启动。这里要说明的是，当你设置 RAID 后，该通道就由 RAID 控制器管理，BIOS 的 Standard CMOS Features 里看不到做 RAID 的硬盘了。

DVRAID™是 ATTO 公司的专有技术，它对数字内容创作环境起到优化作用，并在磁盘出现故障的情况下提供保护避免奇偶 RAID 的性能损失。DVRAID™支持 4kB 影片编辑，多级 2kB 视频流，多层未压缩的高清(HD)视频和实时的多层未压缩标清(SD)视频。这种技术可以在高带宽环境下提供均势保护。

10. 编辑本段常见故障

现在选择 IDE 磁盘阵列卡(IDE RAID 卡)来确保数据安全的人越来越多，如何正确使用 IDE RAID 卡也是个学问。下面以采用 HPT370A/372 控制芯片的 Rocket100 RAID 卡为例讲解常见故障与技巧。

(1) 安装须知

先找一个空闲的 PCI 插槽将该卡插进去并将硬盘用硬盘线和该卡安装连接好，安装完适配卡后，在启动计算机的过程中，你会看到该适配卡已成功安装并被系统识别。而在系统开机时，其控制器的 BIOS 会显示硬盘状态的信息，按"Ctrl＋H"即可进入结构非常清楚的设置菜单，在这里你可以设定磁盘阵列：两个硬盘可以选择条带模式(RAID 0)和镜像模式(RAID 1)，有三块硬盘的话只能选跨越扩充或条带模式，而四块就可以选跨越模式、条带模式或条带结合镜像模式(RAID 0＋1)，而选用 RAID 1 的话硬盘必须进行同步化。

(2) 常见安装故障排除

当 Rocket100 RAID 卡被识别后，板上 BIOS 开始检测连接设备。请注意屏幕上出现的设备，如果所连接设备全部被正确扫描出，则说明设备已正确连接并被系统识别，再安装好驱动之后即可使用 RAID 功能了。而如果其中有的设备没有被识别出，可打开机箱，将所连接设备的电源线是否插牢，必要时换一个电源插头试一试；所连接设备的数据线是否正确连接并已插牢，必要时换一根数据线试一试；如果一根数据线上接有两个设备，请确认这两个设备的主从跳线是否设置冲突(一根数据线上的两个设备必须为一主一从)。

(3) 硬盘容量的选择

考虑到系统的操作性能及磁盘的利用率，建议你最好使用同样容量的硬盘。但你如果一定要用不同容量的磁盘，需要注意的是整个阵列的容量要由该阵列中最小容量的硬盘决定，例如在由 3 个磁盘组成的 RAID 0 阵列中，总容量等于最小磁盘的容量的 3 倍。在 RAID 1 阵列中，目标盘的容量不能小于源盘的容量。该阵列的总容量就等于最小磁盘的容量。但是 JBOD 是个例外，两个或更多的不同容量的硬盘可以组合起来，形成一个逻辑单盘。

11. BIOS 设置须知

IDE RAID 卡是即插即用设备，所以你不必改变系统 CMOS。系统会自动指出中断及端口的地址。而在 CMOS 设置中将所有设备处于 none 或 unstalled 状态时，即可将 IDE

RAID 卡设为启动卡；或将 SCSI 设备调为启动序列的第 1 位，也可将 RAID 卡设为启动卡。

如果一个 RAID 级别被破坏了，可以按以下操作进行检查：先关闭计算机的电源，检查硬盘电源的连接，以及数据线是否与硬盘和 RAID 控制卡连接正常再重新开机；如果以上操作仍不能解决问题，可能是硬盘的问题，对于 RAID 1 和 RAID 0＋1，可以用一个新的硬盘将已经被破坏的硬盘上的数据进行备份，所有的数据都不会丢失的。对于 RAID 0 和 JBOD，必须先删除原有的 RAID 级别，再进行 RAID 创建，但要注意，此动作会使硬盘的所有数据丢失，所以，对 RAID 0 和 JBOD，请务必经常对数据进行备份。

12. 编辑本段数据恢复指南

RAID 的目的就是利用磁盘空间的冗余实现数据容错，不过这是在所有的磁盘或卷没有任何问题的前提下实现的。当 RAID 卷中的单个磁盘出现故障后，尽管数据可能暂时不会受到威胁，但是磁盘冗余已经没有了。此时任何不当的操作都可能毁掉已经存放的数据。因此，在充分享受 RAID 所带来的安全好处时，还应该想到它危险的一面。

RAID 磁盘阵列设备，在使用过程中，经常会遇到一些常见故障，这也使得 RAID 在给我们带来海量存储空间的应用之外，也带来了很多难以估计的数据风险。本文将重点介绍 RAID 常见故障及相关处理方式。

13. RAID 故障注意事项

（1）数据丢失后，用户千万不要对硬盘进行任何操作，将硬盘按顺序卸下来（贴好标记），用镜像软件将每块硬盘做成镜像文件，也可以交给专业数据恢复中心进行。

（2）不要对 RAID 卡进行 Rebuild 操作，否则会加大恢复数据的难度。

（3）标记好硬盘在 RAID 卡上面的顺序。

（4）一旦出现问题，可以拨打专业公司（恩特尔数据恢复中心）的咨询电话，找专业工程师进行咨询，切忌自己试图进行修复，除非你确信自己有足够的技术和经验来处理数据风险。

常见 RAID 数据丢失故障情况如下。

（1）软件故障

a. 突然断电造成 RAID 磁盘阵列卡信息的丢失。

b. 重新配置 RAID 阵列信息，导致的数据丢失。

c. 磁盘顺序出错，导致系统不能识别数据。

d. 误删除、误格式化、误分区、误克隆、文件解密、病毒损坏等情况，导致数据丢失。

（2）硬件损坏

a. RAID 硬盘报红灯错误，硬盘检测报错情况。

b. RAID 硬盘出现坏道，导致数据丢失。

c. RAID 一般都会有几块硬盘，同样有故障允许损坏的硬盘数量（如 RAID 5 允许损坏其中一块），当超出损坏的硬盘数量后，RAID 数据将无法正常读取。

14. RAID 数据恢复注意事项

在 RAID 有一基本概念称为 EDAP（Extended Data Availability and Protection），其强调扩充性及容错机制，也是各家厂商如：Mylex，IBM，HP，Compaq，Adaptec，Infortrend 等诉求的重点，包括在不用停机情况下可处理以下动作：

RAID 磁盘阵列支援自动检测故障硬盘。

RAID 磁盘阵列支援重建硬盘坏轨的资料。

RAID 磁盘阵列支援支持不用停机的硬盘备援 Hot Spare。

RAID 磁盘阵列支援支持不用停机的硬盘替换 Hot Swap。

RAID 磁盘阵列支援扩充硬盘容量等。

15. RAID 阵列数据恢复工具数据恢复指南针

一旦 RAID 阵列出现故障,硬件服务商只能给客户重新初始化或者 Rebuild,这样客户数据就会无法挽回。出现故障以后只要不对阵列作初始化操作,就有机会恢复出故障 RAID 磁盘阵列的数据。

由于 RAID 数据恢复的复杂性和技术难度较高,在 RAID 阵列出现故障时,一定要找有经验的专业数据恢复中心提供数据恢复帮助。判断专业数据恢复中心的标准包括数据恢复中心所使用的 RAID 数据恢复工具、数据恢复工程师从业经验等。因为 RAID 阵列中存储的数据一般都比较重要,一旦被彻底损坏,将造成无法挽回的损失。

目前常用的 RAID 阵列数据恢复工具包括效率源 HD Doctor、数据恢复指南针 Data Compass、硬盘复制机 Data Copy King 等。

5.3　常见的文件与磁盘管理工具

5.3.1　分区工具的使用

Linux 下的分区工具:fdisk

运行:df -Th

查看已经挂载上的文件分区大小以及格式

效果如下:

文件系统	类型	容量	已用	可用	已用%	挂载点
/dev/sda1	ext3	2.9G	2.2G	505M	82%	/
/dev/sda2	ext3	965M	22M	894M	3%	/home
tmpfs	tmpfs	345M	12k	345M	1%	/dev/shm

运行:/sbin/fdisk /dev/sda

fdisk 命令来进行磁盘分区

若是第二块硬盘,那么后面的设备符号是/dev/sdb,第三块硬盘依次类推。

Command(m for help):m # 查看 fdisk 命令的帮助

Command action

　　b　edit bsd disklabel 编辑 bsd 磁盘标签

　　d　delete a partition 删除某个分区

　　l　list known partition types 列出已知的分区类型

　　m　print this menu 打印目录

　　n　add a new partition # 增加新的分区

　　o　create a new empty DOS partition table 新建空白 DOS 分区表格

　　p　print the partition table # 打印/查看分区表

q   quit without saving changes # 不保存退出

s   create a new empty Sun disklabel 新建空白 sun 磁盘标签

t   change a partition's system id 更改分区系统 ID

v   verify the partition table 验证分区表

w   write table to disk and exit # 保存退出

Command（m for help）：p # 打印/查看已有的分区表

Disk /dev/sda：8589 MB，8589934592 bytes

255 heads，63 sectors/track，1044 cylinders

Units＝cylinders of 16065 ＊ 512＝8225280 bytes

Disk identifier：0x000e25d9

Device Boot	Start	End	Blocks	Id	System
/dev/sdal *	1	382	3068383＋	83	Linux
/dev/sda2	383	509	1020127＋	83	Linux
/dev/sda3	510	636	1020127＋	82	Linux swap / Solaris

Command（m for help）：n # 开始增加新的分区

Command action

e   extended # 扩展分区

p   primary partition (1-4) # 主分区，一块硬盘中可以有 4 个主分区

例如：XP 下 C 盘为主分区，DEF 为逻辑分区（DEF 合起来就是扩展分区）

e # 增加扩展分区

Selected partition 4 # 分区 4 作为扩展分区，分区 4 开始是未分配空闲空间

First cylinder (637-1044，default 637)：〈Enter〉

Using default value 637 # 分区的开头，1044 是块结尾

Last cylinder or ＋size or ＋sizeM or ＋sizeK (637-1044，default 1044)：〈Enter〉

也可在这里直接输入想要建立分区的大小，比如＋5000MB，表示建立 5000MB 大小的分区

Using default value 1044 # 分区的结尾

Command（m for help）：n # 建立完扩展分区，然后建立逻辑分区

First cylinder (637-1044，default 637)：〈Enter〉

Using default value 637

Last cylinder or ＋size or ＋sizeM or ＋sizeK (637-1044，default 1044)：〈Enter〉

Using default value 1044

Command（m for help）：p # 建立完了逻辑分区，打印/查看

可以看到增加了一个分区，逻辑分区是建立在扩展分区上的

Disk/dev/sda：8589 MB，8589934592 bytes

255 heads，63 sectors/track，1044 cylinders

Units=cylinders of 16065 ＊ 512=8225280 bytes

Disk identifier：0x000e25d9

Device Boot	Start	End	Blocks	Id	System
/dev/sda1 ＊	1	382	3068383＋	83	Linux
/dev/sda2	383	509	1020127＋	83	Linux
/dev/sda3	510	636	1020127＋	82	Linux swap / Solaris
/dev/sda4	637	1044	3277260	5	Extended
/dev/sda5	637	1044	3277228＋	83	Linux

Command（m for help）：w # 把新的分区表写入并保存，记住一定要保存

The partition table has been altered!

Calling ioctl（）to re-read partition table.

WARNING：Re-reading the partition table failed with error 16：设备或资源忙，

The kernel still uses the old table，

The new table will be used at the next reboot.

Syncing disks.

运行：# df -Th

因为这个时候还没有挂载，所以在 df 命令下并不能看到新的分区

文件系统	类型	容量	已用	可用	已用％	挂载点
/dev/sda1	ext3	2.9G	2.2G	505M	82％	/
/dev/sda2	ext3	965M	22M	894M	3％	/home
tmpfs	tmpfs	345M	12k	345M	1％	/dev/shm

/sbin/mkfs.ext3 /dev/sda5

在挂载之前应该先格式化，比如 ext2，ext3 格式

还可以使用/sbin/mkfs -t ext3 /dev/sda5

其实我们已经看到在 fdisk 命令中已经自动将其格式化为 ext3 格式了

mke2fs 1.40.2（12-Jul-2007）

warning：107 blocks unused.

Filesystem label=

OS type：Linux

Block size=4096（log=2）

Fragment size=4096（log=2）

410400 inodes，819200 blocks

40965 blocks（5.00％）reserved for the super user

First data block=0

Maximum filesystem blocks=838860800

25 block groups

32768 blocks per group，32768 fragments per group

16416 inodes per group

Superblock backups stored on blocks：

32768，98304，163840，229376，294912
Writing inode tables：done
Creating journal (16384 blocks)：done
Writing superblocks and filesystem accounting information：done

This filesystem will be automatically checked every 35 mounts or
180 days, whichever comes first. Use tune2fs -c or -i to override.

```
# /sbin/e2label /dev/sda5 backup # 给新分区添加一个标签
# mkdir /mnt/bak # 创建目录
# mount /dev/sda5 /mnt/bak # 将新分区挂载到指定目录上
# df -Th # 此时可看到已挂载
```

文件系统	类型	容量	已用	可用	已用%	挂载点
/dev/sda1	ext3	2.9G	2.2G	505M	82%	/
/dev/sda2	ext3	965M	22M	894M	3%	/home
tmpfs	tmpfs	345M	12k	345M	1%	/dev/shm
/dev/sda5	ext3	3.1G	69M	2.9G	3%	/mnt/bak

```
# vim /etc/fstab # 添加一行到/etc/fstab 中开机自动挂载
# 不用设置系统也可以开机自动挂载的，因为其格式跟 Linux 系统格式是一样的
# cat /etc/fstab
```

LABEL=/	/	ext3	defaults	1	1
LABEL=/home	/home	ext3	defaults	1	2
tmpfs	/dev/shm	tmpfs	defaults	0	0
devpts	/dev/pts	devpts	gid=5,mode=620	0	0
sysfs	/sys	sysfs	defaults	0	0
proc	/proc	proc	defaults	0	0
LABEL=SWAP-sda3	swap	swap	defaults	0	0
LABEL=backup	/mnt/bak	ext3	defaults	1	2

5.3.2　文件系统的挂载与卸载

挂载文件系统常用两种方法，一种方法是通过 mount 命令实现挂载，另一种方法是通过"/etc/fstab"文件实现开机自动挂载。

1. 挂载文件系统

（1）语法

mount［-参数］［设备名称］［挂载点］

（2）选项说明

-t：指定设备的文件系统类型

auto：自动检测文件系统

-o：指定挂载文件系统时的选项，有些也可用在"/etc/fstab"中，常用的有如下 6 种。

codepage：代码页；

iocharset：字符集；

ro：以只读方式挂载；

rw：以读写方式挂载；

nouser：使一般用户无法挂载设备；

user：使一般用户可以挂载设备。

注：-o 参数里的 codepage 选项指定文件系统的代码页，简体中文代码是 936；iocharset 指定字符集，简体中文一般用 cp936 或 gb2312。

（3）挂载硬盘

［**例 5.1**］　挂载文件系统/dev/hda5 到/mnt/kk 目录

\# mkdir /mnt/kk　　　　　　　　//创建需要方置文件系统的目录/mnt/kk

\# mount /dev/hda5 /mnt/kk　　　　//挂载文件系统

\# ls /mnt/kk　　　　　　　//查看目录/mnt/kk 的内容

lost＋fount

\# touch /mnt/kk/abc　　　//在目录/mnt/kk 中创建文件

\# ls /mnt/kk　　　　　//再次查看目录/mnt/kk 的内容，可以看到刚才创建的文件，它是存在于/dev/hda5 设备上的 abc lost＋found

\# df　　　　　　　//查看挂载的文件系统的信息

Filesystem	1k-块	已用	可用	已用%	挂载点
/dev/hda2	7052496	4736004	1958244	71%	/
/dev/hda1	101086	8592	87275	9%	/boot
none	97615	0	97612	0%	/dev/shm
/dev/hda5	695684	716	659628	1%	/mnt/kk

［**例 5.2**］　以只读形式挂载/dev/hda5

\# mount -o ro /dev/hda5 /mnt/kk　　//挂载文件系统

\# mkdir /mnt/kk/a　　//在目录/mnt/kk 中创建目录，无法创建，因为它是只读的

mkdir：无法创建目录'/mnt/kk/a'：只读文件系统

2．卸载文件系统

（1）语法

\# umount［选项］［-t〈文件系统〉］［文件系统］

注：umount 可卸载目前挂在 Linux 目录中的文件系统，除了直接指定文件系统外，也可以用设备名称或挂入点来表示文件系统。

（2）选项说明

-a：卸载“/etc/mtab”中记录的所有文件系统

-n：卸载时不要将信息存入“/etc/mtab”文件中

-r：若无法成功卸载，则尝试以只读的方式重新挂载文件系统

-t：仅卸载选项中所指定的文件系统

（3）卸载/dev/hda5 文件系统

\# umount　/dev/hda5　//一种方法

```
# umount /mnt/kk      //两种方法
# df
```

Filesystem	1k-块	已用	可用	已用%	挂载点
/dev/hda2	7052496	4736004	1958244	71%	/
/dev/hda1	101086	8592	87275	9%	/boot
none	97615	0	97612	0%	/dev/shm
/dev/hda5	695684	716	659628	1%	/mnt/kk

5.3.3 检测磁盘与磁盘配额

1. 检测磁盘

（1）badblocks

功能说明：检查磁盘装置中损坏的区块。

语法：badblocks [-svw][-b〈区块大小〉][-o〈输出文件〉][磁盘装置][磁盘区块数][启始区块]

补充说明：执行指令时需指定所要检查的磁盘装置及此装置的磁盘区块数。

参数：-b〈区块大小〉 指定磁盘的区块大小，单位为字节。

-o〈输出文件〉 将检查的结果写入指定的输出文件。

-s 在检查时显示进度。

-v 执行时显示详细的信息。

-w 在检查时，执行写入测试。

[磁盘装置] 指定要检查的磁盘装置。

[磁盘区块数] 指定磁盘装置的区块总数。

[启始区块] 指定要从哪个区块开始检查。

（2）hdparm

hdparm 可检测，显示与设定 IDE 或 SCSI 硬盘的参数。测试各硬盘读取速度判断硬盘故障。

语法：hdparm [-CfghiIqtTvyYZ][-a〈快取分区〉][-A〈0 或 1〉][-c][-d〈0 或 1〉][-k〈0 或 1〉][-K〈0 或 1〉][-m〈分区数〉][-n〈0 或 1〉][-p][-P〈分区数〉][-r〈0 或 1〉][-S〈时间〉][-u〈0 或 1〉][-W〈0 或 1〉][-X〈传输模式〉][设备]

hdparm -t /dev/hda(IDE 硬盘)

hdparm -t /dev/sda(SATA、SCSI、硬 RAID 卡阵列)

hdparm -t /dev/md0(软 RAID 设备)

测试结果在空载情况下应大于 40MB/s，在负载情况下平均应大于 20MB/s 视为正常，如测试结果极低则需要进一步使用硬盘专用检测工具测试是否为硬盘故障。

（3）fsck

检查文件系统并尝试修复错误。

语法：fsck [-aANPrRsTV][-t〈文件系统类型〉][文件系统...]

补充说明：当文件系统发生错误四化，可用 fsck 指令尝试加以修复。

参数：

-a　自动修复文件系统,不询问任何问题。

-A　依照/etc/fstab 配置文件的内容,检查文件内所列的全部文件系统。

-N　不执行指令,仅列出实际执行会进行的动作。

-P　当搭配“-A”参数使用时,则会同时检查所有的文件系统。

-r　采用互动模式,在执行修复时询问问题,让用户得以确认并决定处理方式。

-R　当搭配“-A”参数使用时,则会略过/目录的文件系统不予检查。

-s　依序执行检查作业,而非同时执行。

-t〈文件系统类型〉　指定要检查的文件系统类型。

-T　执行 fsck 指令时,不显示标题信息。

-V　显示指令执行过程。

2. 检测磁盘配额

要强制实施 vfsold 和 vfsv0 配额检测,必须使用 quotaon 命令将其启用。常用选项 -a,-g,-u 和 -v 与 quotacheck 命令有相同的意思。类似地,如果没有指定 -a 选项,就必须指定文件系统。如果只是想要显示配额的开启和关闭,可以使用 -p 选项。使用 quotaoff 命令关闭配额检测。

（1）开始 vfsold 和 vfsv0 配额的配额检查

［root@echidna ～]# quotaon -p /quotatest/ext4/

group quota on /quotatest/ext4（/dev/sda7）is off

user quota on /quotatest/ext4（/dev/sda7）is off

［root@echidna ～]# quotaon -uagv

/dev/sda7［/quotatest/ext4］: group quotas turned on

/dev/sda7［/quotatest/ext4］: user quotas turned on

［root@echidna ～]# quotaoff -ugv /quotatest/ext4/

/dev/sda7［/quotatest/ext4］: group quotas turned off

/dev/sda7［/quotatest/ext4］: user quotas turned off

［root@echidna ～]# quotaon -ugv /quotatest/ext4/

/dev/sda7［/quotatest/ext4］: group quotas turned on

/dev/sda7［/quotatest/ext4］: user quotas turned on

对 XFS 文件系统来说,配额检查是默认启动的,除非文件安装了 uqnoenforce,gqnoenforce 或者 pqnoenforce 设置。使用 xfs_quota 命令和 -x（适用于专家）选项控制 xfs 配额。没有 -x 选项,显示配额信息会受到限制。命令还有一些子命令,包括 help,用于显示可用的子命令清单;state,用于显示整体状况;enable,用于启用配额检测;还有 disable,用于停止。选项 -u,-g 和 -p 分别限制用户、组或项目的行为。使用 -v 获得 verbose 输出。可以在命令行模式运行命令,命令行中独立的子命令由 -c 选项指明。可以多次指定多种子命令的该选项。如果将指定子命令的选项,可能就需要引用命令。

（2）开始 xfs 配额的配额检测

命令:# xfs_quota -x

xfs_quota>state

User quota state on /quotatest/xfs（/dev/sda8）

Accounting：ON

Enforcement：ON

Inode：# 131 (3 blocks，3 extents)

Group quota state on /quotatest/xfs (/dev/sda8)

Accounting：ON

Enforcement：ON

Inode：# 132 (3 blocks，3 extents)

Project quota state on /quotatest/xfs (/dev/sda8)

Accounting：OFF

Enforcement：OFF

Inode：# 132 (3 blocks，3 extents)

Blocks grace time：[7 days 00：00：30]

Inodes grace time：[7 days 00：00：30]

Realtime Blocks grace time：[7 days 00：00：30]

xfs_quota>disable

xfs_quota>quit

[root@echidna ～]# xfs_quota -x -c "enable -gu -v" /quotatest/xfs

User quota state on /quotatest/xfs (/dev/sda8)

Accounting：ON

Enforcement：ON

Inode：# 131 (3 blocks，3 extents)

Group quota state on /quotatest/xfs (/dev/sda8)

Accounting：ON

Enforcement：ON

Inode：# 132 (3 blocks，3 extents)

Blocks grace time：[7 days 00：00：30]

Inodes grace time：[7 days 00：00：30]

Realtime Blocks grace time：[7 days 00：00：30]

5.4 日志文件管理

5.4.1 常见的日志文件

Linux 常见的日志文件详述如下：

/var/log/boot.log

该文件记录了系统在引导过程中发生的事件，就是 Linux 系统开机自检过程显示的信息。

/var/log/cron

该日志文件记录 crontab 守护进程 crond 所派生的子进程的动作，前面加上用户、登录时间和 PID，以及派生出的进程的动作。CMD 的一个动作是 cron 派生出一个调度进程的常见情况。REPLACE(替换)动作记录用户对它的 cron 文件的更新,该文件列出了要周期性执行的任务调度。RELOAD 动作在 REPLACE 动作后不久发生,这意味着 cron 注意到一个用户的 cron 文件被更新而 cron 需要把它重新装入内存。该文件可能会查到一些反常的情况。

/var/log/maillog

该日志文件记录了每一个发送到系统或从系统发出的电子邮件的活动。它可以用来查看用户使用哪个系统发送工具或把数据发送到哪个系统。下面是该日志文件的片段:

```
    Sep   4 17:23:52 UNIX sendmail[1950]: g849Npp01950: from=root,size
=25,
    class=0,nrcpts=1,
    msgid=<200209040923.g849Npp01950@redhat.pfcc.com.cn>,
    relay=root@localhost
    Sep   4 17:23:55 UNIX sendmail[1950]: g849Npp01950: to=
lzy@fcceec.net,
    ctladdr=root (0/0),delay=00:00:04,xdelay=00:00:03,
mailer=esmtp,pri=30025,
    relay=fcceec.net. [10.152.8.2],dsn=2.0.0,stat=Sent
(Message queued)
    /var/log/messages
```

该日志文件是许多进程日志文件的汇总,从该文件可以看出任何入侵企图或成功的入侵事件。如以下几行:

```
    Sep   3 08:30:17 UNIX login[1275]: FAILED LOGIN 2 FROM (null)
FOR suying,
    Authentication failure
    Sep   4 17:40:28 UNIX  -- suying [2017]: LOGIN ON pts/1 BY
suying FROM
    fcceec.www.ec8.pfcc.com.cn
    Sep   4 17:40:39 UNIX su(pam_unix)[2048]: session opened for user root
by suying(uid=999)
```

该文件的格式是每一行包含日期、主机名、程序名,后面是包含 PID 或内核标识的方括号、一个冒号和一个空格,最后是消息。该文件有一个不足,就是被记录的入侵企图和成功的入侵事件,被淹没在大量的正常进程的记录中。但该文件可以由“/etc/syslog”文件进行定制。由“/etc/syslog.conf”配置文件决定系统如何写入/var/messages。

/var/log/syslog

默认 RedHat Linux 不生成该日志文件,但可以配置/etc/syslog.conf 让系统生成该日志文件。它和“/etc/log/messages”日志文件不同,它只记录警告信息,常常是系统出问题的信息,所以更应该关注该文件。要让系统生成该日志文件,在“/etc/syslog.conf”文件中加上:*.warning /var/log/syslog。该日志文件能记录当用户登录时 login 记录下的错误口令、SendMail 的问题、su 命令执行失败等信息。下面是一条记录:

Sep 6 16:47:52 UNIX login(pam_unix)[2384]:

check pass; user unknown /var/log/secure

该日志文件记录与安全相关的信息。该日志文件的部分内容如下：

Sep 4 16:05:09 UNIX xinetd[711]:

START：ftp pid=1815 from=127.0.0.1 Sep 4 16:05:09 UNIX xinetd[1815]:

USERID：ftp OTHER：root Sep 4 16:07:24 UNIX xinetd[711]:

EXIT：ftp pid=1815 duration=135(sec) Sep 4 16:10:05

UNIX xinetd[711]:

START：ftp pid=1846 from=127.0.0.1 Sep 4 16:10:05

UNIX xinetd[1846]:

USERID：ftp OTHER：root Sep 4 16:16:26 UNIX xinetd[711]:

EXIT：ftp pid=1846 duration=381(sec) Sep 4 17:40:20

UNIX xinetd[711]：START：telnet pid=2016 from=10.152.8.2 /var/log/

lastlog

该日志文件记录最近成功登录的事件和最后一次不成功的登录事件，由 login 生成。在每次用户登录时被查询，该文件是二进制文件，需要使用 lastlog 命令查看，根据 UID 排序显示登录名、端口号和上次登录时间。如果某用户从来没有登录过，就显示为"＊＊Never logged in＊＊"。该命令只能以 root 权限执行。简单地输入 lastlog 命令后就会看到类似如下的信息：

Username	Port	From	Latest
root	tty2	Tue Sep	3 08:32:27 ＋0800 2002
bin			＊＊Never logged in＊＊
daemon			＊＊Never logged in＊＊
adm			＊＊Never logged in＊＊
lp			＊＊Never logged in＊＊
sync			＊＊Never logged in＊＊
shutdown			＊＊Never logged in＊＊
halt			＊＊Never logged in＊＊
mail			＊＊Never logged in＊＊
news			＊＊Never logged in＊＊
uucp			＊＊Never logged in＊＊
operator			＊＊Never logged in＊＊
games			＊＊Never logged in＊＊
gopher			＊＊Never logged in＊＊
ftp	ftp	UNIX Tue Sep	3 14:49:04 ＋0800 2002
nobody			＊＊Never logged in＊＊
nscd			＊＊Never logged in＊＊
mailnull			＊＊Never logged in＊＊
ident			＊＊Never logged in＊＊
rpc			＊＊Never logged in＊＊

rpcuser			＊＊Never logged in＊＊
xfs			＊＊Never logged in＊＊
gdm			＊＊Never logged in＊＊
postgres			＊＊Never logged in＊＊
apache			＊＊Never logged in＊＊
lzy	tty2		Mon Jul　15 08:50:37 ＋0800 2002
suying	tty2		Tue Sep　3 08:31:17 ＋0800 2002

　　系统账户诸如 bin、daemon、adm、uucp、mail 等绝不应该登录,如果发现这些账户已经登录,就说明系统可能已经被入侵了。若发现记录的时间不是用户上次登录的时间,则说明该用户的账户已经泄密了。

/var/log/wtmp

　　该日志文件永久记录每个用户登录、注销及系统的启动、停机的事件。因此随着系统正常运行时间的增加,该文件的大小也会越来越大,增加的速度取决于系统用户登录的次数。该日志文件可以用来查看用户的登录记录,last 命令就通过访问这个文件获得这些信息,并以反序从后向前显示用户的登录记录,last 也能根据用户、终端 tty 或时间显示相应的记录。

　　命令 last 有两个可选参数:

last -u 用户名　显示用户上次登录的情况。

last -t 天数　显示指定天数之前的用户登录情况。

/var/run/utmp

　　该日志文件记录有关当前登录的每个用户的信息。因此这个文件会随着用户登录和注销系统而不断变化,它只保留当时联机的用户记录,不会为用户保留永久的记录。系统中需要查询当前用户状态的程序,如 who、w、users、finger 等就需要访问这个文件。该日志文件并不能包括所有精确的信息,因为某些突发错误会终止用户登录会话,而系统没有及时更新 utmp 记录,因此该日志文件的记录不是百分之百值得信赖的。

　　以上提及的 3 个文件(/var/log/wtmp、/var/run/utmp、/var/log/lastlog)是日志子系统的关键文件,都记录了用户登录的情况。这些文件的所有记录都包含了时间戳。这些文件是按二进制保存的,故不能用 less、cat 之类的命令直接查看这些文件,而是需要使用相关命令通过这些文件来查看的。其中,utmp 和 wtmp 文件的数据结构是一样的,而 lastlog 文件则使用另外的数据结构,关于它们的具体的数据结构可以使用 man 命令查询。

　　每次有一个用户登录时,login 程序在文件 lastlog 中查看用户的 UID。如果存在,则把用户上次登录、注销时间和主机名写到标准输出中,然后 login 程序在 lastlog 中记录新的登录时间,打开 utmp 文件并插入用户的 utmp 记录。该记录一直用到用户登录退出时删除。utmp 文件被各种命令使用,包括 who、w、users 和 finger。下一步,login 程序打开文件 wtmp 附加用户的 utmp 记录。当用户登录退出时,具有更新时间戳的同一 utmp 记录附加到文件中。wtmp 文件被程序 last 使用。

/var/log/xferlog

　　该日志文件记录 FTP 会话,可以显示出用户向 FTP 服务器或从服务器拷贝了什么文件。该文件会显示用户拷贝到服务器上的用来入侵服务器的恶意程序,以及该用户拷贝了哪些文件供他使用。

该文件的格式为:第一个域是日期和时间,第二个域是下载文件所花费的秒数、远程系统名称、文件大小、本地路径名、传输类型(a:ASCII,b:二进制)、与压缩相关的标志"tar"或"_"(如果没有压缩的话)、传输方向(相对于服务器而言:i 代表进,o 代表出)、访问模式(a:匿名,g:输入口令,r:真实用户)、用户名、服务名(通常是 ftp)、认证方法(l:RFC931,或 0)、认证用户的 ID 或"＊"。下面是该文件的一条记录:

```
Wed Sep   4 08:14:03 2002 1 UNIX 275531
/var/ftp/lib/libnss_files-2.2.2.so b _ o a -root@UNIX ftp 0 ＊ c
/var/log/kernlog
```

RedHat Linux 默认没有记录该日志文件。要启用该日志文件,必须在"/etc/syslog.conf"文件中添加一行:kern.＊ /var/log/kernlog。这样就启用了向"/var/log/kernlog"文件中记录所有内核消息的功能。该文件记录了系统启动时加载设备或使用设备的情况。一般是正常的操作,但如果记录了没有授权的用户进行的这些操作,就要注意,因为有可能这就是恶意用户的行为。下面是该文件的部分内容:

```
Sep   5 09:38:42 UNIX kernel:NET4:Linux TCP/IP 1.0 for NET4.0
Sep   5 09:38:42 UNIX kernel:IP Protocols:ICMP,UDP,TCP,IGMP
Sep   5 09:38:42 UNIX kernel:IP:routing cache hashtable of 512
buckets,4Kbytes
Sep   5 09:38:43 UNIX kernel:TCP:Hash tables configured(established
4096 bind 4096)
Sep   5 09:38:43 UNIX kernel:Linux IP multicast router 0.06 plus
PIM-SM
Sep   5 09:38:43 UNIX kernel:NET4:Unix domain sockets 1.0/SMP for
Linux NET4.0.
Sep   5 09:38:44 UNIX kernel:EXT2-fs warning:checktime reached,run-
ning e2fsck is recommended
Sep   5 09:38:44 UNIX kernel:VFS:Mounted root(ext2 filesystem).
Sep   5 09:38:44 UNIX kernel:SCSI subsystem driver Revision:1.00
/var/log/Xfree86.x.log
```

该日志文件记录了 X Window 启动的情况。另外,除了/var/log/外,恶意用户也可能在别的地方留下痕迹,应该注意以下几个地方:root 和其他账户的 Shell 历史文件;用户的各种邮箱,如.sent、mbox,以及存放在/var/spool/mail/ 和 /var/spool/mqueue 中的邮箱;临时文件/tmp、/usr/tmp、/var/tmp;隐藏的目录;其他恶意用户创建的文件,通常是以"."开头的具有隐藏属性的文件等。

5.4.2   日志文件的管理

日志文件是包含系统消息的文件,包括内核、服务、在系统上运行的应用程序等。不同的日志文件记载不同的信息。例如,有的是默认的系统日志文件,有的仅用于安全消息,有的记载 cron 任务的日志。当你在试图诊断和解决系统问题时,如试图载入内核驱动程序或寻找对系统未经授权的使用企图时,日志文件会很有用。本节讨论要到哪里去寻找日志文件,如何查看日志文件,以及在日志文件中查看什么。某些日志文件被叫做 syslogd 的守护进程控制。被 syslogd 维护的日志消息列表可以在"/etc/syslog.conf"配置文件中找到。

1. 定位日志文件

多数日志文件位于 /var/log/ 目录中。某些程序如 httpd 和 samba 在 /var/log/ 中有单独地存放它们自己的日志文件的目录。注意,日志文件目录中会有多个后面带有数字的文件。这些文件是在日志文件被循环时创建的。日志文件被循环使用,因此文件不会变得太大。logrotate 软件包中包含一个能够自动根据"/etc/logrotate.conf"配置文件和"/etc/logrotate.d"目录中的配置文件来循环使用日志文件的 cron 任务。按照默认配置,日志每周都被循环,并被保留四周。

2. 查看日志文件

多数日志文件使用纯文本格式。你可以使用任何文本编辑器如 Vi 或 Emacs 来查看它们。某些日志文件可以被系统上所有用户查看;不过,你需要拥有根特权来阅读多数日志文件。要在互动的、真实时间的应用程序中查看系统日志文件,使用日志查看器。要启动这个应用程序,点击面板上的"主菜单"→"系统工具"→"系统日志",或在 Shell 提示下键入"system-logviewer"命令。这个应用程序只能显示存在的日志文件,因此,其列表可能会与图 5.12 所示的略有不同。要过滤日志文件的内容来查找关键字,在"过滤:"文本字段中输入关键字,然后点击"过滤器"。点击"重设"来重设内容。

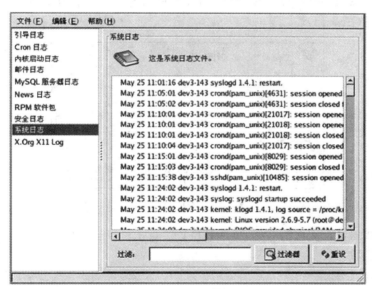

图 5.12   日志查看器

按照默认设置,当前的可查看的日志文件每隔 30 秒被刷新一次。要改变刷新率,从下拉菜单中选择"编辑"→"首选项"。如图 5.13 所示的窗口会出现。在"日志文件"标签中,点击刷新率旁边的上下箭头来改变它。点击"关闭"来返回到主窗口。刷新率会被立即改变。要手工刷新当前可以查看的文件,选择"文件"→"即刻刷新"。你可以在首选项的"日志文件"活页标签中改变日志文件的位置。从列表中选择日志文件,然后点击"编辑"按钮。键入日志文件的新位置,或点击"浏览"按钮来从文件选择对话框中定位文件位置。点击"确定"来返回到首选项窗口,然后点击"关闭"来返回到主窗口。

图 5.13　日志文件的位置

3. 添加日志文件

要在列表中添加一个日志文件,选择"编辑"→"首选项",然后点击"日志文件"活页标签中的"添加"按钮(图 5.14)。

图 5.14　添加日志文件

提供要添加的日志文件的名称、描述和位置。点击了"确定"后,该文件若存在就会立即被添加到查看区域。

4. 检查日志文件

日志查看器能够被配置来在包含报警词的行旁边显示一个报警图标;在包含警告词的行旁边显示一个警告图标。要添加报警词,从拉下菜单中选择"编辑"→"首选项",然后点击"报警"活页标签。点击"添加"按钮来添加报警词。要删除一个报警词,从列表中选择它,然后点击"删除"。报警图标显示在包含报警词的行的左侧(图 5.15)。

要添加警告词,从拉下菜单中选择"编辑"→"首选项",然后点击"警告"标签。点击"添加"按钮来添加警告词。要删除一个警告词,从列表中选择它,然后点击"删除"。警告图标显示在包含警告词的行的左侧(图 5.16)。

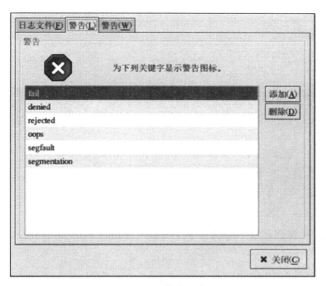

图 5.15   警告图标

图 5.16   警告图标

5.5   文件备份与恢复

5.5.1   文件的备份

Linux 的文件结构是一种树形结构，而且在系统运行的时候可以打包所有系统文件。特别要说的是在 Linux 的 root 账户上具备系统上的任何操作，这也是为什么要创建一个比较低级别的用户权限来防止系统误操作导致系统崩溃的原因了。下面看备份命令。

\# 切换到 root

```
sudo su
# 进入系统根目录
cd /
# 执行打包命令
tar cvpzf linuxbackup.tgz --exclude＝/proc --exclude＝/lost＋found
--exclude＝/linuxbackup.tgz --exclude＝/mnt --exclude＝/sys /
```

命令解释：

tar：linux 常用的打包程序；

cvpzf：式 tar 的参数，c—创建新文档；

v—处理过程中输出相关信息；

p—表示保持相同的权限；

z—调用 gzip 来压缩归档文件，与-x 联用时调用 gzip 完成解压缩；

f—对普通文件操作；

linuxbackup.tgz：要打包成的文件名；

--exclude＝/proc：排除/proc 目录，不打包这个目录，后面也同理，记得排除自身打包的文件名；

/：表示打包 Linux 根目录所有文件，当然排除的文件不包含在内。

整个过程理解起来意思就是，创建一个新的文件名"linuxbackup.tgz"压缩文件，它保存了排除指定目录后的文件，并且保存原有的权限设置，这里必须记下排除的目录，恢复的时候需要手动创建。具体哪些目录要排除在外，这个根据不同的环境和工作需要进行选择就是了。执行后等待一定时间就可以了，将这个"linuxbackup.tgz"拷贝到其他地方即可，备份完成了。

重点指出：在打包过程中不要进行任何的操作，否则会修改某些文件，在备份完后 tar 会提示错误。恢复也是一样。

5.5.2　文件的恢复

按照上面的方式备份完系统就可以使用该方法恢复你的备份文件了。如果系统崩溃了无法进入系统，那么可以借助引导 CD 或者其他引导系统进入，如果可以进入系统，首先拷贝该备份文件到"/目录"下，然后执行下面命令进行恢复系统：

```
# 提升到 root
sudo su
# 进入根目录
cd /
# 解压恢复系统
tar xvpfz linuxbackup.tgz -C /
```

等执行完后，别急着重启系统，要记得创建在备份时候排除的目录，手动创建，例如上面排除的，需创建：

```
mkdir proc
mdkir lost＋found
```

mkdir mnt

mkdir sys

这个时候就可以重启系统了。

5.6　网络文件系统 NFS

5.6.1　网络文件系统的配置

NFS 的配置过程相对简单。这个过程只需要对"/etc/rc.conf"文件作一些简单修改。

在 NFS 服务器这端,确认"/etc/rc.conf"文件里头以下开关都配上了:

rpcbind_enable="YES" nfs_server_enable="YES" mountd_flags="-r"

只要 NFS 服务被置为 enable,mountd 就能自动运行。

在客户端一侧,确认下面这个开关出现在"/etc/rc.conf"里头:

nfs_client_enable="YES"

"/etc/exports"文件指定了哪个文件系统 NFS 应该输出(有时被称为"共享")。"/etc/exports"里面每行指定一个输出的文件系统和哪些机器可以访问该文件系统。在指定机器访问权限的同时,访问选项开关也可以被指定。有很多开关可以被用在这个文件里头。

以下是一些/etc/exports 的例子:

下面是一个输出文件系统的例子,不过这种配置与网络环境及其配置密切相关。例如,如果要把 /cdrom 输出给予服务器域名相同的三台计算机(因此例子中只有机器名,而没有给出这些计算机的域名),或在"/etc/hosts"文件中进行了这种配置。-ro 标志表示把输出的文件系统置为只读。由于使用了这个标志,远程系统在输出的文件系统上就不能写入任何变动了。

/cdrom -ro host1 host2 host3

下面的例子可以输出/home 给三个以 IP 地址方式表示的主机。对于在没有配置 DNS 服务器的私有网络里头,这很有用。此外,"/etc/hosts"文件也可以用以配置主机名。-alldirs 标记允许子目录被作为挂载点。也就是说,客户端可以根据需要挂载需要的目录。

/home -alldirs 10.0.0.2 10.0.0.3 10.0.0.4

下面几行输出 /a,以便两个来自不同域的客户端可以访问文件系统。-maproot=root 标记授权远端系统上的 root 用户在被输出的文件系统上以 root 身份进行读写。如果没有特别指定 -maproot=root 标记,则即使用户在远端系统上是 root 身份,也不能修改被输出文件系统上的文件。

/a -maproot=root host.example.com box.example.org

为了能够访问到被输出的文件系统,客户端必须被授权。请确认客户端在/etc/exports 被列出。

在 /etc/exports 里头,每一行里面,输出信息和文件系统一一对应。一个远程主机每次只能对应一个文件系统,而且只能有一个默认入口。比如,假设 /usr 是独立的文件系统。这个 /etc/exports 就是无效的:

 # Invalid when /usr is one file system /usr/src client /usr/ports client

一个文件系统/usr,有两行指定输出到同一主机,client. 解决这一问题的正确的格式是：

/usr/src /usr/ports client

在同一文件系统中，输出到指定客户机的所有目录，都必须写到同一行上。没有指定客户机的行会被认为是单一主机。这个限制对绝大多数人来说不是问题。

下面是一个有效输出列表的例子，/usr 和 /exports 是本地文件系统：

\# Export src and ports to client01 and client02，but only \# client01 has root privileges on it /usr/src /usr/ports -maproot＝root client01 /usr/src /usr/ports client02 \# The client machines have root and can mount anywhere \# on /exports. Anyone in the world can mount /exports/obj read-only /exports -alldirs -maproot＝root client01 client02 /exports/obj -ro

在修改了"/etc/exports"文件之后，就必须让 mountd 服务重新检查它，以便使修改生效。

一种方法是通过给正在运行的服务程序发送 HUP 信号来完成：

\# **kill -HUP** 'cat /var/run/mountd.pid'

或指定适当的参数来运行 mountd rc(8) 脚本：

\# **/etc/rc.d/mountd onereload**

另外，系统重启动可以让 FreeBSD 把一切都弄好。尽管如此，重启不是必需的。以 root 身份执行下面的命令可以搞定一切。

在 NFS 服务器端：

\# **rpcbind ♯ nfsd -u -t -n** 4 ♯ **mountd -r**

在 NFS 客户端：

\# **nfsiod -n 4**

现在每件事情都应该就绪，以备挂载一个远端文件系统。在这些例子里头，服务器名字将是：server，而客户端的名字将是：client。如果你只打算临时挂载一个远端文件系统或者只是打算作测试配置正确与否，只要在客户端以 root 身份执行下面的命令：

\# **mount server：/home /mnt**

这条命令会把服务端的 /home 目录挂载到客户端的 /mnt 上。如果配置正确，你应该可以进入客户端的 /mnt 目录并且看到所有服务端的文件。

如果你打算让系统每次在重启的时候都自动挂载远端的文件系统，就把那个文件系统加到"/etc/fstab"文件里去。

5.6.2 网络文件系统的使用

（1）启动 NFS 的方法和启动其他服务器的方法类似，首先需要启动 portmap 和 NFS 这两个服务，并且 portmap 服务一定要先于 NFS 服务启动。

$ sudo /etc/init.d/portmap start

$ sudo /etc/init.d/nfs-kernel-server start

（2）停止 NFS 服务

在停止 NFS 服务的时候，需要先停止 NFS 服务再停止 portmap 服务，如果系统中还有其他服务需要使用 portmap 服务，则可以不停止 portmap 服务。

$ sudo /etc/init.d/nfs-kernel-server stop

$ sudo /etc/init.d/portmap stop

（3）重新启动 portmap 和 NFS 服务

$ sudo /etc/init.d/portmap restart

$ sudo /etc/init.d/nfs-kernel-server restart

（4）检查 portmap 和 NFS 服务状态

$ sudo /etc/init.d/portmap status

$ sudo /etc/init.d/nfs-kernel-server status

（5）设置自动启动 NFS 服务

① 检查 NFS 的运行级别：

$ sudo chkconfig --list portmap

$ sudo chkconfig --list nfs-kernel-server

② 在实际使用中，如果每次开启计算机之后都手工启动 NFS 服务是非常麻烦的，此时可以设置系统在指定的运行级别自动启动 portmap 和 NFS 服务。

$ sudo chkconfig --level 235 portmap on

$ sudo chkconfig --level 235 nfs-kernel-server on

思考题

5-1　文件系统的作用是什么？

5-2　简述 RAID 磁盘阵列的功能与优点。

5-3　哪一个日志文件记录发送到系统或从系统发出的电子邮件的活动？

5-4　请写出执行文件备份及文件恢复的命令语句。

第6章
系统管理与应用

本章学习要点

通过对本章的学习,读者应该了解 Linux 系统的 X 服务器与图形界面、运行级别、软件的安装与卸载、系统服务,其中读者应着重掌握 Linux 系统的 X 服务器与图形界面及软件的安装与卸载方法,X 服务器与图形界面是 Linux 系统与用户显示交互的基础呈现方式,而软件的安装与卸载是用户操作 Linux 系统的重要手段。

学习目标

(1)掌握 X 服务器与图形界面;

(2)了解 Linux 的运行级别;

(3)掌握软件的安装与卸载;

(4)了解 Linux 的系统服务。

6.1　系统信息查看与配置

Linux 系统中的/proc 目录是虚拟文件系统,其中许多文件都保存系统运行状态和相关信息。对于/proc 中的文件可使用文件查看命令浏览其文件中包含的系统特定信息,下面显示的信息均为计算机的软硬件测试信息。

1. 查看计算机 CPU 信息

使用如图 6.1 所示命令在 Linux 系统上查看 CPU 信息:

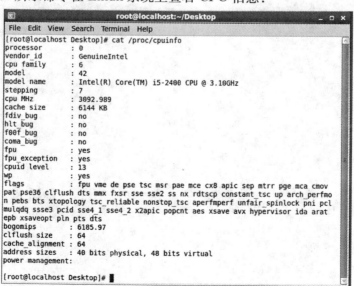

图 6.1

2. 查看主机 DMA 通道信息

使用如图 6.2 所示命令在 Linux 系统上查看 DMA 通道信息：

```
File  Edit  View  Search  Terminal  Help
[root@localhost Desktop]# cat /proc/dma
 4: cascade
```

图 6.2

3. 查看文件系统信息

使用如图 6.3 所示命令在 Linux 系统上查看文件系统信息：

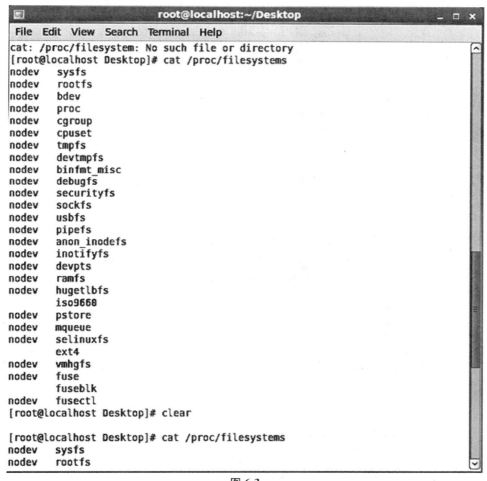

```
root@localhost:~/Desktop                    _ □ ×
File  Edit  View  Search  Terminal  Help
cat: /proc/filesystem: No such file or directory
[root@localhost Desktop]# cat /proc/filesystems
nodev    sysfs
nodev    rootfs
nodev    bdev
nodev    proc
nodev    cgroup
nodev    cpuset
nodev    tmpfs
nodev    devtmpfs
nodev    binfmt_misc
nodev    debugfs
nodev    securityfs
nodev    sockfs
nodev    usbfs
nodev    pipefs
nodev    anon_inodefs
nodev    inotifyfs
nodev    devpts
nodev    ramfs
nodev    hugetlbfs
         iso9660
nodev    pstore
nodev    mqueue
nodev    selinuxfs
         ext4
nodev    vmhgfs
nodev    fuse
         fuseblk
nodev    fusectl
[root@localhost Desktop]# clear

[root@localhost Desktop]# cat /proc/filesystems
nodev    sysfs
nodev    rootfs
```

图 6.3

4. 查看主机中断信息

使用如图 6.4 所示命令在 Linux 系统上查看主机中断信息：

```
root@localhost:~/Desktop
File  Edit  View  Search  Terminal  Help
[root@localhost Desktop]# cat /proc/interrupts
           CPU0
  0:        197   IO-APIC-edge      timer
  1:        330   IO-APIC-edge      i8042
  3:          2   IO-APIC-edge
  4:       1671   IO-APIC-edge
  7:          0   IO-APIC-edge      parport0
  8:          1   IO-APIC-edge      rtc0
  9:          0   IO-APIC-fasteoi   acpi
 12:       3783   IO-APIC-edge      i8042
 14:       4658   IO-APIC-edge      ata_piix
 15:       4239   IO-APIC-edge      ata_piix
 16:       1330   IO-APIC-fasteoi   Ensoniq AudioPCI
 17:      32907   IO-APIC-fasteoi   ehci_hcd:usb1, ioc0
 18:         87   IO-APIC-fasteoi   uhci_hcd:usb2
 19:        523   IO-APIC-fasteoi   eth0
 24:          0   PCI-MSI-edge      pciehp
 25:          0   PCI-MSI-edge      pciehp
 26:          0   PCI-MSI-edge      pciehp
 27:          0   PCI-MSI-edge      pciehp
 28:          0   PCI-MSI-edge      pciehp
 29:          0   PCI-MSI-edge      pciehp
 30:          0   PCI-MSI-edge      pciehp
 31:          0   PCI-MSI-edge      pciehp
 32:          0   PCI-MSI-edge      pciehp
 33:          0   PCI-MSI-edge      pciehp
 34:          0   PCI-MSI-edge      pciehp
 35:          0   PCI-MSI-edge      pciehp
 36:          0   PCI-MSI-edge      pciehp
 37:          0   PCI-MSI-edge      pciehp
 38:          0   PCI-MSI-edge      pciehp
 39:          0   PCI-MSI-edge      pciehp
 40:          0   PCI-MSI-edge      pciehp
 41:          0   PCI-MSI-edge      pciehp
 42:          0   PCI-MSI-edge      pciehp
```

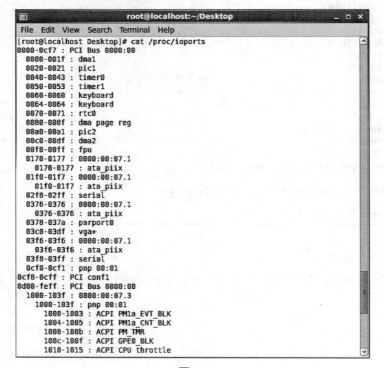

图 6.4

5. 查看主机 I/O 端口号信息

使用如图 6.5 所示命令在 Linux 系统上查看主机 I/O 端口号信息：

```
root@localhost:~/Desktop
File  Edit  View  Search  Terminal  Help
[root@localhost Desktop]# cat /proc/ioports
0000-0cf7 : PCI Bus 0000:00
  0000-001f : dma1
  0020-0021 : pic1
  0040-0043 : timer0
  0050-0053 : timer1
  0060-0060 : keyboard
  0064-0064 : keyboard
  0070-0071 : rtc0
  0080-008f : dma page reg
  00a0-00a1 : pic2
  00c0-00df : dma2
  00f0-00ff : fpu
  0170-0177 : 0000:00:07.1
    0170-0177 : ata_piix
  01f0-01f7 : 0000:00:07.1
    01f0-01f7 : ata_piix
  02f8-02ff : serial
  0376-0376 : 0000:00:07.1
    0376-0376 : ata_piix
  0378-037a : parport0
  03c0-03df : vga+
  03f6-03f6 : 0000:00:07.1
    03f6-03f6 : ata_piix
  03f8-03ff : serial
  0cf0-0cf1 : pnp 00:01
0cf8-0cff : PCI conf1
0d00-feff : PCI Bus 0000:00
  1000-103f : 0000:00:07.3
    1000-103f : pnp 00:01
      1000-1003 : ACPI PM1a_EVT_BLK
      1004-1005 : ACPI PM1a_CNT_BLK
      1008-100b : ACPI PM_TMR
      100c-100f : ACPI GPE0_BLK
      1010-1015 : ACPI CPU throttle
```

图 6.5

6. 查看计算机内存信息

使用如图 6.6 所示命令在 Linux 系统上查看主机内存信息：

```
root@localhost:~/Desktop
File  Edit  View  Search  Terminal  Help
[root@localhost Desktop]# cat /proc/meminfo
MemTotal:        1030528 kB
MemFree:           29904 kB
Buffers:           32792 kB
Cached:           766768 kB
SwapCached:            0 kB
Active:           255600 kB
Inactive:         654664 kB
Active(anon):      54488 kB
Inactive(anon):    59816 kB
Active(file):     201112 kB
Inactive(file):   594848 kB
Unevictable:           0 kB
Mlocked:               0 kB
HighTotal:        141256 kB
HighFree:            280 kB
LowTotal:         889272 kB
LowFree:           29624 kB
SwapTotal:       2064376 kB
SwapFree:        2064376 kB
Dirty:                12 kB
Writeback:             0 kB
AnonPages:        110728 kB
Mapped:            61420 kB
Shmem:              3596 kB
Slab:              71924 kB
SReclaimable:      38320 kB
SUnreclaim:        33604 kB
KernelStack:        1776 kB
PageTables:         6128 kB
NFS_Unstable:          0 kB
Bounce:                0 kB
WritebackTmp:          0 kB
CommitLimit:     2579640 kB
Committed_AS:     567780 kB
```

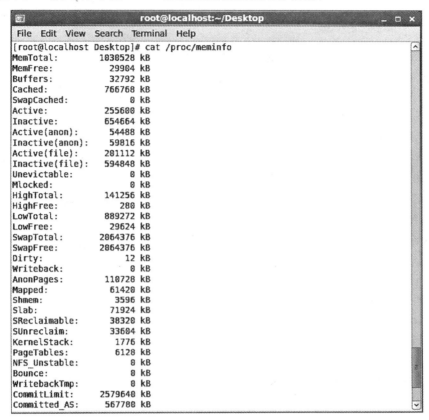

图 6.6

7. 查看 Linux 版本信息

使用如图 6.7 所示命令在 Linux 系统上查看 Linux 版本信息：

```
File  Edit  View  Search  Terminal  Help
[root@localhost Desktop]# cat /proc/version
Linux version 2.6.32-431.el6.i686 (mockbuild@c6b8.bsys.dev.centos.org) (gcc ve
rsion 4.4.7 20120313 (Red Hat 4.4.7-4) (GCC) ) #1 SMP Fri Nov 22 00:26:36 UTC
2013
```

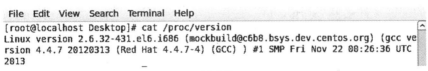

图 6.7

8. 查看 Linux 系统分区信息

使用如图 6.8 所示命令在 Linux 系统上查看系统分区信息：

```
root@localhost:~/Desktop
File  Edit  View  Search  Terminal  Help
[root@localhost Desktop]# cat /proc/partitions
major minor  #blocks  name

   8        0   20971520 sda
   8        1     307200 sda1
   8        2   18598912 sda2
   8        3    2064384 sda3
```

图 6.8

6.2　X 服务器与图形界面

6.2.1　X 服务器介绍

Xorg 是一个允许用户通过简单的设置来使用图形界面环境的 X Window 服务器。

1. 什么是 X Window 服务器？

Linux 提供了许多优秀的用户界面和环境，你可以在现有的系统基础上来对它们进行安装和设置。一种图形用户界面只不过是运行在系统上的一个应用程序。它不是 Linux 内核的一部分，也没有集成在你的系统里。它是一个可以为你的工作站提供图形化工作界面的强大工具。由于标准的重要性，有人为窗口的绘制和移动、通过鼠标的移动和键盘实现程序和用户间的互动，以及其他重要的方面创建了一种标准，这种标准就叫做 X Window 系统，它通常缩写为 X11 或者 X。它广泛应用于 Unix，Linux，以及其他类 Unix 操作系统上。为 Linux 用户提供运行图形化用户界面条件并且使用 X11 标准的应用程序是 Xorg-X11——XFree86 项目的一个分支。由于 XFree86 决定使用与 GPL 相悖的许可证，所以推荐使用 Xorg。

Xorg 项目创建并且拥有一个可供自由散布的开源 X11 系统实施方案。它是一个基于 X11 的开源桌面构架。Xorg 在你的硬件和你想运行的图形界面软件之间提供了一个接口。除此之外，Xorg 完全具有网络意识功能，这意味着当你在一个系统上运行某个程序，你同时可以在另一个系统上查看它。

2. 安装 Xorg

要安装 Xorg，你需要运行 emerge xorg-x11。但安装 Xorg 确实需要一段时间。

（1）安装 Xorg# emerge xorg-x11

安装结束后，你可能需要重新初始化一些变量后才能继续。你只需要运行 env-update 后再运行 source /etc/profile 就可完成这一工作。这些操作不会影响到你的系统。

（2）重新初始化环境变量# env-update# source /etc/profile

3. 配置 Xorg

Xorg 的配置文件名叫"xorg.conf"，它存在于/etc/X11。Xorg-X11 软件包提供了一个"/etc/X11/xorg.conf.example"的样本配置文件，你又可以参照它来设置你自己的配置。如果你需要更多的相关语法的帮助文档，我们强烈推荐你阅读 man 帮助手册。

（1）阅读 xorg.conf 帮助手册# man 5 xorg.conf

如何自动创建配置文件。

默认操作：自动创建 xorg.conf

Xorg 可以自动为你配置好大多数的选项。在多数情况下，你只需要修改其中的某些行列来调整你想要的分辨率。需要生成一个 Xorg 配置文件（希望它能正常工作）。

（2）创建 xorg.conf 文件# Xorg -configure

当 Xorg 检测完你的硬件后，请务必注意屏幕上的最后一行显示。如果它告诉你某个地方检测失败，那么你就不得不自己手工编辑一个"xorg.conf"文件；如果没有，那么它会告诉你 /root/xorg.conf.new 已经创建并可以供你测试了。

（3）测试你的"xorg.conf.new"文件# Xorg -config /root/xorg.conf.new

试着移动一下你的鼠标,看看键盘之类的东西是否能正常工作。在接下来的部分中,我们将优化 xorg.conf 以使它更好地适应你的硬件。现在转到其中一个终端窗口中,输入 exit (或者按下"Ctrl＋D")来终止 Xorg 的运行。如果你无法使用鼠标来完成窗口间的跳转,你可以按下"Ctrl＋Alt＋Backspace"来终止 X 服务器。

　　可选操作:半自动创建 xorg.conf

　　Xorg 提供了一个名叫 xorgconfig 的工具,它将询问你有关系统的各种信息(图形适配器、键盘……)。它将根据你输入的信息来创建"xorg.conf"文件。

　　(4)半自动创建 xorg.conf# xorgconfig

　　4. 优化 xorg.conf

　　(1)复制 xorg.conf

　　先将 xorg.conf.new 复制为/etc/X11/xorg.conf,这样就不必不断地运行 Xorg -config 了,直接输入 startx 显然要轻松得多。

　　(2)复制 xorg.conf# cp /root/xorg.conf.new /etc/X11/xorg.conf

　　现在运行 startx 来启动 X 服务器,它将使用刚才复制过来的文件作为配置文件。要结束 X 会话进程,只需要在活动的 xterms 中输入"exit"或者直接按下"Ctrl＋Alt＋Backspace"组合键即可。

6.2.2　桌面管理器与窗口管理器

　　Desktop Environment,即桌面环境。这是一个最新的也是最模糊的 X 术语。它基本的意思是指" Mac OS 和 Windows 的图形界面有,而 X 没有却应该有的东西"。通常是一组有着共同外观和操作感的应用程序和程序库,以及创建新的应用程序的方法。所有的窗口管理器和桌面环境都是运行在 X Window 之上的。KDE 是和一个叫 KWM 的窗口管理器一起的。GNOME 则没和任何窗口管理器做在一起,你可以使用任何你想用的窗口管理器,虽然有一些是特地为 GNOME 写的(Enlightenment 就是其中一个)。但是它们都需要 X 来运行。

　　窗口管理器和桌面环境是用户在 X Window 系统里的主要界面。窗口管理器只是个程序,它控制窗口的外表、位置和提供用户去操作这些窗口程序的方法。桌面环境为操作系统提供了一个较完整的图形操作界面和提供了一定范围和用途的实用工具和应用程序。

　　有很多的窗口管理器可供使用。一些已知很优秀的窗口管理器有 fvwm2,Window Maker,AfterStep,Enlightenment,Sawfish 和 Blackbox 等。

　　在 Linux 里可以使用的桌面环境有 GNOME、KDE 和 XFce。

　　选择一个合适的窗口管理器和桌面环境是个很主观的决定,至于选择哪个,倚赖于它们的外观,个人的使用感觉和对系统资源的需求(如内存、磁盘空间等),以及所包含的工具。

6.3　Linux 的运行级别

　　Linux 系统的运行级别 2008-06-03 09:58Linux 系统中,定义了如下几个运行级别(不同的发行版本中可能会有一些差异,这里指的是 redhat 和 fedora 中定义的标准级别):

　　0—— Halt

　　1—— Single-user mode

2— Multiuser mode，without networking

3— Full multiuser mode

4— Not used

5— Full multiuser mode（with an X-based login screen）

6— Reboot

对各个运行级的详细解释：

0 为停机，机器关闭。

1 为单用户模式，就像 Win9x 下的安全模式类似。

2 为多用户模式，但是没有 NFS 支持。

3 为完整的多用户模式，是标准的运行级。

4 一般不用，在一些特殊情况下可以用它来做一些事情。

例如在笔记本电脑的电池用尽时，可以切换到这个模式来做一些设置。

5 就是 X11，进到 X Window 系统了。

6 为重启，运行 init 6 机器就会重启。

6.3.1 运行级别的概念

Linux 启动时，运行一个叫做 init 的程序，然后由它来启动后面的任务，包括多用户环境、网络等。那么，到底什么是运行级呢？简单地说，运行级就是操作系统当前正在运行的功能级别。这个级别从 0 到 6，具有不同的功能。这些级别在"/etc/inittab"文件里指定。这个文件是 init 程序寻找的主要文件，最先运行的服务是那些放在/etc/rc.d 目录下的文件。

大多数的 Linux 发行版本中，启动脚本放在/etc/rc.d/init.d 目录下。这些脚本被 ln 命令来连接到 /etc/rc.d/rcn.d 目录（这里的 n 就是运行级 0—6）。例如/etc/rc.d/rc2.d 下面的 S10network 就是连接到/etc/rc.d/init.d 下的 network 脚本的。因此，我们可以知道 rc2.d 下面的文件就是和运行级 2 有关的。文件开头的 S 代表 start 就是启动服务的意思，后面的数字 10 就是启动的顺序。例如，在同一个目录下，你还可以看到 S80postfix 这个文件，80 就是顺序在 10 以后，因为没有启动网络的情况下，启动 postfix 是没有任何作用的。再看一下 /etc/rc.d/rc3.d，可以看到文件 S60nfslock，但是这个文件不存在于 /etc/rc.d/rc2.d 目录下。NFS 要用到这个文件，一般用在多用户环境下，所以放在 rc3.d 目录下。另外，在/etc/rc.d/rc2.d 还可以看到那些 K 开头的文件，例如/etc/rc.d/rc2.d/K45named，K 代表 kill。

标准的 Linux 运行级为 3 或者 5，如果是 3 的话，系统就处在多用户状态。如果是 5 的话，则是运行着 X Window 系统。如果目前正在 3 或 5，而你把运行级降低到 2 的话，init 就会执行 K45named 脚本。不同的运行级有不同的用处，也应该根据自己的不同情形来设置。例如，如果丢失了 root 口令，那么可以让机器启动进入单用户状态来设置。在启动后的 lilo 提示符下输入：

init=/bin/sh rw

就可以使机器进入运行级 1，并把 root 文件系统挂为读写。它会跳过所有系统认证，让你使用 passwd 程序来改变 root 口令，然后启动到一个新的运行级。

6.3.2 应用程序的运行级别管理

程序是保存在外部存储介质中的可执行代码和数据，是静态保存的代码。进程是程序代码在处理器中的运行,是动态执行的代码。操作系统在执行程序时,将程序代码由外部存储介质(如硬盘)读取到内部存储介质(内存)中,驻留在内存中的程序代码作为"进程"在中央处理器中被动态执行。

1. 查看进程命令

显示进程信息:ps 命令显示某时刻系统进程的状态信息;

显示进程状态:top 命令以全屏幕的方式显示系统中的进程状态,并定时刷新显示的内容;

显示系统进程树:pstree 命令以树的形式显示系统进程间的父子关系。

2. 进程启动方式

(1) 手动启动

由用户输入命令,直接执行一个程序。前台启动是普通的命令执行方式。后台启动需要在命令尾加入"&",例如:# cp/dev/cdrom mycd.iso &。

(2) 调度启动

使用 at 命令设置某个命令在某个时间,一次性地在系统中执行,crontab 命令设置在系统中需要周期性(如每天、每周等)完成任务。

3. 改变进程的运行方式

(1) 把当前终端中运行的进程调入后台

使用"Ctrl+Z"组合键可以将当前终端的进程调入后台,并停止执行。

(2) 查看后台的进程

Jobs 命令用于查看当前终端中后台的所有进程的状态。

例如:$　jobs　[1]+stopped　　　top

(3) 将后台的进程恢复到前台运行

fg 命令用于将后台的进程调入终端前台执行。

例如:$ fg 1

4. 终止进程运行

(1) 终止正在执行的命令

使用"Ctrl+C"组合键可以强制结束当前终端中运行的命令。

(2) 使用 kill 命令终止进程

例如:$ kill -9 2501 其中 kill 为命令名,-9 命令选项表示强制终止进程,2501 表示命令参数,需要终止运行的进程的进程号(可通过 ps 命令查询到)。

6.4　计划任务工具

Linux 任务调度的工作主要分为以下两类:

(1) 系统执行的工作:系统周期性所要执行的工作,如备份系统数据、清理缓存。

(2) 个人执行的工作:某个用户定期要做的工作,例如每隔 10 分钟检查邮件服务器是否有新信息,这些工作可由每个用户自行设置。

cron 是一个 Linux 下的定时执行工具,可以在无须人工干预的情况下运行作业。

任务调度的 crond 常驻命令:crond 是 Linux 用来定期执行程序的命令。当安装完成操作系统之后,默认便会启动此任务调度命令。crond 命令每分钟会定期检查是否有要执行的工作,如果有要执行的工作便会自动执行该工作。

1. 启动方式

(1) 由于 cron 是 Linux 的内置服务,但它不自动起来,可以用以下的方法启动、关闭这个服务:

/sbin/service crond start //启动服务

/sbin/service crond stop //关闭服务

/sbin/service crond restart //重启服务

/sbin/service crond reload //重新载入配置

(2) 也可以将这个服务在系统启动的时候自动启动:在/etc/rc.d/rc.local 这个脚本的末尾加上:/sbin/service crond start。

2. 参数与说明

cron 服务提供 crontab 命令来设定 cron 服务的,以下是这个命令的一些参数与说明:

crontab -u //设定某个用户的 cron 服务,一般 root 用户在执行这个命令的时候需要此参数

crontab -l //列出某个用户 cron 服务的详细内容

crontab -r //删除某个用户的 cron 服务

crontab -e //编辑某个用户的 cron 服务

例如:root 查看自己的 cron 设置:crontab -u root -l

例如:root 想删除 fred 的 cron 设置:crontab -u fred -r

在编辑 cron 服务时,编辑的内容有一些格式和约定,输入:crontab -u root -e

3. 任务调度设置文件的格式

具体格式如下:

Minute　　Hour　　Day　　Month　　Dayofweek　　command

分钟　　　小时　　天　　月　　　每星期的日期　　命令

每个字段代表的含义如下。

第一个字段:分钟,表示从一个小时的第几分钟来执行,范围:0~59;

第二个字段:小时,表示从一天的第几个小时来执行,范围:0~23;

第三个字段:天,表示从一个月的第几天来执行,范围:1~31;

第四个字段:月,表示从一年的第几个月来执行,范围:1~12;

第五个字段:周,表示从一周的第几天来执行,范围 0~6,其中 0 表示周日;

＊第六个字段:用户名,也就是要通过哪个用户来执行程序,一般省略;比如操作 mysql 服务器,可以定义用 mysql 用户来操作,这时要写上用户名。不过,对于 cron 来说意义不是太大,因为每个用户都有自己的 cron 配置文件。有些程序的启动必须用到 root 用户,这时只要修改 root 用户的 cron 配置文件就行了。在每个用户的配置文件中,不必指定用户名,而在全局配置文件中,一般要指定用户名。

第七个字段:执行的命令和参数。

在这些字段里,除了"Command"是每次都必须指定的字段以外,其他字段皆为可选字段,可视需要决定。对于不指定的字段,要用"＊"来填补其位置。

举例如下:

5	*	*	*	*	ls	指定每小时的第 5 分钟执行一次 ls 命令
30	5	*	*	*	ls	指定每天的 5：30 执行 ls 命令
30	7	8	*	*	ls	指定每月 8 号的 7：30 执行 ls 命令
30	5	8	6	*	ls	指定每年的 6 月 8 日 5：30 执行 ls 命令
30	6	*	*	0	ls	指定每星期日的 6：30 执行 ls 命令【注：0 表示星期天，1 表示星期一，以此类推，也可以用英文来表示，sun 表示星期天，mon 表示星期一等。】
30	3	10,20	*	*	ls	每月 10 号及 20 号的 3：30 执行 ls 命令【注："，"用来连接多个不连续的时段】
25	8—11	*	*	*	ls	每天8—11 点的第 25 分钟执行 ls 命令【注："—"用来连接连续的时段】
*/15	*	*	*	*	ls	每 15 分钟执行一次 ls 命令【即每个小时的第 0 15 30 45 60 分钟执行 ls 命令】
30	6	*/10	*	*	ls	每个月中，每隔 10 天 6：30 执行一次 ls 命令【即每月的 1、11、21、31 日是的 6：30 执行一次 ls 命令。】

每天 7：50 以 root 身份执行/etc/cron.daily 目录中的所有可执行文件

50	7	*	*	*	root	run-parts /etc/cron.daily 【注：run-parts 参数表示，执行后面目录中的所有可执行文件。】

4. 任务调度设置文件的语法

（1）新增调度任务

新增调度任务可用两种方法：

① 在命令行输入：crontab -e 然后添加相应的任务，wq 存盘退出。

② 直接编辑"/etc/crontab"文件，即 vi /etc/crontab，添加相应的任务。

（2）查看调度任务

crontab -l //列出当前的所有调度任务

crontab -l -u jp　　//列出用户 jp 的所有调度任务

（3）删除任务调度工作

crontab -r　　//删除所有任务调度工作

6.5　系统性能检测工具

1. 系统整体性能检测工具：uptime

例如：# uptime

09：40：52 up 5 days，57 min，1 user，load average：0.00，0.00，0.00

uptime 命令用于查看服务器运行了多长时间及有多少个用户登录，快速获知服务器运行的负载情况（load average），其值显示了最近 1-，5-，15 分钟的负荷情况。

load average 不是一个百分比，而是在队列中等待执行的进程的数量。如果进程要求 CPU 时间被阻塞（意味着 CPU 没有时间处理它），load average 值将增加。另一方面，如果每个进程都可以立刻得到访问 CPU 的时间,这个值将减少。在 CPU 数量不同的情况下,值有所不同。

   * UP kernel 下 load average 的最佳值是 1,而在一个多 CPU 的系统中这个值应除以物理 CPU 的个数,假设 CPU 个数为 4,而 load average 为 8 或者 10,那结果也是在 2 点多而已。

uptime 可以被用来判断一个性能问题是出现在服务器上还是网络上。例如,如果一个网络应用运行性能不理想,运行 uptime 检查系统负载是否比较高,如果不是,则这个问题更可能出现在网络上。

2. CPU 监测

(1) Top

Top 命令显示了实际 CPU 使用情况,默认情况下,它显示了服务器上占用 CPU 的任务信息并且每 5 秒刷新一次。你可以通过多种方式分类它们,包括 PID、时间和内存使用情况。

① 输出值的介绍

PID:进程标识

USER:进程所有者的用户名

PRI:进程的优先级

NI:Nice 级别

SIZE:进程占用的内存数量(代码＋数据＋堆栈)

RSS:进程使用的物理内存数量

SHARE:该进程和其他进程共享内存的数量

STAT:进程的状态:S＝休眠状态,R＝运行状态,T＝停止状态,D＝中断休眠状态,Z＝僵尸状态

%CPU:共享的 CPU 使用

%MEM:共享的物理内存

TIME:进程占用 CPU 的时间

COMMAND:启动任务的命令行(包括参数)

② 进程的优先级和 Nice 级别

进程优先级是一个决定进程被 CPU 执行优先顺序的参数,内核会根据需要调整这个值。Nice 值是一个对优先权的限制。进程优先级的值不能低于 Nice 值。(Nice 值越低优先级越高)

进程优先级是无法去手动改变的,只有通过改变 Nice 值间接地调整进程优先级。如果一个进程运行得太慢了,你可以通过指定一个较低的 Nice 值去为它分配更多的 CPU 资源。当然,这意味着其他的一些进程将被分配更少的 CPU 资源,运行更慢一些。Linux 支持 Nice 值的范围是 19(低优先级)到−20(高优先级),默认的值是 0。如果需要改变一个进程的 Nice 值为负数(高优先级),必须使用 su 命令登录到 root 用户。下面是一些调整 Nice 值的命令示例:

以 Nice 值−5 开始程序 xyz

nice-n -5 xyz

改变已经运行的程序的 Nice 值

renice level pid

　　将 pid 为 2500 的进程的 Nice 值改为 10

renice 10 2500

③ 僵尸进程

当一个进程被结束，在它结束之前通常需要用一些时间去完成所有的任务（比如关闭打开的文件），在一个很短的时间里，这个进程的状态为僵尸状态。在进程完成所有关闭任务之后，会向父进程提交它关闭的信息。有些情况下，一个僵尸进程不能关闭它自己，这时这个进程状态就为 z(zombie)。不能使用 kill 命令杀死僵尸进程，因为它已经标志为"dead"。如果无法摆脱一个僵尸进程，可以杀死它的父进程，这个僵尸进程也就消失了。然而，如果父进程是不能杀死的 init 进程（因为 init 是一个重要的系统进程），这种情况下只能通过一次重新启动服务器来摆脱僵尸进程。

（2）mpstat

语法：mpstat［options…］［〈interval〉［〈count〉］］

例如：# mpstat 1

Linux 2.6.9-89.ELsmp（WebServer）　　　　08/18/09

	CPU	%user	%nice	%system	%iowait	%irq	%soft	%idle	intr/s
10：08：25	CPU	%user	%nice	%system	%iowait	%irq	%soft	%idle	intr/s
10：08：26	all	0.00	0.00	0.00	0.00	0.00	0.00	100.00	1005.00
10：08：27	all	0.00	0.00	0.00	0.12	0.00	0.00	99.88	1031.00
10：08：28	all	0.00	0.00	0.00	0.00	0.00	0.00	100.00	1009.00
10：08：29	all	0.00	0.00	0.00	0.00	0.00	0.00	100.00	1030.00
10：08：30	all	0.00	0.00	0.00	0.00	0.00	0.00	100.00	1006.00

　　CPU　　　　　（处理器编号，all 表示所有处理器的平均数值）

　　%user　　　　（用户态的 CPU 利用率百分比）

　　%nice　　　　（用户态的优先级别 CPU 的利用率百分比）

　　%system　　　（内核态的 CPU 利用率百分比）

　　%iowait　　　（在 interval 间段内 io 的等待百分比，interval 为采样频率，如本文的 1 为每一秒采样一次）

　　%irq　　　　　（在 interval 间段内，CPU 的中断百分比）

　　%soft　　　　（在 interval 间段内，CPU 的软中断百分比）

　　%idle　　　　（在 interval 间段内，CPU 的闲置百分比，不包括 I/O 请求的等待）

　　intr/s　　　　（在 interval 间段内所有的 CPU 每秒中断数）

3. 内存监测：vmstat

vmstat 命令提供了对进程、内存、页面 I/O 块和 CPU 等信息的监控，vmstat 可以显示检测结果的平均值或者取样值，取样模式可以提供一个取样时间段内不同频率的监测结果。

语法：vmstat［-V］［-n］［delay［count］］

vmstat 1

procs			---memcry---			--swap--		---io---		---system---		---cpu--			
r	b	swpd	free	buff	cache	si	so	bi	bo	in	cs	us	sy	id	wa	
0	0	0	29377720	76724	3249428	0	0	0	1	4	8	0	0	100	0	
0	0	0	29377720	76724	3249428	0	0	0	0	1031	76	0	0	100	0	
0	0	0	29377720	76724	3249428	0	0	0	0	1010	34	0	0	100	0	
0	0	0	29377720	76724	3249428	0	0	0	0	1028	78	0	0	100	0	
0	0	0	29377720	76724	3249428	0	0	0	0	1025	32	0	0	100	0	
0	0	0	29377720	76724	3249428	0	0	0	36	1049	85	0	0	100	0	
0	0	0	29377720	76724	3249428	0	0	0	0	1025	28	0	0	100	0	
0	0	0	29377720	76724	3249428	0	0	0	0	1028	78	0	0	100	0	
0	0	0	29377720	76724	3249428	0	0	0	0	1006	36	0	0	100	0	

- process(procs)

  r：等待运行时间的进程数量

  b：处在不可中断睡眠状态的进程

- memory

swpd：虚拟内存的数量

  free：空闲内存的数量

  buff：用作缓冲区的内存数量

cache：作为 page cache 的内存，文件系统的 cache

- swap

  si：从硬盘交换来的数量

  so：交换到硬盘去的数量

- IO

  bi：向一个块设备输出的块数量

  bo：从一个块设备接收的块数量

- system

  in：每秒发生的中断数量，包括时钟

  cs：每秒发生的 context switches 的数量

- cpu(整个 cpu 运行时间的百分比)

  us：非内核代码运行的时间(用户时间，包括 Nice 时间)

  sy：内核代码运行的时间(系统时间)

  id：空闲时间，在 Linux 2.5.41 之前的内核版本中，这个值包括 I/O 等待时间

  wa：等待 I/O 操作的时间，在 Linux 2.5.41 之前的内核版本中这个值为 0

4．网络监测：lsof

lsof(list open files)是一个列出当前系统打开文件的工具。在 Linux 环境下，任何事物都以文件的形式存在，通过文件不仅仅可以访问常规数据，还可以访问网络连接和硬件。

在终端下输入 lsof 即可显示系统打开的文件，因为 lsof 需要访问核心内存和各种文件，所以必须以root 用户的身份运行它才能够充分地发挥其功能。

COMMAND	PID	USER	FD	TYPE	DEVICE	SIZE	NODE	NAME
Init	1	root	cwd	DIR	3,3	1024	2	/
Init	1	root	rtd	DIR	3,3	1024	2	/
Init	1	root	txt	REG	3,3	38432	1763452	/sbin/init

lsof 输出各列信息的意义如下。

COMMAND:进程的名称

PID:进程标识符

USER:进程所有者

FD:文件描述符,应用程序通过文件描述符识别该文件,如 cwd、txt 等

TYPE:文件类型,如 DIR、REG 等

DEVICE:指定磁盘的名称

SIZE:文件的大小

NODE:索引节点(文件在磁盘上的标识)

NAME:打开文件的确切名称

常用的参数列表:

lsof filename 显示打开指定文件的所有进程

lsof -a 表示两个参数都必须满足时才显示结果

lsof -c string 显示 COMMAND 列中包含指定字符的进程所有打开的文件

lsof -u username 显示所属 user 进程打开的文件

lsof -g gid 显示归属 gid 的进程情况

lsof ＋d /DIR/显示目录下被进程打开的文件

lsof ＋D /DIR/同上,但是会搜索目录下的所有目录,时间相对较长

lsof -d FD 显示指定文件描述符的进程

lsof -n 不将 IP 转换为 hostname,缺省是不加上-n 参数

lsof -i 用以显示符合条件的进程情况

lsof -i［46］［protocol］［@hostname｜hostaddr］［：service｜port］

注:46 -->IPv4 or IPv6

　protocol -->TCP or UDP

　hostname -->Internet host name

　hostaddr -->IPv4 地址

　service -->/etc/service 中的 service name(可以不止一个)

　port -->端口号(可以不止一个)

6.6　软件的安装与卸载

6.6.1　rpm 方式的软件包管理

rpm 包有五项基本操作(不包括软件包构建):安装,删除,升级,查询和校验。

1. rpm 包的名称格式

典型的 rpm 包的格式如下:Jjdfki-1.0-1.i386.rpm

该文件名包括软件包名称:jjdfki;软件版本号"1.0",包括主版本号和次版本号;"i386"是软件运行的硬件平台;"rpm"是文件的扩展名。

2. 安装

命令:rpm -i RPM 包的全路径文件名

要显示安装信息和进度命令:rpm -i RPM 包的全路径文件名,如果要安装的 rpm 包非常大,最好显示安装信息和进度。

3. 删除

命令格式：rpm -e RPM 包名称

此处的包名称是指要删除的软件包的名称而不是安装命令中的软件包安装文件名；

举例：如果 Linux 中已经安装了一种智能输入法，要安装其他输入法，将原来的删除掉；

rpm-e minichinaput：删除自带输入法，进入新的输入法目录下；

rpm-ivh fcitx -1.8.5-.rpm：安装新的输入法；重启 Linux 后生效。

4. 升级

命令格式：rpm -U RPM 包的全路径文件名

rpm-U 用指定的 rpm 软件包对当前系统中统一软件进行升级，软件包中的版本必须比当前系统中的软件版本要高，否则提示软件已安装。如果当前系统中没有安装该软件的话，直接安装软件。

5. 查询

命令格式：

rpm - q 查询所有安装包的数据库；

rpm - qa 查询所有已安装的软件包；

rpm - qi 软件包的显示信息（名称 描述 软件版本 大小 制造日期 生产商）；

rpm - f〈file〉查询拥有〈file〉的软件包；

rpm - q〈packfile〉查询软件包〈packfile〉。

6. 校验已经安装的软件包

用于检验安装的文件与原始软件包同一文件的信息：

最简单的命令 rpm -V fcitx；如果要校验某一特定文件的软件包：rpm -Vf /bin/vi；校验所有包；rpm -Va。

根据 rpm 软件包校验安装了的软件包 rpm -Vp fctix-1.8.5-1.rpm。

6.6.2　DEB 方式的软件包管理

DEB 是 Debian 软件包格式的文件扩展名。Debian 包是 Unixar 的标准归档，将包文件信息及包内容，经过 gzip 和 tar 打包而成。

处理这些包的经典程序是 dpkg，经常是通过 Debian 的 apt-get 来运作。

通过 Alien 工具，可以将 DEB 包转换成 rpm、tar.gz 格式。

DEB 包在 Linux 操作系统中类似于 Windows 中的软件包（exe），几乎不需要什么复杂的编译即可通过鼠标点击安装使用。

对其操作，需要使用 dpkg 命令。下面介绍 dpkg 工具的参数和使用方法，并以 IBM Lotus Notes 在 UBUNTU 904 安装为例做具体说明。

1. DPKG 命令常用参数

DPKG 的常规使用方法为 dpkg -? Package(.rpm)，其中 -? 为安装参数（更多信息，请查阅帮助 $ man rpm）：

- -l 在系统中查询软件内容信息；
- --info 在系统中查询软件或查询指定 rpm 包的内容信息；
- -i 在系统中安装升级软件；

- -r 在系统中卸载软件,不删除配置文件;
- -P 在系统中卸载软件及其配置文件。

2. DPKG 命令参数使用方法

安装 DEB 包命令

```
$ sudo dpkg -i package.deb
```

升级 DEB 包命令

```
$ sudo dpkg -i package.deb（和安装命令相同）
```

卸载 DEB 包命令

```
$ sudo dpkg -r package.deb # 不卸载配置文件
或
$ sudo dpkg -P package.deb # 卸载配置文件
```

查询 DEB 包中包含的文件列表命令

```
$ sudo dpkg-deb -c package.deb
```

查询 DEB 包中包含的内容信息命令

```
$ dpkg --info package.deb
```

查询系统中所有已安装的 DEB 包

```
$ dpkg -l package
```

6.6.3　源码方式的软件包管理

以源代码发布的软件安装包扩展名一般为.tar、tar.gz、tar.Z 和 tar.bz2,这些压缩包可以直接在图形界面下通过右键快捷菜单中"解压缩到此处"解压,然后进入软件包解压缩后的目录,阅读相关说明文件,如 readme、install 等文本文件,了解该软件安装的需求、配置参数和注意事项等,一般来说多数软件的安装步骤基本为将源代码文件在本机编译成二进制文件的安装过程。

通常所具备的几个步骤如下。

(1)下载:以源代码方式发布的软件包通常是以.tar.gz、.tar.bz2 或 .tgz 扩展名结尾的单个压缩文档。

(2)解包

语法:tar -zxvf　　 ==>　　 *.tar.gz 、*.tgz

语法:tar -jxvf　　 ==>　　 *.tar.bz2

(3)阅读必要的文档

解包源代码之后,可以进入解包的目录并检查其中的内容。最好是能找到所有与安装有关的文档。通常,这一信息可以在位于主源代码目录的 README 或 INSTALL 文件中找到。

另外,可以查找"README.platform"和"INSTALL.platform"文件,这里的 platform 通常是特定操作系统或计算机架构的名称。

(4)配置　./configure

eg:

./configure --prefix=/usr/local/mysql

配置过程完成后,配置脚本将它所有的配置数据存储在一个名为"config.cache"的文件中。如果在更新系统配置后需要再次运行 ./configure,请确保先执行 $ rm config.cache 命令;否则配置脚本将只使用旧的设置而不重新检查系统。

（5）编译并安装

$ make　　　　　//编译

$ make check　　//检查

make install　　//安装,需要 root 权限

make clean　　//卸载

6.7 Linux 的系统服务

1. 如何关闭不必要的 Linux 系统服务

chkconfig --list 显示

chkconfig [service] off 关闭其中一个服务

关闭服务:service 服务名 stop

2. 守候进程名字功能对照表

amd:自动安装 NFS(网络文件系统)守候进程

apmd:高级电源管理

Arpwatch:记录日志并构建一个在 LAN 接口上看到的以太网地址和 IP 地址对数据库

Autofs:自动安装管理进程 automount,与 NFS 相关,依赖于 NIS

Bootparamd:引导参数服务器,为 LAN 上的无盘工作站提供引导所需的相关信息

crond:Linux 下的计划任务

Dhcpd:启动一个 DHCP(动态 IP 地址分配)服务器

Gated:网关路由守候进程,使用动态的 OSPF 路由选择协议

Httpd:Web 服务器

Inetd:支持多种网络服务的核心守候程序

Innd:Usenet 新闻服务器

Linuxconf:允许使用本地 Web 服务器作为用户接口来配置机器

Lpd:打印服务器

Mars-nwe:mars-nwe 文件和用于 Novell 的打印服务器

Mcserv:Midnight 命令文件服务器

named:DNS 服务器

netfs:安装 NFS、Samba 和 NetWare 网络文件系统

network:激活已配置网络接口的脚本程序

nfs:打开 NFS 服务

nscd:nscd(Name Switch Cache daemon)服务器,用于 NIS 一个支持服务,它高速缓存用户口令和组成成员关系

portmap:RPC portmap 管理器,与 inetd 类似,它管理基于 RPC 服务的连接

postgresql：一种 SQL 数据库服务器

routed：路由守候进程，使用动态 RIP 路由选择协议

rstatd：一个为 LAN 上的其他机器收集和提供系统信息的守候程序

ruserd：远程用户定位服务，这是一个基于 RPC 的服务，它提供关于当前记录到 LAN 上一个机器日志中的用户信息

rwalld：激活 rpc.rwall 服务进程，这是一项基于 RPC 的服务，允许用户给每个注册到 LAN 机器的其他终端写消息

rwhod：激活 rwhod 服务进程，它支持 LAN 的 rwho 和 ruptime 服务

sendmail：邮件服务器 sendmail

smb：Samba 文件共享/打印服务

snmpd：本地简单网络管理进程

squid：激活代理服务器 squid

syslog：一个让系统引导时启动 syslog 和 klogd 系统日志守候进程的脚本

xfs：X Window 字型服务器，为本地和远程 X 服务器提供字型集

xntpd：网络时间服务器

ypbind：为 NIS(网络信息系统)客户机激活 ypbind 服务进程

yppasswdd：NIS 口令服务器

ypserv：NIS 主服务器

gpm：管鼠标的

identd：AUTH 服务，在提供用户信息方面与 finger 类似

思考题

6-1　Linux 系统下桌面环境的通用协议是什么？

6-2　请简述 Linux 系统的运行级别。

6-3　Linux 任务调度的工作主要分为哪两类？

6-4　安装 rpm 软件包的命令有哪些？

6-5　以源代码发布的软件安装包扩展名有哪些？

第三篇　网络篇

第7章
网络应用服务器

本章学习要点

　　通过对本章的学习,读者应该了解 Linux 系统与 Windows 之间的远程访问与共享、Web 和 FTP 服务、MAIL 邮箱服务、CUPS 打印服务管理、DNS 域名解析服务、DHCP 服务器管理等内容,其中读者应着重掌握 Linux 系统与 Windows 的远程访问与共享、Web 和 FTP 服务及 DNS、DHCP 服务器管理,这些内容是 Linux 网络服务管理的基础服务,是配置服务器之本。

学习目标

　　(1) 掌握 Linux 与 Windows 的远程访问与共享;
　　(2) 掌握 Web 和 FTP 服务;
　　(3) 了解 MAIL 邮箱服务;
　　(4) 了解 CUPS 打印服务管理;
　　(5) 掌握 DNS 域名解析服务;
　　(6) 掌握 DHCP 服务器管理。

7.1　与 Windows 的远程访问与共享

7.1.1　使用 rdesktop 访问 Windows

　　rdesktop 是 Unix 和 Linux 系统的一个远程桌面连接软件,它通过 Microsoft Windows NT、Windows 2000 提供的终端服务(terminal services)及 Windows XP 的远程桌面服务(remote desktop),能在 Linux 系统下远程登录 Windows 的窗口系统并使用。

　　如果你想在本机访问远程的 Linux 窗口系统,并需运行和显示图形程序,Linux 提供了对图形用户界面(GUI)远程访问的广泛支持。

　　本机为 Linux 或 Unix 系统,现在设想登录到远程主机 rhostname 上,运行 gimp 程序,并把它的显示输出到本机的屏幕上,那么需要依次执行以下操作:
　　(1) 启动 X 服务器
　　　　# xhost ＋rhostname (允许远程 rhostname 机使用本机的 X Server)
　　(2) telnet (或 ssh)登录远程主机
　　　　# telnet rhostname
　　(3) 设置 DISPLAY 环境变量
　　　　指定了一个显示设备,所有的图形程序都将显示到这个设备。
　　　　DISPLAY 的格式为:hostname:displaynumber.screennumber。

hostname 是本机主机名，或者是它的 IP 地址。一般 displaynumber、screennumber 都是 0。

    # echo ＄SHELL

如果返回的是 /bin/ksh，那么可以用：# export DISPLAY＝ 本机的 IP 地址：0.0

如果返回的是 /bin/csh，那么可以用：# setenv DISPLAY 本机的 IP 地址：0.0

如果返回的是 /bin/bash，那么可以用：# DISPLAY＝ 本机的 IP 地址：0.0

    # export DISPLAY

（4）启动 gimp 程序

    # gimp

7.1.2　使用 VNC 访问 Windows

网络遥控技术是指由一部计算机（主控端）去控制另一部计算机（被控端），而且当主控端在控制端时，就如同用户亲自坐在被控端前操作一样，可以执行被控端的应用程序及使用被控端的系统资源。

VNC（Virtual Network Computing）是一套由 AT&T 实验室所开发的可操控远程的计算机的软件，其采用了 GPL 授权条款，任何人都可免费取得该软件。VNC 软件主要由两个部分组成：VNC server 及 VNC viewer。用户需先将 VNC server 安装在被控端的计算机上后，才能在主控端执行 VNC viewer 控制被控端。

VNC server 与 VNC viewer 支持多种操作系统，如 Unix 系列（Unix，Linux，Solaris 等），Windows 及 MacOS，因此可将 VNC server 及 VNC viewer 分别安装在不同的操作系统中进行控制。如果目前操作的主控端计算机没有安装 VNC viewer，也可以通过一般的网页浏览器来控制被控端。

VNC 的主要工作原理是在服务器端运行 VNC server 服务，然后在客户端就可以远程连接服务器端桌面了。

1. 首先需要开启 Windows 上的远程桌面

（1）打开控制面板（图 7.1）；

图 7.1

（2）打开管理工具（图 7.2）；

图 7.2

（3）打开"服务"并找到 Terminal Services（图 7.3）；

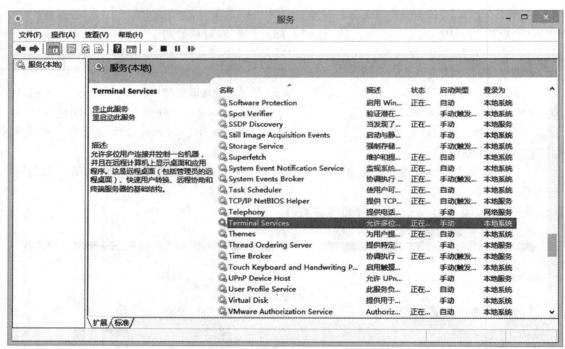

图 7.3

（4）确认 Terminal Services 是否已经开启（图 7.4）。

然后右击"我的电脑"依次选择"属性"→"远程"；

如图 7.4 所示选择"允许用户远程连接到此计算机"并选择"远程用户"，至此 Windows 的远程桌面就设置完毕。这里可能要注意 Windows 防火墙的设置，Windows 远程桌面需要用到的端口是 tcp3389。如果修改端口，打开"开始"—"运行"，输入"regedit"进入注册表，然后找到 HKEY _ LOCAL _ MACHINE \ SYSTEM \ CurrentControlSet \ Control \ TerminalServer\Wds\rdpwd\Tds\tcp 下的 Port Namber，将它的值改为你想要的端口值就

可以了,如 1234,如图 7.5 所示;

图 7.4

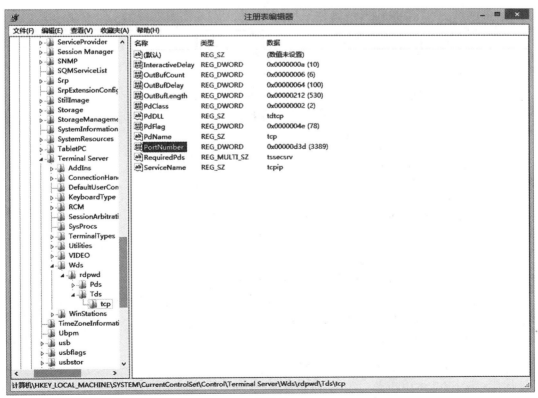

图 7.5

163

然后找到 HKEY_LOCAL_MACHINE\SYSTEM\CurrentControlSet\Control\Terminal-Server\WinStations\RDP-Tcp，将 Port Number 的值改为十进制的 1234，如图 7.6 所示；

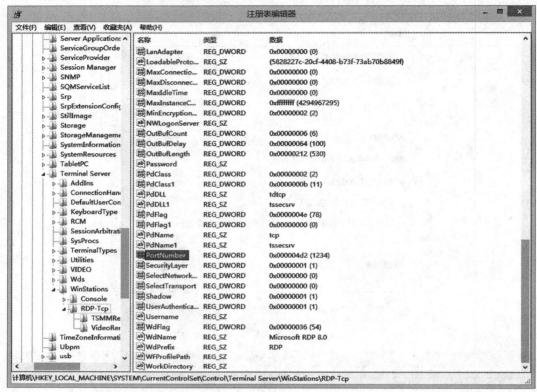

图 7.6

这样，如果直接在客户端输入 IP 或计算机名就没办法访问了，要访问必须输入 IP 或计算机名加上：端口，如：119.0.0.100：1234 来访问了。

2. 在 Linux 上配置访问远程桌面的软件

这里我们需要安装 rdeskto 和 tsclient，其中 rdesktop 是基于命令行的工具，tsclient 只是一个图形化的界面，依赖于 rdesktop。

登录 GNOME 后打开终端；

$ yum install rdesktop

$ yum install tsclient

安装完毕后。

BTW：其他版本 Linux 下载源码编译的地址如下：

rdesktop download address：

http://sourceforge.net/projects/rdesktop/

tsclient download address：

http://sourceforge.net/projects/tsclient/

使用 rdesktop 来访问 Windows 远程桌面，只需要 $ rdesktop -f -a 16 119.0.0.100：1234 即可，如图 7.7 所示。参数请到 man rdesktop 查询。

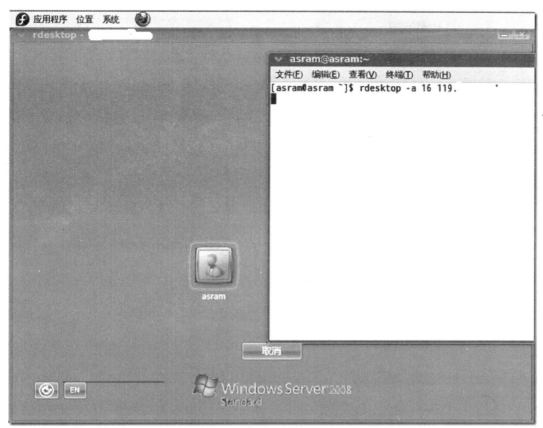

图 7.7

使用 tsclient(图 7.8)；

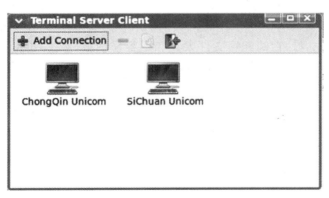

图 7.8

选择 Add Connection(图 7.9)；

如图 7.9 所示填写 Windows 远程服务器的信息。

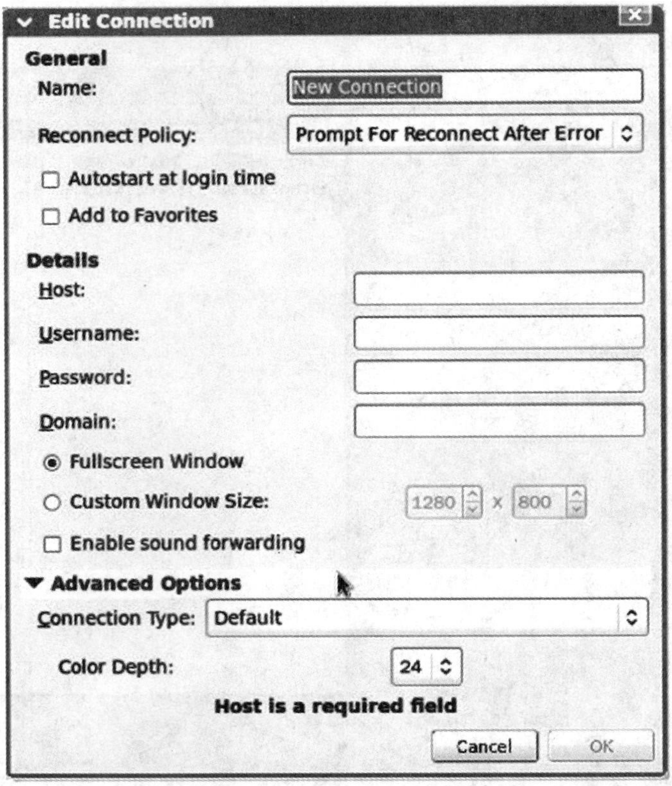

图 7.9

7.1.3　使用 Samba 实现与 Windows 共享

随着 Linux 的普及和大众化，Linux 下的文件共享成为用户关心的首要问题。其实几乎所有的 Linux 发行套件都提供了一个很好的工具 Samba，可以轻松实现文件共享。Samba 是基于 SMB 协议的一个应用程序，目前的版本是 2.3.x。Samba 的功能很强大，但易用性也极差。究其原因是它的配置文件太大和不容易理解，新手和熟手都对其望而却步。其实仅仅实现文件共享这一单纯目的，配置 Samba 很简单，只需熟悉几个操作即可。下面用一个例子说明这几个操作。

假设你已熟悉 Linux 的基本操作，例如 VI 编辑器的使用、基本的操作文件命令。

现在我们有三台 PC，一台安装了 Window2000，名字是 test2000，其上有共享文件夹 share；其余两台安装了 Linux，一台名字是 testsamba，其上有一目录/pub；另一台名字是 testlinux，其上也有一目录/pub。我们要实现的目标是把 testsamba 上的/pub 共享，供 test2000 和 testlinux 的使用。

对 testsamba 我们进行下面操作：

在/etc/下找到 smb.conf，用 VI 编辑器打开，# vi /etc/smb.conf 或 vi /etc/samba/smb.conf 在【gobal】字段下，添 netbios 记录，一般加在 workgroup 记录的下一行；netbios name＝testsamba 在【gobal】字段下，修改 secrity 记录；secrity＝share 在【public】字段下，修改 path 记录；path＝/pub 在【public】字段下，添加 geuest ok 记录；guest ok＝yes 删除【public】字段

每行行首的";"标示;保存退出。

简单解释一下,添加的 netbios name 是可以在 test2000 网络邻居中看得见的机器名;添加的/pub 是可以在网络邻居中看见的共享目录;添加"guest ok"是允许所有用户都可以通过 guest 账户访问共享;删除";"标示是要整个【public】字段成为可执行。

现在/pub 就成为可以被 test2000 和 testlinux 两台机器共享的目录了。

在 testsamba 下,为使用 test2000 下的共享文件夹可以进行以下操作:

smbclient -L //test2000

此命令为查看 test2000 下的共享情况,注意在系统要求输入 password 时,直接回车即可进入 test2000,此时屏幕上列出 test2000 下的共享。

smbclient\\\\test2000\\share -U share (或 smbmount //test2000/share /pub)

此命令可进入 test2000 的 share 目录,屏幕上出现 MS－DOS 的提示符:\时说明用户进入了 share 目录。此时可以在提示符后输入"?",查找你可使用的命令。

在 test2000 下,使用 testsamba 的共享目录/pub,可以进行以下操作:

查找计算机 testsamba,当 testsamba 目标出现时,双击图标 pub,即可进入共享文件夹 pub 了。

在 testlinux 下,使用 testsamba 的共享目录 pub,可进行如下操作(假设已知 pub 存在):# smbmount //testsamba/pub pub

此命令可把 testsamba 下的 pub 挂到本机的 pub 上,同时在系统要求输入 password 时,直接回车,接着依次输入# cd /pub/pub、#ls,屏幕即列出 testsamba 的 pub 目录下的文件了。

这样 Win2000 和 Linux 就实现文件共享了。

7.1.4　Kerberos 验证

1. Kerberos 简介

Internet 上的很多协议本身并不提供安全属性。怀有恶意的 hackers 用"sniff"等工具试探口令是非常普遍的事,因此在网络上不经加密就传送口令是很不安全的。许多网站使用防火墙来解决安全问题,但是,防火墙都是假定攻击都来自外部,但事实常常不是这样,许多攻击事件都是内部人员所为,而且防火墙还有一个缺点就是会对正常的用户使用 Internet 造成一定的限制。

由 MIT 开发的 Kerberos 协议就是针对这样的网络安全问题的。Kerberos 协议使用了强密码,以使 client 能够通过一个不安全的 Internet 连接,向 server 证明他的身份。在 client 和 server 用 Kerberos 证明了各自的身份后,还可以对数据加密,从而保证数据的保密性和完整性。Kerberos 是一个分布式的认证服务,它允许一个进程(或客户)代表一个主体(或用户)向验证者证明他的身份,而不需要通过网络发送那些有可能会被攻击者用来假冒主体身份的数据。Kerberos 还提供了可选的 client 和 server 间数据通信的完整性和保密性。Kerberos 是在 20 世纪 80 年中期作为美国麻省理工学院"雅典娜计划"(Project Athena)的一部分被开发的。Kerberos 要被用于其他更广泛的环境时,需要做一些修改以适应新的应用策略和模式,因此,从 1989 年开始设计了新的 Kerberos 第 5 版(Kerberos V5)。尽管 V4 还在被广泛使用,但一般将 V5 作为是 Kerberos 的标准协议。

Kerberos 是古希腊神话中守卫地狱入口的长着三个头的狗。麻省理工学院之所以将其认证协议命名为 Kerberos,是因为他们计划通过认证、清算和审计三个方面来建立完善的安全机制,但目前清算和审计功能的协议还没有实现。

认证是指通过验证发送的数据来判断身份,或验证数据的完整性。主体(principal)是要被验证身份的一方。验证者(verifier)是要确认主体真实身份的一方。数据完整性是确保收到的数据和发送的数据是相同,即在传输过程中没有经过任何篡改。认证机制根据所提供的确定程度有所不同,根据验证者的数目也有所不同:有些机制支持一个验证者,而另一些则允许多个验证者。另外,有些认证机制支持不可否认性,有些支持第三方认证。认证机制的这些不同点会影响到它们的效能,所以应根据具体应用的需求来选择合适的认证方式就非常重要。例如,对电子邮件的认证就需要支持多个验证者和不可否认性,但对延时没有要求。相比之下,性能比较差的机制会导致认证请求频繁的服务器出现问题。

现代的计算机系统一般都是多用户系统,因此它对用户的请求要能够准确地鉴别。在传统的系统中,都是通过检测用户登录时键入的口令来认证身份的,系统通过与记录文件对比从而来判定提供什么类型的服务。这种验证用户身份的操作被称为认证。基于口令的身份认证是不适于计算机网络的。窃听能很容易窃取到通过网络传输的口令,随后就可以用口令假冒合法用户登录。尽管这种缺陷早就被人认识到了,但直到在 Internet 上造成了很大的危害才被引起重视。当使用基于密码学的认证时,攻击者通过网络窃听不到任何能使他假冒身份的信息。Kerberos 就是这种应用的一个最典型的例子。Kerberos 提供了在开放的网络上验证主体(如工作站用户或网络服务器)身份一种方式。它是建立在所有的数据包可以被随意地读取、修改和插入这样一个假设之下的。Kerberos 提供在这种环境下可通过传统密码(共享密钥)实现可信的第三方认证。

2. Kerberos 的工作过程

在 Kerberos 认证系统中使用了一系列加密的消息,提供了一种认证方式,使得正在运行的 client 能够代表一个特定的用户来向验证者证明身份。Kerberos 协议的部分是基于 Needham 和 Schroeder 提出的认证协议,但针对它所应用的环境做了一些修改。主要包括:使用了时间戳(timestamps)来减少需要作基本认证的消息数目,增加了票据授予(ticket - granting)服务使得不用重新输入主体的口令就能支持后面的认证,用不同的方式实现域间的认证。

(1)认证请求和响应

client 和每个验证者之间都需要一个独立票据的会话密钥,用它进行通信。当 client 要和一个特定的验证者建立联系时,使用认证请求和响应,图 7.10 中为消息 1 和 2,从认证服务器获得一个票据和会话密钥。在请求中,client 给认证服务器发送它的身份、验证者名称、票据的有效期限和一个用来匹配请求与响应的随机数。

在响应中,认证服务器返回会话密钥,指定的有效时间,请求时所发的随机数,验证者名称和票据的其他信息,所有内容均用用户在认证服务器上注册的口令作为密钥来加密,再附上包含相同内容的票据,这个票据将作为应用请求的一

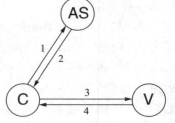

1. as_req:c,v,time$_{exp}$,n
2. as_rep:{K$_{c,v}$,v,time$_{exp}$,n,...}K$_c$,{T$_{c,v}$}K$_v$
3. ap_req:{ts,ck,K$_{subsession}$,...}K$_{c,v}$,{T$_{c,v}$}K$_v$
4. ap_rep:{ts}K$_{c,v}$(optional)
T$_{c,v}$=K$_{c,v}$,c,time$_{exp}$...

图 7.10

部分发送给验证者。认证请求与响应、应用请求与响应共同构成了基本的 Kerberos 认证协议。

（2）应用请求和响应

图 7.10 中的消息 3 和 4 表示应用请求和响应（application request and response），这是 Kerberos 协议中最基本的消息交换，client 就是通过这种消息交换向验证者证明他知道嵌在 Kerberos 票据中的会话密钥。应用请求分为两部分，票据和认证码。认证码包括这样一些域：当前时间、校验和、可选加密密钥等域，所有的域均被票据中附带的加密密钥加密。

在收到应用请求之后，验证者解密票据，从中提取出会话密钥，再用会话密钥解密认证码。如果加密和解密认证码使用的是相同的密钥，校验和检验就可以通过，验证者就可以假设认证码是按照票据上所写的主体名称生成的，会话密钥也是为该主体发行的。其实仅仅这样还不可靠，因为攻击者可以拦截并重放一个合格的认证码来冒充用户。因此，验证者还必须检验时间戳来确保认证码是最新的。如果时间戳在指定的范围内，通常是验证者时钟的前后 5 分钟内，验证者可认为这个请求可信而接受。此时，服务器就已经证实了 client 的身份。在有些应用中，client 同样想验证服务器的身份，如果需要这种相互认证，server 就通过提供认证码中的 client 的时间，生成一个应用响应，和其他信息一起用会话密钥加密传给 client。

（3）获得附加票据

在基本 Kerberos 认证协议中，允许一个知道用户口令的 client 获得一张票据和会话密钥，来向在认证服务器上注册过的任何验证者证明身份，当用户每次和新的验证者进行认证时都要提交口令，这非常麻烦。应该让用户只是在第一次登录系统时提供口令，后续的认证自动来完成。支持这种方式的最简单方法就是在工作站上建立一个缓存来存储用户的口令，但这是很危险的，尽管 Kerberos 票据和相关的密钥只在很短的时间内有效，但是可以用用户口令来获取票据，只要口令不改变，假冒者就一直能成功。一种较好的方法，也是 Kerberos 所使用的，就是只缓存票据和加密密钥（合称为身份证明），使其在一段时期内有效。

Kerberos 协议中的票据授予交换（ticket granting exchange）允许用户使用这样的短期有效的身份证明来获得票据和加密密钥，而不用重新输入口令。用户第一次登录时，发出一个认证请求，认证服务器就返回一个票据和用于票据授予服务的会话密钥。这个票据被称为票据授予票据（ticket granting ticket），生命周期较短（典型的是 8 小时）。这个响应解密后，票据和会话密钥保存下来，用户口令就可以被抛弃了。

随后，当用户想向新的验证者证明他的身份时，用票据授予交换向认证服务器请求一张新的票据。票据授予交换和认证交换基本相同，除票据授予请求嵌入了一个应用请求，向认证服务器证明用户，票据授予响应用从票据授予票据中取得的会话密钥而不是用用户口令加密。

图 7.11 表示了完整的 Kerberos 认证协议。只有用户在第一次登录时才用消息 1 和 2，用户每次和新的验证者进行验证时都要用消息 3 和 4，用户每次证明自己时用消息 5，消息 6 是可选的，只有当用户要求和验证者相互

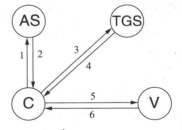

1. as_req:c,tgs,time$_{exp}$,n

2. as_rep:$\{K_{c,tgs}$,tgs,time$_{exp}$,n,...$\}K_c$,$\{T_{c,tgs}\}K_{tgs}$

3. tgs_req:$\{$ts,...$\}K_{c,tgs}\{T_{c,tgs}\}K_{tgs}$,v,time$_{exp}$,n

4. tgs_rep:$\{K_{c,v}$,v,time$_{exp}$,n,...$\}K_{c,tgs}$,$\{T_{c,v}\}K_v$

5. ap_req:$\{$ts,ck,K$_{subsession}$,...$\}K_{c,v}\{T_{c,v}\}K_v$

6. ap_rep:$\{$ts$\}K_{c,v}$(optional)

图 7.11

认证时使用。

（4）Kerberos 的加密

尽管从概念上说，Kerberos 认证可以让一个正在运行的 client 代表一个主体，更准确的说法是这个 client 拥有关于用户和认证服务器间共享的密钥的知识。在 Kerberos 协议中，用户的加密密钥源自于口令，本文将作专门描述。同样，每个应用服务器和认证服务器共享一个加密密钥，这个密钥称为服务器密钥。

当前的 Kerberos 采用了数据加密标准（DES）算法。DES 的加密和解密必须使用同一个密钥。如果加密和解密时使用的密钥不同，或密文被篡改，则解密的结果就不可识别，但是通过检查 Kerberos 中的校验和就能检查出来。将加密和校验和结合起来使用，提供了对消息机密性和完整性两方面的保护。

Kerberos 协议的一个附产品是 client 和 server 之间的会话密钥交换，会话密钥随后就可被应用程序用来保护通信的完整性和保密性。Kerberos 系统定义了两个消息类型：安全消息（safe message）和保密消息（private message）来封装需要被保护的数据，但应用系统可以自由选择适合传输数据类型的更好方式。

7.2　Web 和 FTP 服务

7.2.1　Web 服务器的配置和使用

1. 背景知识

超文本：一个超文本由多个信息源链接而成。利用一个链接可找到另一个文档，而在新文档中又可以链接到其他的文档，这些文档可位于因特网上任何一个超文本系统（在不同的 Web 服务器上）。

HTML 文档：HTML 是一种标记语言，主要是在文档上做各种标准化记号，比如何处使用什么字体。HTML 文档是文本文档，可以用记事本或任何文本编辑器建立，以.htm 或 .html 为扩展名。HTML 文档也就是 Web 页面文档。每个 HTML 文档主要由两部分组成：头部和主体。头部有文档的标题，主体部分有段落、表格和列表等。标题在浏览器顶部的标题栏显示，主体在浏览器的主窗口显示。

URL：统一资源定位符，因特网上资源的定位标识方法。一般的语法形式为：

〈 方法 〉//〈 主机 〉:〈 端口 〉/〈 路径及文件名 〉。

如：http://www.lib.tsinghua.edu.cn:80/find/find_book.html

其中：

HTTP：方法（method），也叫协议类型，就是用来检索文档的协议，又如 FTP、telnet。

www.lib.tsinghua.edu.cn：主机（host computer），是信息所在的计算机，计算机的名字可以是别名、IP 地址或 DNS 分配的域名。

80：端口（port），可以在 URL 中指出，不指的话一般为默认，如 Web 的默认端口是 80。

find/find_book.html：路径（path）及文件名，文件所在的地方及文件名。

HTTP：超文本传输协议。Web 服务器以客户机/服务器方式工作。Web 服务器监听 TCP 端口 80，客户机通过浏览器向服务器发出请求，Web 服务器监听到客户机（浏览器）发出的连接请求后，将建立 TCP 连接，并返回客户机所请求的页面作为响应。通信完成后

TCP 连接释放。客户机(浏览器)和 Web 服务器之间的交互就是遵循超文本传输协议 HTTP 的。

虚拟服务器:可以在一台计算机上安装多个 Web 网站,这种配置方法称为虚拟服务器。虚拟服务器解决了主机数量不足的问题。

虚拟目录:在创建网站时都需要定义一个主目录,作为存放网站信息文件的主要场所。主目录下的实际子目录可以用于存储网站文件。同时可以定义一个与主目录不相关的目录,使其像主目录下的实际子目录一样存储网站文件,访问该目录的方式与访问主目录的实际子目录一样。而实际上,这些目录的实际位置可以在本地的其他分区上,甚至可以在网络中的其他服务器上。这些目录就叫虚拟目录。因此可以将网站中与各部门相关的文件存储在相应部门的本地计算机的实际目录中,再将这些目录映射为网站的虚拟目录,从而让客户访问。

2. 实验方案

(1) 实验目的

学会用 Windows 2003 建立 Web 服务器;

掌握 Web 服务中的主要参数的设置及作用;

掌握 Web 服务器的配置和管理。

(2) 实验内容

安装、配置和管理 Windows 2003 的 Web 服务;

使用浏览器浏览 Web 站点。

(3) 实验设备

硬件:PC 机若干台和交换机一台;

软件:Windows 2003 Server。

(4) 实验步骤

实验准备:为了避免各组的 IP 地址发生冲突,各组中各台计算机选取 IP 地址和子网掩码 255.255.255.0,为 192.168.XX.YY,其中 XX:组号,YY:每一组中的机器排号。

3. 安装 IIS6.0 组件

如果 Windows 2003 系统所在的磁盘为 FAT 文件系统,需转化为 NTFS 文件系统,如将 C:转换为 NTFS,方法:程序→附件→命令提示符,在命令提示符环境中键入命令: convert C:/FS:NTFS,按系统提示进行操作即可。

(1) "开始"→"设置"→"控制面板"→"添加/删除程序"→"添加/删除 Windows 组件";

(2) 选择"应用程序服务器"→"详细信息",如图 7.12 所示;

(3) 在"应用程序服务器"对话框中选择"Internet 信息服务(IIS)",再单击"详细信息";

(4) 在"Internet 信息服务(IIS)"对话框,在组件"万维网服务"、"文件传输协议(FTP)服务"前复选框中打钩,单击"确定",如图 7.13 所示。

(5) 在"Windows 组件"对话框中,单击"下一步"进行安装。

安装完毕,在管理工具中多一个"Internet 信息服务(IIS)管理器"。如图 7.14 所示。

4. 做一个网页

打开"记事本",在里面输入你的班级及姓名,然后以 Web 页的形式:default.htm 保存在 C:\Inetpub\wwwroot(安装"万维网服务"后,会在系统盘的\Inetpub\wwwroot 下创建一个

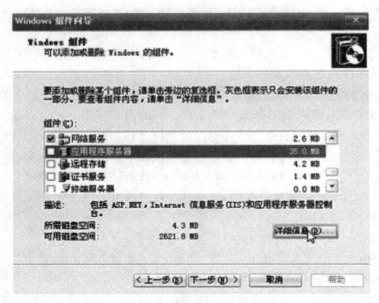

图 7.12

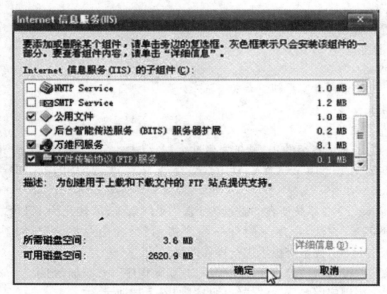

图 7.13

图 7.14

默认的网站目录。系统盘是在 D 盘,路径应把 C 改为 D 盘文件夹中,如图 7.15 所示。

图 7.15

5. 验证 Web 站点是否正常

（1）打开 IE,输入 http://192.168.XX.YY/(192.168.XX.YY 是本机的 IP 地址)或 http://www.hYY.ydgjXX.com/(域名已在 DNS 服务器中建立,并已将 TCP/IP 属性中的首选 DNS 服务器设为本机 IP 地址),看里面所显示的内容,如图 7.16 所示;

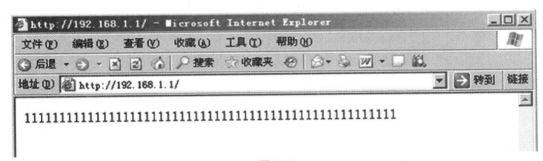

图 7.16

（2）在同组的其他计算机的 IE 上输入相同的内容,看是不是跟你本机所显示的内容是相同的。

6. 设置默认网站属性

1）Web 站点标识

（1）单击"开始"→"程序"→"管理工具"→"Internet 信息服务(IIS)管理器",打开"Internet 信息服务(IIS)管理器"管理工具。

（2）在 IIS 管理器中,展开"本地计算机",展开"网站"文件夹。右击"默认网站",选择"属性",进入"网站属性"设置界面,如图 7.17 所示。

（3）在"网站"选项卡,上部的"网站标识"区域中,单击 IP 地址下拉框,选择本机 IP 地址 192.168.XX.YY,如 192.168.1.3。如果选用"全部未分配",该站点将响应所有未分配给其他站点的 IP 地址,即以该计算机默认站点的身份出现。当用户向该计算机的一个 IP 地址发出连接请求时,如果该 IP 地址没有被分配给其他站点使用,将自动打开这个默认站点,如图 7.18 所示。

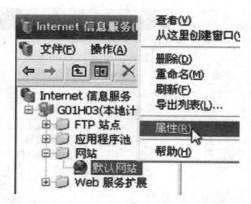

图 7.17

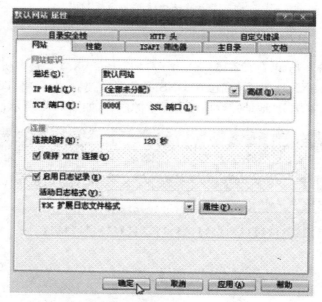

图 7.18

（4）将服务器标识参数下的 TCP 端口改成 8080；

（5）测试：在 IE 中输入 http://192.168.XX.YY:8080/，看里面所显示的内容；

（6）将服务器标识参数下的 TCP 端口改成默认端口。

2）修改主目录：站点主目录指定到计算机上的其他路径

（1）创建文件夹"D:\myweb1"，作为网站的主目录，将网页 default.htm 复制到此文件夹下，并在文件中增加一行"这是我的第一个网站"。

（2）在"默认网站属性"对话框，单击"主目录"选项卡，在本地路径文本框中，键入或浏览到"D:\myweb1"，单击"确定"，如图 7.19 所示。

（3）测试 Web 服务器：打开 IE，输入 http://192.168.XX.YY/，验证是否成功。

3）修改默认文档

（1）将"D:\myweb1\default.htm"文件改名为"index.html"。

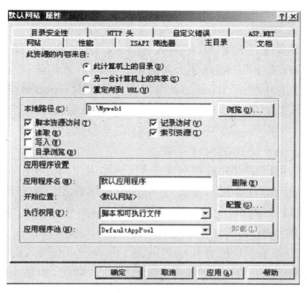

图 7.19

（2）在"默认网站属性"对话框，单击"文档"选项卡，单击"添加"，输入"index.html"，如图 7.20 所示，单击"确定"。

图 7.20

（3）测试 Web 服务器：打开 IE，输入"http://192.168.XX.YY/"，验证是否成功。

4）设置站点访问安全与用户验证

在"默认网站属性"对话框，单击"目录安全性"选项卡。

（1）禁用匿名访问：在"身份验证和访问控制"下，单击"编辑"，去掉"启用匿名访问"复选框，"在用户访问需经过身份验证"下选择"集成 Windows 身份验证"。要求用户在与受限的内容建立连接前提供 Windows 用户名和密码，如图 7.21 所示。

测试：打开 IE，输入"http://192.168.XX.YY/"，能否访问？＿＿＿＿＿。

输入 Windows 的用户名和相应的密码，如 administrator 和密码，能否访问？＿＿＿＿＿。

启用匿名访问：在"身份验证和访问控制"下，单击"编辑"，选中"启用匿名访问"复选框，可启用匿名

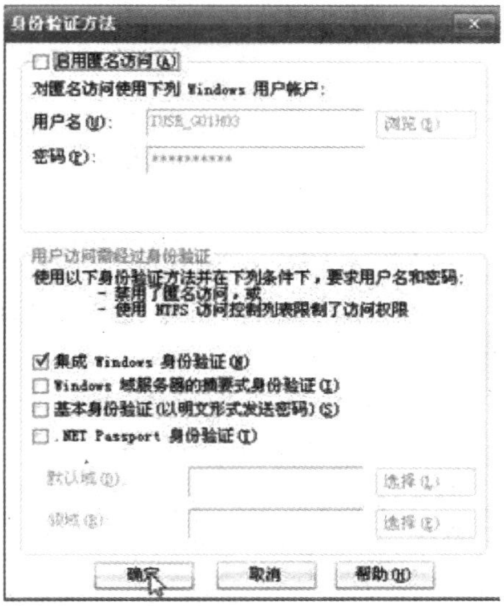

图 7.21

验证；

　　测试：打开 IE，输入"http://192.168.XX.YY/"，能否访问？＿＿＿＿。

　　匿名访问其实也是要通过验证的，称为匿名验证。匿名身份验证使用户无须输入用户名或密码便可访问 Web 或 FTP 站点的公共区域。当用户试图连接到公共网站或 FTP 站点时，Web 服务器将连接分配给 Windows 用户账户 IUSR_computername（computername 是运行 IIS 所在的计算机的名称，如：IUSR_g01h03），默认情况下，IUSR_computername 账户包含在 Windows 用户组 Guests 中。该组具有安全限制，由 NTFS 权限强制使用，它指出了访问级别和可用于公共用户的内容类型。

　　注意：单击"浏览"，可以搜索并选择对象类型（例如用户）和位置（例如，你的计算机或任何连接在网络上的可访问的计算机），并设置 Windows 用户相应的密码，可直接访问。如果同时"在用户访问需经过身份验证"下选择"集成 Windows 身份验证"，访问时需输入相应的 Windows 用户和相应的密码。

　　（2）拒绝计算机访问：在"IP 地址和域名限制"下，单击"编辑"，可以配置网站以允许或拒绝特定计算机、计算机组或域访问网站、目录或文件。例如，如果 Intranet 服务器已连接到 Internet，你可以防止 Internet 用户访问 Web 服务器，方法是仅授予 Intranet 成员访问权限而明确拒绝外部用户的访问。

　　操作：选择"授权访问"选项。单击"添加"按钮，弹出"拒绝以下访问"对话框。选择"单机"，输入相邻主机的 IP 地址 192.168.XX.??，单击"确定"按钮加入例外列表。如图 7.22 所示，单击"确定"按钮，关闭两个对话框。

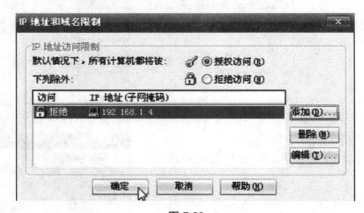

图 7.22

　　（3）测试 Web 服务器：在相邻主机打开 IE，输入"http://192.168.XX.YY/"，能否访问？

　　（4）删除拒绝访问，在"IP 地址和域名限制"对话框中，单击要删除拒绝访问的 IP 地址，单击"删除"。

　　（5）测试 Web 服务器：在相邻主机打开 IE，输入"http://192.168.XX.YY/"，能否访问？

　　5）添加虚拟目录

　　（1）创建文件夹"D:\MYVdir1"，作为网站的虚拟目录。将网页 index.html 复制到此文件夹下，并将文件中的"网站"改"虚拟网站"。

　　（2）右击"默认网站"→"新建"→"虚拟目录"，依次在"别名"处输入"vdir1"，单击"下一步"，在"目录"处输入（或浏览选择）"D：\MYVdir1"，单击"下一步"，其他步骤按默认，最后单击"完成"，如图 7.23 所示。

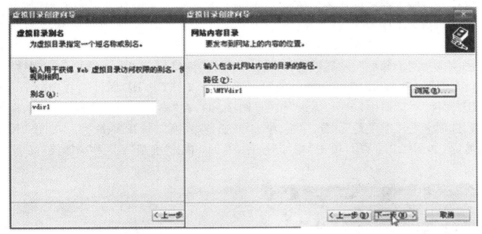

图 7.23

（3）添加虚拟目录的首页文件名：（如果已完成上面"修改主目录"本操作右省）右键单击"vdir1"，选择"属性"，进入"vdir1 属性"设置界面。转到"文档"窗口，单击"添加"按钮，在"默认文档名"后输入自己网页的首页文件名"index.html"。

（4）测试 Web 服务器：打开 IE，输入"http：//192.168.XX.YY/vdir1/"，可以查看虚拟目录的首页。

6）使用不同主机域名访问站点

（1）在"默认网站属性"对话框，"网站"选项卡，上部的"网站标识"区域中，单击"高级"，在"高级网站标识"对话框→"添加"，在"添加/删除网站标识"对话框，"IP 地址"选"全部未分配"；"TCP 端口"为 80；"主机头值"为 ftp.hYY.ydgjXX.com（www.hYY.ydgjXX.com 的别名），如图 7.24 所示，单击"确定"，返回"高级网站标识"对话框，如图 7.25 所示，再单击"确定"。

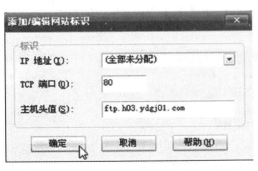

图 7.24

图 7.25

（2）测试：打开 IE，输入"http：//ftp.hYY.ydgjXX.com/"，看里面所显示的内容。

7）利用绑定多个 IP 地址实现多个 Web 站点（选做）

可以在一台服务器上创建多个网站，一种方法是利用一张网卡绑定多个 IP 地址，从而给每一个网站指定不同的 IP 地址来实现的。

（1）给作为 Web 服务器的 PC 机添加第二个 IP 地址：192.168.XX.1YY。

方法：右击"网上邻居"→"属性"，打开"网络连接"窗口，右击"本地链接"→"属性"，出现"本地链接 属性"对话框，双击列表中的"Internet 协议（TCP/IP）属性"，在"Internet 协议（TCP/IP）属性"对话框中，单击"高级"按钮（图 7.26），在"高级 TCP/IP 设置"对话框中，在"IP 设置"选项卡下，"IP 地址"部分，单击"添加"按钮，输入第二个 IP 地址为：192.168.XX.1YY和子网掩码，如图 7.27 所示，单击"添加"按钮，返回，单击"确定"，关闭"本地链接 属性"对话框。

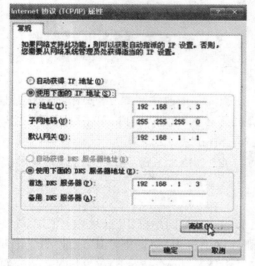

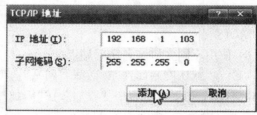

图 7.26   图 7.27

（2）创建文件夹"D：\myweb2"，作为第二个网站的主目录，将网页 D：\myweb2 中的 index.html 复制到此文件夹下，内容稍微修改，将在文件中"第一"改为"第二"。

（3）新建网站：myweb2。

在 IIS 管理器中，展开"本地计算机"，右击"网站"文件夹→"新建"→"网站"，出现"网站创建向导"，单击"下一步"，如图 7.28 所示。

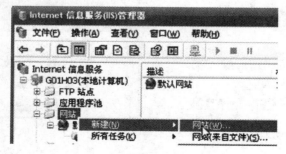

图 7.28

在"描述"框中,键入站点的名称"My Second Web",单击"下一步"。

键入或单击站点的 IP 地址(第二个 IP 地址 192.168.XX.1YY)、TCP 端口(默认)和主机头(默认),如图 7.29 所示,单击"下一步"。

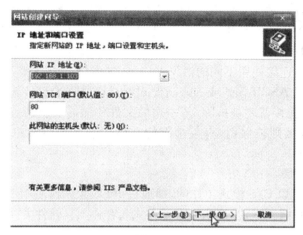

图 7.29

在"路径"框中,键入或浏览到包含或将要包含站点内容的目录"D:\myweb2",然后单击"下一步"。

选中与要指定给用户的网站访问权限(读取)相对应的复选框,然后单击"下一步"。

单击"完成"。

(4) 右击网站"My Second Web"→"属性"。单击"文档"选项卡,单击"添加",输入"index.html",单击"确定"。

(5) 测试 Web 服务器:打开 IE,输入"http://192.168.XX.1YY/"或输入"http://host1YY.hYY.jigongXX.com/"(如果域名已建立的),可以查看第二个网站的首页 index.html。

7.2.2 FTP 服务的配置和使用

1. 文件传输协议

文件传输协议(File Transfer Protocol,FTP)是用于在 TCP/IP 网络上两台计算机间进行文件传输的协议,其位于 TCP/IP 协议堆栈的应用层,也是最早用于因特网上的协议之一。

FTP 允许在两个异构体系(即两台计算机具有不同的操作系统)之间进行 ASCII 码或EBCDIC 码(扩充的二进制码十进制转换)字符集的传输。

2. FTP 的工作模式

与大多数的因特网服务一样,FTP 使用客户机/服务器模式,即由一台计算机作为 FTP服务器提供文件传输服务,而由另一台计算机作为 FTP 客户端提出文件服务请求并得到授权的服务。FTP 服务器与客户机之间使用 TCP 作为实现数据通信与交换的协议。

在 FTP 的服务器上,只要启动了 FTP 服务,则总是有一个 FTP 的守护进程在后台运行以随时准备对客户端的请求做出响应。当客户端需要文件传输服务时,首先要打开一个与

FTP 服务器之间的控制连接,在连接建立过程中服务器会要求客户端提供合法的登录名和密码,在许多情况下,我们使用匿名登录,即采用"anonymous"为用户名,自己的 Email 地址作为密码。一旦该连接被允许建立,其相当于在客户机与 FTP 服务器之间打开了一个命令传输的通信连接,所有与文件管理有关的命令将通过该连接被发送至服务器端执行。该连接在服务器端使用 TCP 端口号的缺省值为 21,并且该连接在整个 FTP 会话期间一直存在。每当请求文件传输即要求从服务器复制文件到客户机时,服务器将再形成另一个独立的通信连接,该连接与控制连接使用不同的协议端口号,缺省情况下在服务器端使用 22 号 TCP 端口,所有文件可以以 ASCII 模式或二进制模式通过该数据通道传输。一旦客户请求的一次文件传输完毕则该连接就要被拆除,新一次的文件传输需要重新建立一个数据连接。但前面所建立的控制连接则被保留,直至全部的文件传输完毕后客户端请求退出时才会被关闭。

3. FTP 的使用方法

如前所述,FTP 是以 C/S 模式工作的,即通过 FTP 客户端使用 FTP 服务。在客户端,使用 FTP 服务通常有两种方式,即命令交互方式和客户工具软件方式。

(1) FTP 交互方式

当用户交互使用 FTP 时,FTP 发出一个提示,用户输入一条命令,FTP 执行该命令并发出下一个提示。FTP 允许文件沿任意方向传输,即文件可以上传与下载,在交互方式下,也提供了相应的文件上传与下载的命令。前面介绍过,FTP 有文本方式与二进制方式两种文件传输类型,所以用户在进行文件传输之前,还要选择相应的传输类型:若远程计算机文本所使用的字符集是 ASCII,用户可以用 ASCII 命令来指定文本方式传输;所有非文本文件如声音剪辑或者图像等都必须用二进制方式传输,用户输入"binary"命令可将 FTP 设置成二进制模式。在命令提示符下,键入"FTP",进入 FTP 交互方式,出现" >"提示符,输入相应 FTP 命令进行操作。

(2) FTP 交互方式中常用命令说明

在 FTP 的命令交互方式中,所有的命令需在" >"提示符后面输入,常用命令如下。

help:显示命令帮助信息。

open 服务器 IP 地址:与 FTP 服务器建立连接。

ascii:设置传输类型为 ASCII。

binary:设置传输类型为 BINARY。

ls:列出服务器端当前目录下的所有文件和目录。

cd 目录名:进入服务器端相应子目录。

get 服务器端文件名本地文件路径名:将服务器端文件下载到本地。

put 本地文件路径名:将本地文件上传至服务器端。

close:关闭与 FTP 服务器的连接。

quit:退出 FTP 交互方式。

(3) 客户工具软件

由于 FTP 的命令交互方式在使用时对用户有较高的要求,所以有许多工具软件被开发出来用于实现 FTP 的客户端功能,如 NetAnts、Cute FTP 等,另外 Internet Explorer 和 Netseape Navigator 也提供了 FTP 客户软件的功能。这些软件的共同特点是采用直观的图形界面来方便用户使用 FTP 服务。另外,大部分的 FTP 工具软件还实现了文件传输过程中的断点再续和多路传输功能。

4. IIS 简介

IIS(Internet Information Server,因特网信息服务器)是微软公司开发并主推的关于因特网服务的集成软件,其当前的最新版本是 Windows 2003 里面包含的 IIS 6。IIS 的设计目的是建立一套集成的服务器服务,用以支持 HTTP(Hypertext Transfer Protocol,超文本传输协议)、FTP(File Transfer Protocol,文件传输协议)和 SMTP 等,它能够提供快速、集成了现有产品、可扩展的 Internet 服务器。IIS 与 Windows NT/2000/2003 Server 完全集成在一起,因而用户能够利用 Windows NT/2000/2003 Server 和 NTFS(NT File System,NT 文件系统)内置的安全特性,建立强大、灵活而安全的 Internet 和 Intranet 站点。

通过使用 CGI 和 ISAPI,IIS 可以得到高度的扩展。

在 Windows NT/2000/2003 上,如果安装了 IIS 服务,则将会存在一个名为"IUSR_机器名"的用户,例如机器名为"server",则该用户名为"IUSR_server"。该用户是用于匿名访问 Internet 信息服务的内置账号,所有匿名用户的 IIS 操作默认都是以该用户的身份执行的。

IIS 的一个重要特性是支持 ASP。IIS 3.0 版本以后引入了 ASP,可以很容易地粘贴动态内容和开发基于 Web 的应用程序。对于使用 VBScript 和 JScript 开发的软件,由 Visual Basic、Java、Visual C++开发的系统,以及现有的 CGI 和 WinCGI 脚本开发的应用程序,IIS 都提供强大的本地支持。

目前在 Internet 上基于 Windows NT/2000/2003 的 Web 服务器的主流配置为 Windows NT 4.0 Server＋IIS 4.0 或 Windows 2000 Server＋IIS 5.0 或 Windows Server 2003＋IIS 6.0。服务器的基本网络配置,包括 IP 地址为"192.168.105.XX"、网关、首选 DNS 为本 DNS 服务器 IP 地址等。(注:"XX"代表你配置机器的主机编号,"nXX"代表你的服务器主机名,例如你坐在 5 号机上则"XX"代表"05","1XX"代表"105",配置此机的 IP 地址为"192.168.105.5"、主机名为"n05",下同。)并添加一个 IP 地址"192.168.105.1XX",以便后面配置 DNS 时新建一个主机记录与此对应。

5. 安装 IIS

以"Administrator"用户身份登录 Windows Server 2003。打开"开始"→"控制面板"→"添加或删除程序"。单击"添加/删除 Windows 组件"图标,在"Windows 组件向导"对话框中,"应用程序服务器"(注:没特别说明时不要在前面勾选,后同)→"详细信息"→"Internet 信息服务(IIS)"→"详细信息"→勾选"文件传输协议(FTP)服务"(此时"Internet 信息服务管理器"和"公用文件"也将一起被勾选,如果没有勾选,请将这两个组件勾选),然后"确定"→"确定"→"下一步"→输入(或通过浏览方式打开)Windows Server 2003 安装文件的路径(本实训环境中为硬盘上的 i386 文件夹"C:\i386")→"确定"→"完成"安装。

6. Internet 服务管理器

IIS 5.0/6.0 的配置和使用一般通过 Internet 服务管理器来进行,通过下列步骤可以熟悉 Internet 信息服务管理器的管理界面。

(1) 启动 Internet 信息服务管理器

启动"Internet 服务管理器"的方法为从"开始"→"管理工具"→"Internet 信息服务(IIS)

管理器"来启动控制台。

在左边为树形目录,展开目录可以看到"FTP 站点"等目录结构;右边为各目录节点的内容。IIS 安装后已经有"默认 FTP 站点"等站点,将用于 FTP 传输的文件分别放置在这些站点下即可用于相应的服务。此外也可按自己的意愿另外创建站点。

（2）启动与停止站点

用鼠标选中目录树中的某个站点后,工具栏上有"启动项目""停止项目"和"暂停项"。

（3）三个按钮,可以分别用于启动、停止和暂停该站点的服务。也可以通过观察这三个按钮的状态来判断该站点的服务状态。

7. 配置 FTP 服务

要求把 FTP 服务器启动起来,为了进行匿名连接,先确定 FTP 保存下载文件的位置,然后在 FTP 服务器的目录下创建两个目录,并在这两个目录中分别从别处拷贝几个文件放在这两个目录中,以用来练习下载文件。

（1）启动 FTP 服务

以 Administrator 身份登录到 IIS 服务器上,打开 Internet 信息服务管理器窗口。

在左边目录树中选中"默认 FTP 站点",如果其服务状态为"停",则单击"启动项目"按钮启动服务。

（2）配置 FTP 服务属性

右击目录树中"默认 FTP 站点",从快捷菜单中选择"属性",打开默认 FTP 站点属性对话框,然后选择"FTP 站点"选项卡。

在该选项卡的"IP 地址"下拉框中选择与站点绑定的 IP 地址（可在 MS－DOS 命令提示符方式下使用 ipconfig 命令查看服务器的 IP 地址并输入该框）。在"TCP 端口"中输入网站绑定的端口号,默认的 FTP 端口为 21。还可以配置最大连接数目、连接超时时间及安全日志设定等项目。如无特别要求,可保留原有默认设置。

（3）配置安全账号

在"默认 FTP 站点属性对话框"中,选择"安全账号"选项卡。

"允许匿名连接"表示用户可以以匿名方式访问该 FTP 站点,如果不选择该复选框,则站点会要求用户提供服务器活动目录中存在的用户名和密码。"用户名"文本框表示匿名用户将以什么用户身份登录站点,推荐使用"IUSR_服务器名"这一内置账号。复选"只允许匿名连接"将使用户只能以匿名用户身份登录站点。

注意:如果 IIS 中 FTP 站点的主目录在 NTFS 文件系统上,则站点的文件还会受到安全性权限的制约。即如果该主目录的 NTFS 权限是只有某些特定用户能访问的,则匿名用户将无法访问该站点,只有能够提供合法用户名和密码的用户才能访问。

（4）配置 FTP 服务的主目录

在"默认 FTP 站点属性"对话框中,选择"主目录"选项卡。

主目录是通过 FTP 方式连接到服务器上时的根目录。它可以是服务器上的本地目录,也可以是其他计算机的共享目录,可以分别通过选择"此计算机上的目录"和"另一计算机上的共享位置"这两个单选框来设定,一般使用本地目录。

系统会提供一个缺省的本地目录位置,也可以修改它为另一本地目录。建议读者记录下"本地路径"文本框中的内容,该内容是目前主目录在服务器上的本地位置;另外由于许多浏览器希望成为 Unix 样式,所以建议将"目录列表风格"选为"Unix"。

关于下载和上传权限,系统提供了两种不同的选项,即"主目录"选项卡中位于 FTP 本地路径下的"读取"和"写入"两个复选项,复选"读取"则允许下载,否则禁止下载;复选"写入"则允许上传,否则禁止上传。本实训操作应有写入功能。

(5) 建立 FTP 下载文件

打开 Windows 资源管理器,将要用于 FTP 的文件和文件夹复制到主目录定义的本地目录中去,这时可以从客户端通过 FTP 方式下载这些文件了。为了便于进行实训测试,建议先在主目录下建立文件夹"test1",并在"test1"文件夹中提供一个名为"file.txt"的文本文档。

8. FTP 客户端的使用

使用 IE 的 FTP 客户端功能:

双击桌面上的 IE 图标打开 IE 浏览器,在地址栏键入"ftp://FTP 服务器的 IP 地址",按回车键,如果网络中启动了 DNS 服务,则可以以 FTP 服务器的域名取代 FTP 服务器的 IP 地址。如果服务器允许匿名连接,则直接可以进入目录显示界面。

如果服务器未允许匿名连接,则单击"文件"菜单,选择"登录"命令项。出现登录窗口,可以输入服务器上存在的用户名和密码,单击"登录"按钮以相应的用户身份登录。

右键单击要下载的文件或文件夹,选择"复制到文件夹"选项,选择下载的本地路径,单击"确定"按钮进行下载。或者用资源管理器找到要上传的文件或文件夹,将其直接拖入 IE 的目录显示界面中即可完成上传。

7.3　MYSQL 的管理与使用

7.3.1　MYSQL 安装与登录

(1) MYSQL 最后完成安装时其实是把配置写入 my.ini,所以可以更改 my.ini 来更改配置。

(2) 在系统变量 path 里面加入 MYSQL 的 bin 目录路径(如 F:\software\bin)可以在 cmd 命令行中直接执行。(如此举一反三,执行 Java 命令也要加入相似的路径,用";"相隔。输入"MYSQL -uroot -p"则提示输入密码。MYSQL -uroot -p123 则登录到了数据库(我的 MYSQL 数据库,root 为用户名,123 为密码。)也可以连接到某个服务器上,使用 MYSQL -h 服务器地址, -u 为用户名,-p 为密码。

比如可以使用 MYSQL -h127.0.0.1 -uroot -p123(127.0.0.1 是本机回送地址,可以这样访问本机 MYSQL 服务)。

(3) quit 或者 exit 退出。

(4) MYSQL 中编码在更改 my.ini 时要写成 utf8 而不是 utf-8。

(5) MYSQL 中 blob 类型存二进制文件,如视频,声音,图片等。

(6) MYSQLd 表示服务器端,客户端要设置成 gbk,gb2312 等,而服务器端最好设置成 utf8。

更改 my.ini 后必须重启服务设置才能生效。utf-16 是固定用两个字节来存储一个 unicode 编码。在 Java 内部和 Windows XP 内部使用。utf-8 是用一个到六个字节来存储一个 unicode 编码,使用非常广泛比较灵活(中文是使用三个字节)。

7.3.2 MYSQL 用户管理

1. 用户权限查看

MYSQL 用户信息都在 MYSQL 库中 user 表中,其中还可以看到权限(select ＊ from MYSQL.user \G);

注意\G 是用来一行一行显示,在数据量比较多的时候看起来比较清晰。

2. 用户授权

grant all on test.＊ to 'testuser'@'%' identified by '123';

解释:授权在 test 库所有表给 testuser 能够在任何机器上登录,密码是 123。

注意 all 是指所有权限(其余可以是 create,drop,alter,update,delete,execute 等权限)。

登录的机器的 IP 地址如果所有机器都能登录则使用"%",否则使用 IP 地址。

如果用 testuser 这个用户登录,可以看出只显示除了 information_schema 和 test 数据库,其余表都没有显示。

3. 查看用户授权语句:show grants for 用户

MYSQL>show grants for testuser \G;

*************************** 1. row ***************************

Grants for testuser@%: GRANT USAGE ON ＊.＊ TO 'testuser'@'%' IDENTIFIED BY PASSWO

RD '＊23AE809DDACAF96AF0FD78ED04B6A265E05AA257'

*************************** 2. row ***************************

Grants for testuser@%: GRANT ALL PRIVILEGES ON 'test'.＊ TO 'testuser'@'%'

4. 为 testuser 账户更改密码:set password for 用户＝password('新密码');

MYSQL>set password for testuser ＝password('1234');

5. dorp user 用户名

MYSQL>drop user testuser;

6. 回收权限:revoke 权限 on 数据库.数据表 from 用户名

MYSQL>revoke all on test.＊ from xiaoshizi;

Query OK,0 rows affected (0.03 sec)

7. 查看 MYSQL 支持的引擎

MYSQL>show engines;

```
+ ------------+ ---------+ ------------------------------------------------+
| Engine      | Support | Comment                                          |
+ ------------+ ---------+ ------------------------------------------------+
| MyISAM      | YES     | Default engine as of MYSQL 3.23 with grea        |
| MEMORY      | YES     | Hash based,stored in memory,useful for es        |
```

7.4 MAIL 邮箱服务

7.4.1 MAIL 服务的常用协议

电子邮件因简洁、方便,已成为目前互联网最成功的一种应用。互联网上有成千上万的邮件服务器为用户提供服务。每个服务器上有几十至几百万个或更多的用户邮箱,用户通过用户代理(如 FoxMail、MS Express)收发邮件,邮件内容除通常的文字信息外,还可附加图像、音频、视频等信息。

保证邮件交换正常使用的是 SMTP、POP3、MIME 等协议。在邮件服务器上,一般使用文件系统来存储用户邮件。发送的服务器和接收的邮件服务器可以不是同一台。同一域的邮件服务器可采用分布式结构组成服务器群。邮件服务器还可定义邮箱别名进行转发。

1. SMTP(简单邮件传输协议)

1982 年制定了 SMTP(RFC 821)和邮件报文格式 RFC 822。SMTP 描述了两个进程之间如何交换信息,邮件报文格式规定了邮件的具体格式。

邮件由首部和主体构成,主体部分是邮件的内容,首部由关键字、冒号及关键信息组成。

用 SMTP 收发邮件的过程为:建立 TCP 连接(服务端口号 25),传送邮件,释放连接。

如果 DATA 命令被接收,接收方返回一个 354 Intermediate 应答,并认定以下的各行都是信件内容。当信件结尾收到并存储后,接收者发送一个"250 OK"应答。因为邮件是在传送通道上发送,因此必须指明邮件内容结尾,以便应答对话可以重新开始。SMTP 通过在最后一行仅发送一个句号来表示邮件内容的结束,在接收方,一个对用户透明的过程将此符号过滤掉,以免影响正常的数据。

传送邮件的命令:

HELO 〈SP〉〈domain〉〈CRLF〉

MAIL 〈SP〉 FROM:〈reverse-path〉〈CRLF〉

RCPT 〈SP〉 TO:〈forward-path〉〈CRLF〉

DATA 〈CRLF〉

RSET 〈CRLF〉

SEND 〈SP〉 FROM:〈reverse-path〉〈CRLF〉

SOML 〈SP〉 FROM:〈reverse-path〉〈CRLF〉

SAML 〈SP〉 FROM:〈reverse-path〉〈CRLF〉

VRFY 〈SP〉〈string〉〈CRLF〉

EXPN 〈SP〉〈string〉〈CRLF〉

HELP [〈SP〉〈string〉]〈CRLF〉

NOOP 〈CRLF〉

QUIT 〈CRLF〉

TURN 〈CRLF〉

传送邮件的应答:

500 格式错误,命令不可识别(此错误也包括命令行过长)

501 参数格式错误

502 命令不可实现

503 错误的命令序列

504 命令参数不可实现

211 系统状态或系统帮助响应

214 帮助信息

220〈domain〉服务就绪

221〈domain〉服务关闭传输信道

421〈domain〉服务未就绪,关闭传输信道(当必须关闭时,此应答可以作为对任何命令的响应)

250 要求的邮件操作完成

251 用户非本地,将转发向〈forward-path〉

450 要求的邮件操作未完成,邮箱不可用(例如邮箱忙)

550 要求的邮件操作未完成,邮箱不可用(例如邮箱未找到或不可访问)

451 放弃要求的操作;处理过程中出错

551 用户非本地,请尝试〈forward-path〉

452 系统存储不足,要求的操作未执行

552 过量的存储分配,要求的操作未执行

553 邮箱名不可用,要求的操作未执行(例如邮箱格式错误)

354 开始邮件输入,以〈CRLF〉.〈CRLF〉结束

554 操作失败

2. POP3(邮局协议)

POP 即为 Post Office Protocol 的简称,是一种电子邮局传输协议,而 POP3 是它的第三个版本,规定了怎样将个人计算机连接到 Internet 的邮件服务器和下载电子邮件的电子协议。它是 Internet 电子邮件的第一个离线协议标准。简单点说,POP3 就是一个简单而实用的邮件信息传输协议。POP3 允许工作站检索邮件服务器上的邮件。POP3 传输的是数据消息,这些消息可以是指令,也可以是应答。

POP 协议支持"离线"邮件处理。其具体过程是:邮件发送到服务器上,电子邮件客户端调用邮件客户机程序以连接服务器,并下载所有未阅读的电子邮件。这种离线访问模式是一种存储转发服务,将邮件从邮件服务器端送到个人终端机器上,一般是 PC 机或 MAC。一旦邮件发送到 PC 机或 MAC 上,邮件服务器上的邮件将会被删除。

POP3 并不支持对服务器上邮件进行扩展操作,此过程由更高级的 IMAP4 完成。POP3 使用 TCP 作为传输协议。

3. MIME(通用因特网邮件扩充协议)

1993 年制定了 RFC 1521,RFC 1522,后面增加了 RFC 2045,RFC 2046。

MIME 在原来 RFC 822 定义的信头的基础上新增了一些信头,用于让接收方了解正文的结构。RFC 2045 描述了 MIME,正文内容仍然可以使用 ASCII 文本行。另一方面,MIME 为非 ASCII 报文定义了几种编码规则。除了原 RFC 822 定义的信头外,MIME 新增加了一些信头:Mime Version、Content Type、Content Transfer En－coding、Content Disposition。

MIME 把五个新的头域加入 Internet Email 报文中,即 MIME Version、Con-tent Type、Content Transfer Encoding、Content ID 和 Content Descripton。MIME Version(MIME 版本)规定了代理所支持的 MIME 版本。通过识别用于产生报文的 MIME 版本,MIME Version 域可以防止用户使用不兼容的 MIME 版本误译 MIME 报文。

Content Type 规定了报文体的类型,RFC 2045 定义了 7 种类型:Text、Application、Image、Audio、Video、Message 和 Multipart,其中 Message 和 Multipart 为复合类型,其余为简单类型,每种类型都有一个或多个子类型,类型与子类型中间以斜杆"/"分隔。RFC 2046 对各种类型做了详细规定。此外,MIME 还允许扩展定义新的内容类型。

Content Transfer Encoding 指出正文在传输过程中使用的编码。NVT ASCII 是 Internet Email 报文的缺省格式。

Content ID 和 Content Description 头域是可选的。用户代理可用 Content ID 值识别 MIME 入口。

Content Description 允许用户增加关于报文体内容的说明性信息。

MIME 定义了 7 种主要报文类型:①Text 类型指一般普通文本。②Text/ Richtext 允许报文体中出现简单基于 SGML 的标志语言。③Image 类型用于传送静态图片,GIF 和 JPEG 是两种存储格式不同的子类型。④Audio 和 Video 类型用于传送声音和动态图片。Video 仅包含视频信息而没有声音,如果要传送一段包含声音的视频信息,则视频信息和声音要分开传送。⑤ Application 类型要求在显示前获得外部处理,用户代理收到 Application/ Octet-stream 类型的报文时先将其复制到一个文件中去,文件名可由用户决定,然后作进一步处理。⑥对 Postscript 子类型的报文,接收方只要执行其中的附录程序就可显示到来报文。⑦Message 类型允许在一个报文中嵌入另一报文,常用于邮件转交。

MIME 的编码方案有 Q 方法和 BASE64 方法。

(1) Q 方法

可打印的内容传输编码为少量的 8 位数据作为 7 位 NVT ASCII 传输提供了简单而有效的编码方法。要使用可打印编码,以将任何具有第八位设置的字符当作一个三位字符串来传输。这三位字符串通常以等号(=)开头。紧接着等号的是两位数字的十六进制数(表示两个 ASCII 字符),它表示被编码字符的 ASCII 值。例如 JAMSA 中的字符可编码如下:

=4A=41 =4D=53=41

"J"的 ASCII 码是 0x4A。"A"的 ASCII 码是 0x41 等。可打印编码把每个字符都转换成 ASCII 字符。例如在字母 J(ASCII 0x4A)的情况下,编码方案传输三个字节:一个等号(ASCII 0x3D),一个是数字 4(ASCII 0x34),一个是字母 A(ASCII 0x41)。可打印编码尽管使用简单,但编码是原数据的 3 倍。因此,可打印编码只对大量 7 位数据有益。

(2) BASE64

BASE64 编码仅增加三分之一的报文大小,这是一种 64 个 ASCII 字符的编码方法,这 64 个字符分别是"A"~"Z","a"~"z","0"~"9"及"+"和"/"。编码时,把每个连续的三个字节(24 位)数据组合表示为四个六位数值(总共 24 位),每 6 位数值当作一个 ASCII 字符来传输,其 6 位码值对应 0~63。当数据不包含三字节数据块的整数倍时,这种编码方案使用等号填充数据。

7.4.2　常见的 MAIL 服务器

1. Sendmail

Sendmail 是 Internet 标准的邮件处理系统,也是 RedHat Linux 缺省的邮件处理系统 (Mandrake 使用 PostFix)。用户不会直接使用 Sendmail,因为 Sendmail 在计算机的后台运行,是管理所有用户邮件的主服务器引擎。在文本模式下,用户可选择 pine 或 elm 来阅读/

发送邮件。在 KDE 下,用户可从 K-menu 中选用"mail client"(kmail)。如果想通过 ppp 拨号与外界通信,用户可能更想用内建在 Netscape 中的 mailer 与远程的基于 Internet 服务提供商的邮箱直接联系(跳过本地计算机的邮件服务器)。

Sendmail 非常灵活且功能强大,但如果要定制它以适应用户的特别要求的话,管理起来将会非常困难。幸运的是 RedHat(5.2 或 6.x)自带了封装的 Sendmail(虽然有某些限制)。

在用户的家庭系统(RedHat 缺省安装)上,可以无阻碍地发送邮件给在同一台机器的另一用户(例如用 pine)。一旦用户通过调制解调器与用户的 Internet 服务提供商相连(启用 IP 伪装),就可以用任何邮件软件发送邮件到本地或世界上任何一个地方。但当用户没有连上 Internet 时,所有邮件都会排在队列中并等待 Internet 连接,即使邮件是发送给用户的家庭网络中的另外一台计算机。连上 Internet 后邮件即可发送出去。这种情形之所以发生是因为 Sendmail 在尝试寻找 DNS,而用户的系统却没有 DNS,RedHat 缺省的 DNS 只是缓存。如果确实想在 RedHat6.x 上避免这种情形,用户可以运行 netconf(以 root 权限),指明 Sendmail 根本不使用 DNS(RedHat5.2 中的 Linuxconf 没有此项选择)。用户自己使用 DNS。

在 RedHat 6.x 系统中,用户还可以调用命令 netconf 对 Sendmail 的其他选项进行配置(以 root 权限)。在"邮件传递系统"——▶"中继主机"列表中,用户加入了用户的 Internet 服务提供商的名字和家庭网络上其他机器的名字。用户还把用户的家庭网络中的机器名字加在"按名字中继"("relay for by name")的列表中。

如果从家庭网络发送电子邮件(例如用 pine)到外部世界时,必须了解因简单安装而带来的某些限制。例如在用户创建了自己的 IP 地址并且用户的域名还没有注册的情况下,用户将不可能收到回复的邮件。在发送邮件中给出"回复"地址"user_login_name@machine.domain"是不行的,因为根据任何外部的 DNS 用户的域名都不存在,所以没有任何途径让邮件到达用户手里。为解决这个问题,用户可以用 Netscape 中的邮件程序 mailer 与家庭网络的外部世界通信。Netscape 使用用户在它的"编辑喜好"中的设定与用户的基于 ISP 的邮箱(位于 ISP 已注册的服务器上)直接通信从而跳过基于用户没有注册的家庭网络的电子邮件系统)。另一种可行的办法是在"回复到"一栏中指定正确的地址。如果是在 Netscape 中,用户可以设定 NetscapeMail 使用用户本地的 Linux 计算机作为邮件服务器,这样的话用户也可以从 NetscapeMail 发送邮件到家庭网络中的计算机(不仅仅发送到外部世界)。选项"回复到"同样可以在 KDE "mail client"的设置里设定。在"pine"中,用户可以在"setup-configure","customized-hdrs"下输入下面类似的东西来指定"回复到地址":

Reply-to: joe@joe_net.net

其中"joe@joe_net.net"是用户的正确的回复电子邮件地址。

如果用户的确希望在没有 Netscape 的帮助下从基于 ISP 的邮箱中取邮件到用户的账户,用户可以考虑安装 Fetchmail。

2. Postfix

Postfix 是一种电子邮件服务器,它是由任职于 IBM 华生研究中心(T. J. Watson Research Center)的荷兰籍研究员 Wietse Venema 为了改良 Sendmail 邮件服务器而开发的。最早在 20 世纪 90 年代晚期出现,是一个开放源代码的软件。

Postfix 由十几个具有不同功能的半驻留进程组成,并且在这些进程中并无特定的进程间父子关系。某一个特定的进程可以为其他进程提供特定的服务。

大多数的 Postfix 进程由一个进程统一进行管理,该进程负责在需要的时候调用其他进程,这个管理进程就是 master 进程。该进程也是一个后台程序。

这些 Postfix 进程是可以配置的,我们可以配置每个进程运行的数目,可重用的次数,生存的时间等。通过灵活的配置特性可以使整个系统的运行成本大大降低。

Postfix 有四种不同的邮件队列,并且由队列管理进程统一进行管理。

(1) maildrop:本地邮件放置在 maildrop 中,同时也被拷贝到 incoming 中。

(2) incoming:放置正在到达或队列管理进程尚未发现的邮件。

(3) active:放置队列管理进程已经打开了并正准备投递的邮件,该队列有长度的限制。

(4) deferred:放置不能被投递的邮件。

队列管理进程仅仅在内存中保留 active 队列,并且对该队列的长度进行限制,这样做的目的是为了避免进程运行内存超过系统的可用内存。

Postfix 通过一系列的措施来提高系统的安全性,这些措施包括:

(1) 动态分配内存,从而防止系统缓冲区溢出;

(2) 把大邮件分割成几块进行处理,投递时再重组;

(3) Postfix 的各种进程不在其他用户进程的控制之下运行,而是运行在驻留主进程 master 的控制之下,与其他用户进程无父子关系,所以有很好的绝缘性。

(4) Postfix 的队列文件有其特殊的格式,只能被 Postfix 本身识别。

当 Postfix 接收到一封新邮件时,新邮件首选在 incoming 队列处停留,然后针对不同的情况进行不同的处理:

(1) 对于来自本地的邮件:local 进程负责接收来自本地的邮件放在 maildrop 队列中,然后 pickup 进程对 maildrop 中的邮件进行完整性检测。maildrop 目录的权限必须设置为某一用户不能删除其他用户的邮件。

(2) 对于来自于网络的邮件:smtpd 进程负责接收来自于网络的邮件,并且进行安全性检测。可以通过 UCE(Unsolicited Commercial Email)控制 smtpd 的行为。

(3) 由 Postfix 进程产生的邮件:这是为了将不可投递的信息返回给发件人。这些邮件是由 bounce 后台程序产生的。

(4) 由 Postfix 自己产生的邮件:提示 Postmaster(也即 Postfix 管理员)Postfix 运行过程中出现的问题。(如 SMTP 协议问题,违反 UCE 规则的记录,等等)

关于 cleanup 后台程序的说明:cleanup 是对新邮件进行处理的最后一道工序,它对新邮件进行以下的处理:添加信头中丢失的 Form 信息;为将地址重写成标准的 user@fully.qualified.domain 格式进行排列;从信头中抽出收件人的地址;将邮件投入 incoming 队列中,并请求邮件队列管理进程处理该邮件;请求 trivial – rewrite 进程将地址转换。

新邮件一旦到达 incoming 队列,下一步就是开始投递邮件,Postfix 投递邮件时的处理过程如下:邮件队列管理进程是整个 Postfix 邮件系统的心脏。它和 local、smtp、pipe 等投递代理相联系,将包含有队列文件路径信息、邮件发件人地址、邮件收件人地址的投递请求发送给投递代理。队列管理进程维护着一个 deferred 队列,那些无法投递的邮件被投递到该队列中。除此之外,队列管理进程还维护着一个 active 队列,该队列中的邮件数目是有限制的,这是为了防止在负载太大时内存溢出。邮件队列管理程序还负责将收件人地址在

relocated 表中列出的邮件返回给发件人,该表包含无效的收件人地址。

如果邮件队列管理进程请求,rewrite 后台程序对收件人地址进行解析。但是缺省情况,rewrite 只对邮件收件人是本地的还是远程的进行区别。

如果邮件对用户管理进程请求,bounce 后台程序可以生成一个邮件不可投递的报告。

本地投递代理 local 进程可以理解类似 Unix 风格的邮箱,Sendmail 风格的系统别名数据库和 Sendmail 风格的.forward 文件。可以同时运行多个 local 进程,但是对同一个用户的并发投递进程数目是有限制的。用户可以配置 local 将邮件投递到用户的宿主目录,也可以配置 local 将邮件发送给一个外部命令,如流行的本地投递代理 procmail。在流行的 Linux 发行版本 RedHat 中,我们就使用 procmail 作为最终的本地投递代理。

远程投递代理 SMTP 进程根据收件人地址查询一个 SMTP 服务器列表,按照顺序连接每一个 SMTP 服务器,根据性能对该表进行排序。在系统负载太大时,可以有数个并发的 SMTP 进程同时运行。

pipe 是 Postfix 调用外部命令处理邮件的机制。

3. Qmail

Qmail 是一个因特网邮件传送代理(简写为 MTA),它运行在 Linux/Unix 兼容系统下,是一个直接代替 Unix 下 Sendmail 软件的邮件传送程序。Qmail 使用 SMTP 协议与其他系统上的 MTA 交换邮件。

Qmail 具有安装方便、安全性高、邮件结构合理、支持 SMTP 服务、队列管理、邮件反弹、基于域名的邮件路由、SMTP 传输、转发和邮件列表、本地(邮件)传送、POP3 服务等强大的功能。Qmail 的源代码现已开放为公有领域。

Qmail 经常被仅仅归类为一个邮件服务器软件包。这可能只在某一点上是正确的,将 Qmail 考虑为一个邮件分发体系会更加准确,这个体系结构的构建者为这个体系的所有组件的深入提供了一些基础接口。

Qmail 是非常模块化的——包含了一系列通过特定且受限的接口来互相沟通的简单程序。每个简单的程序都有一个特定且受限的任务需要完成。这个体系结构允许每个组件都能被容易地替代或让新的程序插入基础组件之中。

另外,这个体系限制了所有组件的安全影响。任何一个程序都与另外的程序隔离开来,在任何可能的情况,给每个程序一个不同的 Unix 用户和特定权限来确保它不会做任何它不应该做的事。因为通信接口被限制了,因此显然更难去攻击软件或更多别的——攻击一个没有足够权限来做任何它不应该做的事的组件对攻击者来说是很没有用处的。

最简单的例子是从网络上收邮件。一个基础的 Qmail 实验如下:tcpserver 到 Qmail - smtpd 到 Qmail - queue。tcpserver 程序有两个任务:打开一个端口来监听网络,并对每个连接以正确的用户来启动 Qmail - smtpd。因为监听低端口(如 SMTP 的端口:25)要求 root 权限,所以 tcpserver 通常以 root 用户运行。然而,因为 tcpserver 并不试图理解通信,所以很难被攻击。Qmail - smtpd 程序也只有两个任务需要运行:充分使用 SMTP 协议来接收消息,并发送这些邮件消息到 Qmail - queue。就这个而言,Qmail - smtpd 本身并不需要对磁盘上的队列或网络做任何事情。这允许 Qmail - smtpd 能被一个权限非常受限的用户来运行,而且允许 Qmail - smtpd 成为一个非常简单,而且容易被验证和排错的程序,即使它需要与用户(或攻击者)输入直接沟通。Qmail - queue 程序则只有一个任务——将消息写到已经有了接收头的磁盘队列上。它无须和网络沟通,或者了解它写到磁盘上的消息的内容,使得程序简单并容易被验证,从而使得攻击者更难破坏它。

要注意的是这个体系结构很容易被扩展。tcpserver 程序可以执行轮流执行所需的 Qmail - smtpd 的任何程序。这可能很有帮助,例如,决定在 Qmail - smtpd 被运行前是否允许一个连接到达 Qmail - smtpd 或设置或取消一个环境变量。它甚至可以用来对数据在到达 Qmail - smtpd 前进行安全过滤。类似地,当 Qmail - smtpd 正常地运行 Qmail - queue 时,它可以调用任何程序。这个程序可以执行所需的 Qmail - queue,这可能会有用,来过滤那些包含病毒的邮件消息。

Qmail - start 程序执行一些程序:Qmail - send,Qmail - lspawn,Qmail - rspawn 和 Qmail - clean。以上每个程序都有一个特定的任务。Qmail - send 必须监控磁盘上的邮件队列,并且分别根据是要将邮件投递给本地用户还是远程用户来执行 Qmail - lspawn 或 Qmail - rspaw,按路由来正确地发送。一旦邮件被发送,它就会运行 Qmail - clean 来清除队列中的消息。Qmail - lspawn 和 Qmail - rspawn 都会收到发送命令并产生运行 Qmail - local 和 Qmail - remote 的实例所需的数字,这些程序实例会真正开始发送邮件。Qmail - remote 程序是一个简单的程序,它从标准输入读取邮件,然后将它发送给由它的参数指定的主机和收件人。它没有足够的权限来读取队列本身之外的任何东西,因此必须亲手发送邮件。它甚至可以像下面这样单独使用:

Qmail - local 程序也很简单,它的任务是读取来自标准输入的邮件并将之发送给指定的本地用户,依据这个用户的.qmail 文件所描述的具体步骤。和 Qmail - remote 一样,它也没有足够的权限去读取或修改。

这些程序都相互独立,并且只依赖于提供给它的接口。通过限制每个组件的权限,使得攻击系统或通过攻击一个组件来获取更多都变得极其困难。这就是被 Qmail 使用的在其基础概念之后的权限分离安全技术。

7.5 CUPS 打印服务管理

7.5.1 CUPS 基础

CUPS(Common Unix Printing System,通用 Unix 打印系统)是 Fedora Core3 中支持的打印系统,它主要是使用 IPP(Internet Printing Protocol)来管理打印工作及队列,但同时也支持"LPD"(Line Printer Daemon)和"SMB"(Server Message Block)及 AppSocket 等通信协议。

Unix/Linux 下打印总是有许多限制。但若安装了 CUPS(Common Unix Printing System),用户将会得到一个完整的打印解决方案。

在 Unix/Linux 下打印的方法很久以来都是用 lpd(命令行方式的打印守护程序),它不支持 IPP(Internet 打印协议),而且也不支持同时使用多个打印设备。

CUPS 给 Unix/Linux 用户提供了一种可靠有效的方法来管理打印。它支持 IPP,并提供了 LPD、SMB(服务消息块,如配置为微软 Windows 的打印机)、JetDirect 等接口。CUPS 还可以浏览网络打印机。

如果要进行 LPRng(LPRng 是 LPR Next Generation 的简写,即下一代 LPR),而 LPR

则是 Line Printer Remote(远程行式打印机)打印系统的管理工作,可以使用图形界面工具"Prinrconf"来维护配置文件"/etc/printcap"。

此外,在 Linux 下进行 CUPS 驱动开发是遵循 GPL 协议规定的,也就是说必须开发源码。这对商业开发软件来讲不是一件开发商希望做的事情。所以在 Linux 下开发的打印机商业驱动,必须是首要开发出符合 LPRng 打印系统的驱动,然后再开发 CUPS 引导程序,最后将 CUPS 打印系统与自己的 LPRng 驱动联系起来。当然,这个引导程序也是要开发源码的。

Cisco Unified Presence Server(CUPS)是一个对充分发挥思维、统一通信环境价值具有重要意义的组件。它可以收集关于一个用户可用性状态的信息,例如在某个特定时刻是否使用某个通信设备(例如电话)。它还会收集关于用户通信功能的信息,例如是否支持 Web 协作或者视频会议。利用 Cisco Unified Presence Server 获取的信息,包括 Cisco Unified Personal Communicator 和 Cisco Unified CallManager 在内的软件可以帮助用户通过确定最有效的合作通信方式,更加有效地与同事保持联系。

7.5.2　Web 界面管理打印服务

你可以使用 CUPS Web 浏览器界面执行的常见打印管理任务包括:

(1) 定制打印服务器设置;

(2) 将打印客户机指向通用打印服务器;

(3) 设置和管理服务器上直接连接的打印机和打印机类;

(4) 设置和管理服务器上的远程打印机和打印机类;

(5) 从打印客户机管理打印作业。

首次访问 CUPS Web 浏览器界面(位于 http://localhost:631)时,将看到"Home"(主页)选项卡。通过此选项卡,你可以访问按类别分到一起的所有打印管理任务,以及完整的 CUPS 文档集。

Web 浏览器界面的主 Web 页上显示以下选项卡:

(1) "Administration"(管理)——允许访问大多数打印管理任务,包括 CUPS 服务器配置。可以转到 http://localhost:631/admin,直接访问 Web 浏览器界面的"Administration"(管理)部分。

(2) "Classes"(类)——允许搜索打印机类。

CUPS 提供多个打印机集合,称为打印机类。发送给某个类的打印作业将被转发给该类中的第一个可用打印机。类可以是其他类的成员。因此,针对可用性高的打印,可以定义非常大的分布式打印机类。

(3) "Documentation"(文档)——允许访问 CUPS 文档,其中包括手册、系统管理文档、FAQ 及联机帮助。

(4) "Jobs"(作业)——允许查看和管理已配置打印机的打印作业。

(5) "Printers"(打印机)——允许查看指定打印机的相关设置信息及修改这些设置。

1. 关于"Administration"(管理)选项卡

大多数打印任务都可以从"Administration"(管理)选项卡中执行。请注意,有一些任务可以从多个选项卡中执行。还可以从"Administration"(管理)选项卡中更改基本服务器设置。

表 7.1 介绍了任务类别及可以从"Administration"(管理)选项卡中执行的各个任务。

表 7.1

任务类别	任务类型
Printers(打印机)	添加打印机 查找新的打印机 管理打印机
Classes(类)	添加类 管理类
Jobs(作业)	管理作业
Server(服务器)	编辑配置文件 查看页面日志

2. 关于"Printers"(打印机)选项卡

"Printers"(打印机)选项卡允许查看和修改已配置打印队列的相关信息,从"Printers"(打印机)选项卡中,还可以执行以下任务:

(1) 打印测试页;

(2) 停止打印机;

(3) 拒绝打印作业;

(4) 移动打印作业;

(5) 取消所有打印作业;

(6) 取消发布打印机;

(7) 修改打印机;

(8) 设置打印机选项;

(9) 删除打印机;

(10) 将打印机设置为缺省打印机;

(11) 设置允许使用打印机的用户。

3. 如何添加新的打印机

(1) 通过转至 http://localhost:631/admin 访问"Administration"(管理)选项卡;

(2) 单击"Add Printer"(添加打印机)按钮;

(3) 如果出现提示,则键入你的登录用户名和口令,或者 root 用户名和口令;

(4) 按照提示完成过程。

7.6　DNS 域名解析服务

7.6.1　DNS 简介

1. DNS 历史发展

DNS 最早于 1983 年由保罗·莫卡派乔斯(Paul Mockapetris)发明;原始的技术规范在 882 号因特网标准草案(RFC 882)中发布。1987 年发布的第 1034 号和第 1035 号草案修正了 DNS 技术规范,并废除了之前的第 882 号和第 883 号草案。在此之后对因特网标准草案的修改基本上没有涉及 DNS 技术规范部分的改动。

早期的域名必须以英文句号"."结尾,这样 DNS 才能够进行域名解析。如今 DNS 服务器已经可以自动补上结尾的句号。

当前,对于域名长度的限制是 63 个字符,其中不包括 www.和.com 或者其他的扩展名。域名同时也仅限于 ASCII 字符的一个子集,这使得很多其他语言无法正确表示它们的名字和单词。基于 Punycode 码的 IDNA 系统,可以将 Unicode 字符串映射为有效的 DNS 字符集,这已经通过了验证并被一些注册机构作为一种变通的方法所采纳。

2. DNS

DNS 是计算机域名系统(Domain Name System 或 Domain Name Service)的缩写,它是由解析器及域名服务器组成的。域名服务器是指保存有该网络中所有主机的域名和对应 IP 地址,并具有将域名转换为 IP 地址功能的服务器。DNS 使用 TCP 与 UDP 端口号都是 53,主要使用 UDP,服务器之间备份使用 TCP。其中域名必须对应一个 IP 地址,而 IP 地址不一定只对应一个域名。域名系统采用类似目录树的等级结构。域名服务器为客户机/服务器模式中的服务器方,它主要有两种形式:主服务器和转发服务器。在 Internet 上域名与 IP 地址之间是一对一(或者多对一)的,也可采用 DNS 轮询实现一对多,域名虽然便于人们记忆,但机器之间只认 IP 地址,它们之间的转换工作称为域名解析,域名注册查询需要由专门的域名解析服务器来完成,DNS 就是进行域名解析的服务器。DNS 命名用于 Internet 的 TCP/IP 网络中,通过用户友好的名称查找计算机和服务。当用户在应用程序中输入 DNS 名称时,DNS 服务可以将此名称解析为与之相关的其他信息,如 IP 地址。因为,你在上网时输入的网址,是通过域名解析和系统解析找到了相对应的 IP 地址,这样才能上网。其实,域名的最终指向是 IP。DNS 解析是一个树形结构,当前请求的服务器解析不了就把它提交给它的上级服务器,一直到成功解析。

在 IPV4 中 IP 是由 32 位二进制数组成的,将这 32 位二进制数分成 4 组每组 8 个二进制数,将这 8 个二进制数转化成十进制数,就是我们看到的 IP 地址,其范围是在 0~255 之间,因为 8 个二进制数转化为十进制数的最大范围就是 0~255。已开始试行、将来必将代替 IPv4 的 IPV6 中,将以 128 位二进制数表示一个 IP 地址。

3. DNS 的功能

DNS 通过在网络中创建不同的区域(一个区域代表该网络中要命名的资源的管理集合),并采用一个分布式数据系统进行主机名和地址的查询。当在客服机的浏览器中键入要访问的主机名时就会触发一个 IP 地址的查询请求,请求会自动发送到默认的 DNS 服务器,DNS 服务器就会从数据库中查询该主机所对应的 IP 地址,并将找到 IP 地址作为查询结果返回。浏览器得到 IP 地址后,就根据 IP 地址在 Internet 中定位所要访问的资源。

4. DNS 的组成及查询

(1) 域名空间:指定结构化的域名层次结构和相应数据;

(2) 域名服务器:服务器端用于管理区域内的域名或资源记录,并负责其控制范围内所有主机的域名解析请求的程序;

(3) 解析器:客服端向域名服务器提交解析请求的程序。

5. DNS 服务器的类型

(1) 主域名服务器(master server)

主域名服务器是特定域中所有信息的授权来源,它从管理员创建的本地磁盘文件中加载域信息。

(2) 辅助域名服务器(slave server)

辅助域名服务器是主域名服务器的备份,有时又称备份域名服务器,它具有主服务器的绝大部分功能。

(3) 缓存域名服务器(caching only server)

缓存域名服务器记录每一个从远程服务器传到域名服务器的查询过程。

7.6.2 DNS 安装、配置与管理

1. BIND 的安装、查询

[root@rhel4]# rpm-qa|grep bind

在图形界面中,选择"应用程序"→"系统设置"→"添加/删除应用程序"→"服务器"→"DNS 服务器",然后按照系统提示放入适当的安装盘即可。

2. DNS 的启动、关闭、重启

[root@rhel4]#   /etc/rc.d/init.d/named start

[root@rhel4]#   /etc/rc.d/inin.d/named stop

[root@rhel4]#   /etc/rc.d/init.d/named restart

3. DNS 服务器的配置文件

(1) 主配置文件 named.conf

BIND 软件安装时会自动创建一个包含默认配置的主配置文件"/etc/named.conf",它的主体部分如下:

named.conf for Red Hat caching-nameserver   options{

directory "/var/named/"

指定数据库文件的存放位置

dump-file "/var/named/data/cache_dump.db";

指定转储文件的存放位置及文件名 statistics-file "/var/named/data/named_ stats. txt";}指定统计文件的存放位置及文件名

query-source address * port 53;

用户和 DNS 之间存在防火墙

controls{

inet 127.0.0.1 allow{localhost;}keys{rnckey}

指定允许本机密匙 rcdckey 来控制这台 DNS 服务器   zone "."IN{

zone 是 DNS 服务器管理时间的逻辑单位

type hint;

定义区域类型为提示类型

file "named.ca" ; }

指从 named.ca 文件获取 Internet 顶层根服务器信息

zone "localdomain" IN

定义正向区域

type master;

定义区域类型为主要类型

file "localdomain.zone";

指定该区域的数据库文件为 localdomain.zone allow-update{none; };不允许动态更新；

zone "localhost"　IN{

定义一个名为 localhost 的正向区域

type master

file "localhost.zone"

DNS 数据文件存放的位置

allow-update{none; };

zone "0.0.127.in-addr.arpa" IN

定义主机反向区域

type master;

file "localhost.zone";

allow-update{none; };

zone {"0.0.0.0.0.0.0.0.0.0.0.0.0.0.0.0.0.0.0.0.0.0.0.0.0.0.0.0.0.0.0.0.ip6.arpa" typemaster;

file "namedip6.local" allow- update {none;};}

定义基于 IPV6 的区域

4. 正向数据库文件

正向区域数据库文件实现区域内主机名到 IP 地址的正向解析，包含若干条资源记录，如图 7.30 所示。

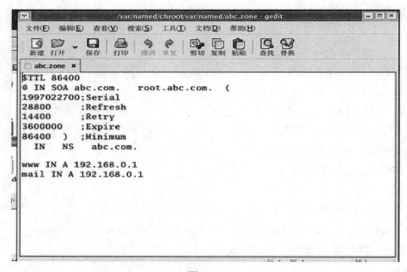

图 7.30

5. 反向区域数据库文件

反向区域文件用于实现区域内主机 IP 地址到域名的映射，如图 7.31 所示。

6. 重启网络

［root@localhost named ］# service named restart

测试网络，如图 7.32 所示:正向,反向区域解析成功。

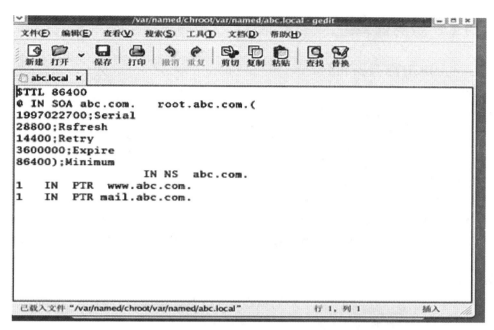

图 7.31

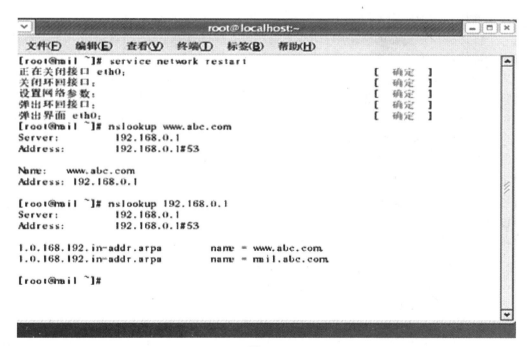

图 7.32

7.7 DHCP 服务器管理

7.7.1 DHCP 服务器简介

动态主机设置协议(Dynamic Host Configuration Protocol, DHCP)是一个局域网的网络协议。两台连接到互联网上的电脑相互之间通信,必须有各自的 IP 地址,由于 IP 地址资源有限,宽带接入运营商不能做到给每个报装宽带的用户都能分配一个固定的 IP 地址(所谓固定 IP 就是即使在你不上网的时候,别人也不能用这个 IP 地址,这个资源一直被你所独占),所以要采用 DHCP 方式对上网的用户进行临时的地址分配。也就是你的电脑连上网,DHCP 服务器才从地址池里临时分配一个 IP 地址给你,每次上网分配的 IP 地址可能会不一样,这跟当时 IP 地址资源有关。当你下线的时候,DHCP 服务器可能就会把这个地址分配给之后上线的其他电脑用户。这样就可以有效节约 IP 地址,既保证了你的通信,又提高 IP 地址的使用率。

在一个使用 TCP/IP 协议的网络中,每一台计算机都必须至少有一个 IP 地址,才能与其他计算机连接通信。为了便于统一规划和管理网络中的 IP 地址,DHCP 应运而生了。这种网络服务有利于对校园网络中的客户机 IP 地址进行有效管理,而不需要一个一个手动指定 IP 地址。

DHCP 用一台或一组 DHCP 服务器来管理网络参数的分配,这种方案具有容错性。即使在一个仅拥有少量机器的网络中,DHCP 仍然是有用的,因为一台机器可以几乎不造成任何影响地被增加到本地网络中。

甚至对于那些很少改变地址的服务器来说,DHCP 仍然被建议用来设置它们的地址。如果服务器需要被重新分配地址(RFC2071)的时候,就可以在尽可能少的地方去做这些改动。对于一些设备,如路由器和防火墙,则不应使用 DHCP。把 TFTP 或 SSH 服务器放在同一台运行 DHCP 的机器上也是有用的,目的是为了集中管理。

DHCP 也可用于直接为服务器和桌面计算机分配地址,并且通过一个 PPP 代理,也可为拨号及宽带主机,以及住宅 NAT 网关和路由器分配地址。DHCP 一般不适用于使用在无边际路由器和 DNS 服务器上。

1. DHCP 的分配方式

在 DHCP 的工作原理中,DHCP 服务器提供了三种 IP 分配方式:自动分配(automatic allocation)、手动分配和动态分配(dynamic allocation)。

(1)自动分配是当 DHCP 客户机第一次成功地从 DHCP 服务器获取一个 IP 地址后,就永久地使用这个 IP 地址。

(2)手动分配是由 DHCP 服务器管理员专门指定的 IP 地址

(3)动态分配是当客户机第一次从 DHCP 服务器获取到 IP 地址后,并非永久使用该地址,每次使用完后,DHCP 客户机就需要释放这个 IP,供其他客户机使用。

2. DHCP 的租约过程

客户机从 DHCP 服务器获得 IP 地址的过程叫做 DHCP 的租约过程。

租约过程分为四个步骤,分别为:客户机请求 IP(客户机发 DHCP Discover 广播包)、服务器响应(服务器发 DHCP Offer 广播包)、客户机选择 IP(客户机发 DHCP Request 广播包)、服务器确定租约(服务器发 DHCP ACK 广播包)。

7.7.2　DHCP 服务器配置

1. 安装 DHCP 服务器

〔root@azuo root〕# rpm -qa | grep dhcp　　　//检查网络是否安装了 DHCP 软件包

注:-q：查询安装的软件包

-a：所有的软件包

如果没有出现任何信息，则证明没有安装过 dhcp 软件包。

则先下载和 DHCP 有关的软件包，然后使用以下命令安装

〔root@azuo root〕# rpm -ivh dhcp-3.0-12-6.14.i386.rpm

〔root@azuo root〕# rpm -ivh dhcp-devel-3.0p12-6.14.i386.rpm

〔root@azuo root〕# rpm -ivh dhclient-3.0p12-6.14.i386.rpm

〔root@azuo dhcp software〕# rpm -Uvh dhcp-3.0.1-54.EL4.i386.rpm

出现两处进度条显示为 100％方才安装成功。

warning：dhcp-3.0.1-54.EL4.i386.rpm：V3 DSA signature：NOKEY,key ID db42a60e

Preparing...###〔100％〕

　　1:dhcp　　warning：/etc/dhcpd.conf created as /etc/dhcpd.conf.rpmnew

###〔100％〕

〔root@azuo dhcp software〕# rpm -Uvh dhcp-devel-3.0.1-54.EL4.i386.rpm

warning：dhcp-devel-3.0.1-54.EL4.i386.rpm：V3 DSA signature：NOKEY,key ID db42a60e

Preparing...###〔100％〕

　　1:dhcp-devel##

〔100％〕

〔root@azuo dhcp software〕# rpm -Uvh dhclient-3.0.1-54.EL4.i386.rpm

warning：dhclient-3.0.1-54.EL4.i386.rpm：V3 DSA signature：NOKEY,key ID db42a60e

Preparing...###〔100％〕

　　1:dhclient##

〔100％〕

2. DHCP 重要的配置文件

(1) /etc/dhcpd.conf (DHCP 的主配置文件,包括 DHCP 的最主要的配置信息)

(2) var/lib/dhcp/dhcp.lease (租赁文件,用于查看当前 DHCP 客户端的情况)

(3) /usr/sbin/dhcpd (DHCP 服务程序的执行文件)

(4) /etc/rc.d/init.d (DHCP 的启动脚本)

(5) /var/log/message (日志文件)

(6) /etc/sysconfig/dhcpd (定义 DHCP 广播网卡文件)

(7) /etc/sysconfig/dhcrelay (中继代理服务文件)

(8) /etc/init.d/dhcrelay (中继代理服务启动脚本)

（9）/usr/sbin/dhcrelay（中继代理执行文件）

在实验中我们主要掌握 dhcpd.conf 主配置文件的配置内容和用法就可以了，其他的可以课后自己研究。

3. DHCP 服务器端的配置

快速配置 DHCP Server：

在/usr/share/doc/dhcp⟨version-number⟩目录下，存在一个名为"dhcpd.conf.sample"的文件，该文件提供了一个很好的 DHCP 配置的范例，可以将这个文件拷贝到/etc 目录下，再对该文件进行修改即可。

具体步骤如下：

（1）cp /etc/dhcpd.conf /etc/dhcpd.conf.bak //将原来的 dhcp.conf 文件做一个备份，这是一个良好的作风

（2）cp /usr/share/doc/dhcp⟨version⟩/dchp.conf.sample 拷贝范例文件

（3）vi /etc/dhcpd.conf //使用 vi 编辑器来对 DHCP 主配置文件来进行配置

下面是一份 dhcpd.conf 配置文件及其解析

```
ddns-update-style interim;                         //动态与 DNS 联合更新
ignore client-updates;                             //忽略客户端更新


subnet 192.168.0.0 netmask 255.255.255.0 {         //设置子网


# --- default gateway
option routers                192.168.0.1;         //定义分配给客户机的默认网关
option subnet-mask            255.255.255.0;        //定义分配给客户机的子网掩码
option nis-domain             "domain.org";         //指明客户端的 NIS 域
option domain-name            "domain.org";         //定义分配给客户机的域名
option domain-name-servers    192.168.1.1;          //定义分配给域名解析服务器地址
option time-offset            -18000; # Eastern Standard Time  //设置与格林尼治时间的偏移时间
#    option ntp-servers        192.168.1.1;
#    option netbios-name-servers   192.168.1.1;
# --- Selects point-to-point node (default is hybrid). Don't change this unless
# -- you understand Netbios very well
#    option netbios-node-type 2;
     range dynamic-bootp 192.168.0.128 192.168.0.254;   //设置地址池
     default-lease-time 21600;                      //定义缺省的租期,单位是 s
     max-lease-time 43200;                          //定义最大租约时间,单位是 s
     # we want the nameserver to appear at a fixed address
     host ns {                                      //为某台主机固定分配 IP 地址,实现 MAC 地址和 IP 地址绑定

          next-server marvin.redhat.com;
```

```
         hardware ethernet 12:34:56:78:AB:CD;
         fixed-address 207.175.42.254;
     }
 }

 subnet 239.252.197.0 netmask 255.255.255.0 {
             range 239.252.197.10 239.252.197.250;
             }
     Multiple address ranges may be specified like this:
     subnet 239.252.197.0 netmask 255.255.255.0 {
             range 239.252.197.10 239.252.197.107;
             range 239.252.197.113 239.252.197.250;
             }
```

7.8　NTP 服务配置与管理

1. NTP 服务的配置文件

NTP 服务的配置文件包括四个文件，如表 7.2 所示。

表 7.2　NTP 服务的配置文件

目录名称	应用功能说明
/etc/ntp.conf	NTP 服务的主要配置文件，不同的 Linux 版本文件所在的目录可能会不同
/usr/share/zoneinfo	规定了各主要时区的时间设定文件，例如中国大陆的时区设置文件是"/usr/share/zoneinfo/Asia/Shanghai"
/etc/sysconfig/clock	Linux 的主要时区设定文件。每次启动后 Linux 操作系统会自动读取这个文件来设定系统预设要显示的时间。如这个文件内容为"ZONE＝Asia/Shanghai"，这表示 Linux 操作系统的时间设定使用"/usr/share/zoneinfo/Asia/Shanghai"这个文件
/etc/localtime	本地系统的时间设定文件，如果 clock 文件里面规定了使用的时间设定文件为"/usr/share/zoneinfo/Asia/Shanghai"，Linux 操作系统就会将 Shanghai 那个文件复制一份为"/etc/localtime"，所以系统的时间显示就会以 Shanghai 那个时间设定文件为准

与 NTP 及系统时间有关的执行文件包括几个文件如表 7.3 所示。

表 7.3　与 NTP 及系统时间有关的执行文件

命令名称	命令应用功能说明
/bin/date	Linux 系统上面的日期与时间修改及输出命令
/sbin/hwclock	主机的 BIOS 时间与 Linux 系统时间是分开的，所以使用 date 这个指定调整了时间之后，只是调整了 Linux 的系统时间，还需要使用 hwclock，才能将修改过后的时间写入 BIOS。这个命令必须是 root 用户才能执行

（续表）

命令名称	命令应用功能说明
/usr/sbin/ntpd	NTP 服务的守护进程文件,需要启动它才能提供 NTP 服务
/usr/sbin/ntpdate	NTP 客户端用来连接 NTP 服务器命令文件
/usr/sbin/ntpq	标准的网络计时协议(NTP)查询程序
/usr/sbin/ntptrace	跟踪网络计时协议主机链到它们的控制时间源
/sbin/clock	调整 RTC 时间。RTC 是电脑内建的硬件时间,执行这项指令可以显示现在时刻,调整硬件时钟的时间,将系统时间设成与硬件时钟之时间一致,或是把系统时间回存到硬件时钟

说明:Linux 时钟类型在分类和设置上却和 Windows 大相径庭。和 Windows 不同的是,Linux 将时钟分为系统时钟和硬件时钟(Real Time Clock,简称 RTC)两种。系统时间是指当前 Linux Kernel 中的时钟,而硬件时钟则是主板上由电池供电的那个主板硬件时钟,这个时钟可以在 BIOS 的"Standard BIOS Feture"项中进行设置。当 Linux 启动时,硬件时钟会去读取系统时钟的设置,然后系统时钟就会独立于硬件运作。

2. 关于权限设定部分

权限的设定主要以 restrict 这个参数来设定,格式如下:

restrict IP 地址 mask 子网掩码 参数

其中 IP 可以是 IP 地址,也可以是 default,default 就是指所有的 IP。

参数有以下几个。

ignore:关闭所有的 NTP 联机服务;

nomodify:客户端不能更改服务端的时间参数,但是客户端可以通过服务端进行网络校时;

notrust:客户端除非通过认证,否则该客户端来源将被视为不信任子网;

noquery:不提供客户端的时间查询。

注意:如果参数没有设定,那就表示该 IP（或子网）没有任何限制。

用 server 这个参数设定上级时间服务器,格式如下:

server IP 地址或域名 [prefer]

IP 地址或域名就是我们指定的上级时间服务器,如果 Server 参数最后加上 prefer,表示我们的 NTP 服务器主要以该部主机时间进行校准。

driftfile 格式如下:

driftfile 文件名

在与上级时间服务器联系时所花费的时间,记录在 driftfile 参数后面的文件内。

注意:driftfile 后面接的文件需要使用完整的路径文件名,不能是链接文件,并且文件的权限需要设定成 ntpd 守护进程可以写入。

3. 其他设置工作

保存退出后。启动 NTP 服务 service ntpd start。

如果想每次系统启动，NTP 服务自动启动，请输入下面命令：

/sbin/chkconfig --add ntpd

/sbin/chkconfig --level 234 ntpd on //配置在开机时运行

打开 iptables 防火墙 123 端口

NTP 服务的端口是 123，使用的是 udp 协议，所以 NTP 服务器的防火墙必须对外开放 udp 123 这个端口。方法如下，使用以下规则：

/sbin/iptables -A INPUT -p UDP -i eth0 -s 192.168.0.0/24 　\

>--dport 123 -j ACCEPT

注意：Ntpd 启动的时候通常需要一段时间进行时间同步，所以在 ntpd 刚刚启动的时候还不能正常提供时钟服务，最长大概有 5 分钟，如果超过了这个时间请检查一下你的配置文件。

查看 ntp 服务器工作情况：

通常我们使用命令查看 123 端口和 ntp 系统进程判断 ntp 服务器是否工作正常。

命令如下：

netstat -unl │ grep 123 # 查看 123 端口，操作结果如图 7.33 所示；

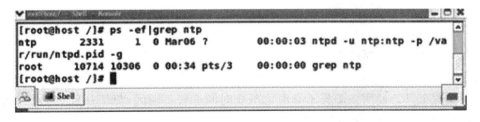

图 7.33　使用命令查看 123 端口

ps -ef│grep ntp # 查看 ntp 进程是否启动，操作结果如图 7.34 所示；

图 7.34　使用命令查看 ntp 系统进程

4. 监控 NTP 服务器

ntpq 用来监视 ntpd 操作，使用标准的 NTP 模式 6 控制消息模式，并与 NTP 服务器通信。

ntpq － p 查询网络中的 NTP 服务器,同时显示客户端和每个服务器的关系,
例如:执行命令:ntpq － p 后,输出结果为:

ntpq -p

remote	refid	st	t	when	poll	reach	delay	offset	jitter
＊time-A.timefreq .ACTS.		1	u	152	1024	377	43.527	-11.093	3.982
＋clock.isc.org	204.123.2.5	2	u	230	1024	377	67.958	-7.729	0.071
time-a.nist.gov .ACTS.		1	u	323	1024	377	58.705	994.866	999.084

"＊":响应的 NTP 服务器和最精确的服务器。"＋":响应这个查询请求的 NTP 服务器。"blank(空格)":没有响应的 NTP 服务器。"remote":响应这个请求的 NTP 服务器的名称。"refid":NTP 服务器使用的更高一级服务器的名称。"st":正在响应请求的 NTP 服务器的级别。"when":上一次成功请求之后到现在的秒数。"poll":当前的请求的时钟间隔的秒数。"offset":主机通过 NTP 时钟同步与所同步时间源的时间偏移量,单位为毫秒(ms)。

5. Linux NTP 客户端的使用

(1) Linux 系统使用命令行配置

在 Linux 上面进行网络校时非常简单,执行 ntpdate 即可:

ntpdate 192.168.0.1 # 192.168.0.1 是 NTP 服务器的 IP

不要忘了使用 hwclock 命令,把时间写入 BIOS。

hwclock-w

如果想定时进行时间校准,可以使用 crond 服务来定时执行。

编辑 /etc/crontab 文件

加入下面一行:

30 8 ＊ ＊ ＊ root /usr/sbin/ntpdate 192.168.0.1; /sbin/hwclock -w # 192.168.0.1
NTP 服务器的 IP 地址

然后重启 crond 服务。

service crond restart

这样,每天 8:30 Linux 系统就会自动地进行网络时间校准。

(2) 桌面环境下配置方法

可以使用图形化的时钟设置工具,如 RHEL 4.0 中的日期与时间设置工具,也可以在虚拟终端中键入"redhat-config-time"命令,或者选择"K 选单/系统设置/日期与时间"来启动日期时间设置工具。使用该工具不必考虑系统时间和硬件时间,只需从该对话框中设置日期时间,可同时设置、修改系统时钟和硬件时钟,如图 7.35 所示。

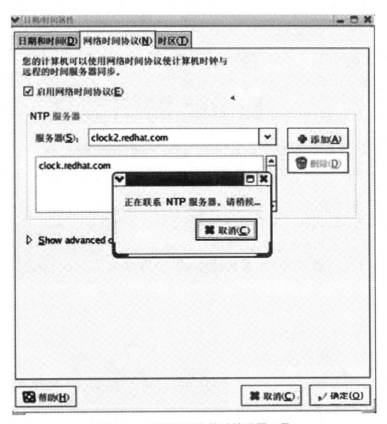

图 7.35   使用图形化的时钟设置工具

思考题

7-1 什么是超文本？什么是超文本传输协议？

7-2 MYSQL 中如何查看用户权限？

7-3 常见的 Mail 服务器有哪些？

7-4 DNS 的类型有哪些？

7-5 DHCP 的会话包括哪些？

第8章
Linux 网络管理

本章学习要点

    通过对本章的学习,读者应该了解 Linux 系统的网络端口与服务、网卡与 IP 配置、防火墙、网络问题的故障诊断工具及域名解析问题的故障诊断等内容,其中读者应着重掌握 Linux 系统的网络端口与服务、网卡与 IP 配置及防火墙,其中网络端口与服务、网卡与 IP 配置是 Linux 作为网络服务器的基础知识,防火墙是保证 Linux 系统的安全的重要手段。

学习目标

    (1) 了解网络端口与服务;

    (2) 掌握网卡与 IP 配置;

    (3) 了解使用防火墙 iptables。

8.1 网络端口与服务

8.1.1 端口概念

    在网络技术中,端口大致有两种意思:一是物理意义上的端口,比如 ADSL Modem、集线器、交换机、路由器上用于连接其他网络设备的接口,如 RJ-45 端口、SC 端口等。二是逻辑意义上的端口,一般是指 TCP/IP 协议中的端口,端口号的范围从 0 到 65535,比如用于浏览网页服务的 80 端口,用于 FTP 服务的 21 端口等。这里将要介绍的就是逻辑意义上的端口。

8.1.2 端口分类

逻辑意义上的端口有多种分类标准,下面将介绍两种常见的分类:

1. 按端口号分布划分

(1) 知名端口(well - known ports)

知名端口即众所周知的端口号,范围从 0 到 1023,这些端口号一般固定分配给一些服务。比如 21 端口分配给 FTP 服务,25 端口分配给 SMTP(简单邮件传输协议)服务,80 端口分配给 HTTP 服务,135 端口分配给 RPC(远程过程调用)服务等。

(2) 动态端口(dynamic ports)

动态端口的范围从 1024 到 65535,这些端口号一般不固定分配给某个服务,也就是说许多服务都能使用这些端口。只要运行的程式向系统提出访问网络的申请,那么系统就能从这些端口号中分配一个供该程序使用。比如 1024 端口就是分配给第一个向系统发出申请的程序。在关闭程式进程后,就会释放所占用的端口号。

不过,动态端口也常常被病毒木马程式所利用,如冰河默认连接端口是 7626、WAY 2.4 的端口是 8011、Netspy 3.0 的端口是 7306、YAI 病毒的端口是 1024 等。

2. 按协议类型划分

按协议类型划分,能分为 TCP、UDP、IP 和 ICMP(Internet 控制消息协议)等端口。下面主要介绍 TCP 和 UDP 端口。

(1) TCP 端口

TCP 端口,即传输控制协议端口,需要在客户端和服务器之间建立连接,这样能提供可靠的数据传输。常见的包括 FTP 服务的 21 端口,Telnet 服务的 23 端口,SMTP 服务的 25 端口及 HTTP 服务的 80 端口等。

(2) UDP 端口

UDP 端口,即用户数据包协议端口,无须在客户端和服务器之间建立连接,安全性得不到保障。常见的有 DNS 服务的 53 端口,SNMP(简单网络管理协议)服务的 161 端口,QQ 使用的 8000 端口和 4000 端口等。

3. 查看端口

在视窗系统 2000/XP/Server 2003 中要查看端口,能使用 Netstat 命令:

依次点击"开始"→"运行",键入"cmd"并回车,打开命令提示符窗口。在命令提示符状态下键入"netstat -a -n",按下回车键后就能看到以数字形式显示的 TCP 和 UDP 连接的端口号及状态。

小知识:Netstat 命令用法

命令格式:Netstat ?—a? ?—e? ?—n? ?—o? ?—s?

—a 表示显示所有活动的 TCP 连接及计算机监听的 TCP 和 UDP 端口。

—e 表示显示以太网发送和接收的字节数、数据包数等。

—n 表示只以数字形式显示所有活动的 TCP 连接的地址和端口号。

—o 表示显示活动的 TCP 连接并包括每个连接的进程 ID(PID)。

—s 表示按协议显示各种连接的统计信息,包括端口号。

4. 常用网络服务端口

端口:0

服务:Reserved

说明:通常用于分析操作系统。这一方法能够工作是因为在一些系统中"0"是无效端口,当你试图使用通常的闭合端口连接它时将产生不同的结果。一种典型的扫描,使用 IP 地址为 0.0.0.0,设置 ACK 位并在以太网层广播。

端口:1

服务:tcpmux

说明:这显示有人在寻找 SGI Irix 机器。Irix 是实现 tcpmux 的主要提供者,默认情况下 tcpmux 在这种系统中被打开。Irix 机器在发布是含有几个默认的无密码的账户,如:IP、GUEST UUCP、NUUCP、DEMOS 、TUTOR、DIAG、OUTOFBOX 等。许多管理员在安装后忘记删除这些账户。因此 HACKER 在 INTERNET 上搜索 tcpmux 并利用这些账户。

端口:7

服务:Echo

说明:能看到许多人搜索 Fraggle 放大器时,发送到 X.X.X.0 和 X.X.X.255 的信息。

端口:19

服务:Character Generator

说明:这是一种仅仅发送字符的服务。UDP 版本将会在收到 UDP 包后回应含有垃圾字符的包。TCP 连接时会发送含有垃圾字符的数据流直到连接关闭。Hacker 利用 IP 欺骗可以发动 DOS 攻击。伪造两个 chargen 服务器之间的 UDP 包。同样 Fraggle DOS 攻击向目标地址的这个端口广播一个带有伪造受害者 IP 的数据包,受害者为了回应这些数据而过载。

端口:21

服务:FTP

说明:FTP 服务器所开放的端口,用于上传、下载。最常见的攻击者用于寻找打开 anonymous 的 FTP 服务器的方法。这些服务器带有可读写的目录。木马 Doly Trojan、Fore、Invisible FTP、WebEx、WinCrash 和 Blade Runner 所开放的端口。

端口:22

服务:Ssh

说明:PcAnywhere 建立的 TCP 和这一端口的连接可能是为了寻找 ssh。这一服务有许多弱点,如果配置成特定的模式,许多使用 RSAREF 库的版本就会有不少的漏洞存在。

端口:23

服务:Telnet

说明:远程登录,入侵者在搜索远程登录 Unix 的服务。大多数情况下扫描这一端口是为了找到机器运行的操作系统。还有使用其他技术,入侵者也会找到密码。木马 Tiny Telnet Server 就开放这个端口。

端口:25

服务:SMTP

说明:SMTP 服务器所开放的端口,用于发送邮件。入侵者寻找 SMTP 服务器是为了传递他们的 SPAM。入侵者的账户被关闭,他们需要连接到高带宽的 Email 服务器上,将简单的信息传递到不同的地址。木马 Antigen、Email Password Sender、Haebu Coceda、Shtrilitz Stealth、WinPC、WinSpy 都开放这个端口。

端口:31

服务:MSG Authentication

说明:木马 Master Paradise、Hackers Paradise 开放此端口。

端口:42

服务:WINS Replication

说明:WINS 复制

端口:53

服务:Domain Name Server(DNS)

说明:DNS 服务器所开放的端口,入侵者可能是试图进行区域传递(TCP),欺骗 DNS(UDP)或隐藏其他的通信。因此防火墙常常过滤或记录此端口。

端口:67

服务:Bootstrap Protocol Server

说明:通过 DSL 和 Cable modem 的防火墙常有大量发送到广播地址 255.255.255.255 的数据。这些机器在向 DHCP 服务器请求一个地址。Hacker 常进入它们,分配一个地址把自己作为局部路由器而发起大量中间人(man in middle)的攻击。客户端向 68 端口广播请求配置,服务器向 67 端口广播回应请求。这种回应使用广播是因为客户端还不知道可以发送的 IP 地址。

端口:69

服务:Trival File Transfer

说明:许多服务器与 bootp 一起提供这项服务,便于从系统下载启动代码。但是它们常常由于错误配置而使入侵者能从系统中窃取任何文件。它们也可用于系统写入文件。

端口:79

服务:Finger Server

说明:入侵者用于获得用户信息,查询操作系统,探测已知的缓冲区溢出错误,回应从自己机器到其他机器 Finger 扫描。

端口:80

服务:HTTP

说明:用于网页浏览。木马 Executor 开放此端口。

端口:99

服务:gram Relay

说明:后门程序 ncx99 开放此端口。

端口:102

服务:Message transfer agent(MTA)-X.400 over TCP/IP

说明:消息传输代理。

端口：109

服务：Post Office Protocol -Version3

说明：POP3 服务器开放此端口，用于接收邮件，客户端访问服务器端的邮件服务。POP3 服务有许多公认的弱点。关于用户名和密码交换缓冲区溢出的弱点至少有 20 个，这意味着入侵者可以在真正登录前进入系统。成功登录后还有其他缓冲区溢出错误。

端口：110

服务：SUN 公司的 RPC 服务所有端口

说明：常见 RPC 服务有 rpc.mountd、NFS、rpc.statd、rpc.csmd、rpc.ttybd、amd 等。

端口：113

服务：Authentication Service

说明：这是一个许多计算机上运行的协议，用于鉴别 TCP 连接的用户。使用标准的这种服务可以获得许多计算机的信息。但是它可作为许多服务的记录器，尤其是 FTP、POP、IMAP、SMTP 和 IRC 等服务。通常如果有许多客户通过防火墙访问这些服务，将会看到许多这个端口的连接请求。记住，如果阻断这个端口客户端会感觉到在防火墙另一边与 Email 服务器的缓慢连接。许多防火墙支持 TCP 连接的阻断过程中发回 RST。这将会停止缓慢的连接。

端口：119

服务：Network News Transfer Protocol

说明：NEWS 新闻组传输协议，承载 USENET 通信。这个端口的连接通常是人们在寻找 USENET 服务器。多数 ISP 限制，只有他们的客户才能访问他们的新闻组服务器。打开新闻组服务器将允许发/读任何人的帖子，访问被限制的新闻组服务器，匿名发帖或发送 SPAM。

端口：135

服务：Location Service

说明：Microsoft 在这个端口运行 DCE RPC end-point mapper 为它的 DCOM 服务。这与 Unix 111 端口的功能很相似。使用 DCOM 和 RPC 的服务利用计算机上的 end-point mapper 注册它们的位置。远端客户连接到计算机时，它们查找 end-point mapper 找到服务的位置。Hacker 扫描计算机的这个端口是为了找到这个计算机上运行 Exchange Server 吗？什么版本？还有些 DOS 攻击直接针对这个端口。

端口：137、138、139

服务：NETBIOS Name Service

说明：其中 137、138 是 UDP 端口，当通过网上邻居传输文件时用这个端口。而 139 端口：通过这个端口进入的连接试图获得 NetBIOS/SMB 服务。这个协议被用于 Windows 文件和打印机共享和 SAMBA。还有 Wins Registration 也用它。

端口:143

服务:Interim Mail Access Protocol v2

说明:和 POP3 的安全问题一样,许多 IMAP 服务器存在有缓冲区溢出漏洞。记住:一种 Linux 蠕虫(admv0rm)会通过这个端口繁殖,因此许多这个端口的扫描来自不知情的已经被感染的用户。当 RedHat 在他们的 Linux 发布版本中默认允许 IMAP 后,这些漏洞变得很流行。这一端口还被用于 IMAP2,但并不流行。

端口:161

服务:SNMP

说明:SNMP 允许远程管理设备。所有配置和运行信息的储存在数据库中,通过 SNMP 可获得这些信息。许多管理员的错误配置将被暴露在 Internet。Cackers 将试图使用默认的密码 public、private 访问系统。他们可能会试验所有可能的组合。SNMP 包可能会被错误的指向用户的网络。

端口:177

服务:X Display Manager Control Protocol

说明:许多入侵者通过它访问 X Windows 操作台,它同时需要打开 6000 端口。

端口:389

服务:LDAP、ILS

说明:轻型目录访问协议和 NetMeeting Internet Locator Server 共用这一端口。

端口:443

服务:HTTPS

说明:网页浏览端口,能提供加密和通过安全端口传输的另一种 HTTP。

端口:456

服务:[NULL]

说明:木马 HACKERS PARADISE 开放此端口。

端口:513

服务:Login,remote login

说明:是从使用 cable modem 或 DSL 登录到子网中的 Unix 计算机发出的广播。这为人为入侵者进入他们的系统提供了信息。

端口:544

服务:[NULL]

说明:kerberos kshell。

端口:548

服务:Macintosh,File Services(AFP/IP)

说明:Macintosh,文件服务。

端口:553

服务:CORBA IIOP (UDP)

说明:使用 cable modem、DSL 或 VLAN 将会看到这个端口的广播。CORBA 是一种面向对象的 RPC 系统。入侵者可以利用这些信息进入系统。

端口:555

服务:DSF

说明:木马 PhAse1.0、Stealth Spy、IniKiller 开放此端口。

端口:568

服务:Membership DPA

说明:成员资格 DPA。

端口:569

服务:Membership MSN

说明:成员资格 MSN。

端口:635

服务:mountd

说明:Linux 的 mountd bug。这是扫描的一个流行 bug。大多数对这个端口的扫描是基于 UDP 的,但是基于 TCP 的 mountd 有所增加(mountd 同时运行于两个端口)。记住 mountd 可运行于任何端口(到底是哪个端口,需要在端口 111 做 portmap 查询),只是 Linux 默认端口是 635,就像 NFS 通常运行于 2049 端口。

端口:636

服务:LDAP

说明:SSL(Secure Sockets layer)。

端口:666

服务:Doom Id Software

说明:木马 Attack FTP、Satanz Backdoor 开放此端口。

端口:993

服务:IMAP

说明:SSL(Secure Sockets layer)。

端口：1001、1011

服务：[NULL]

说明：木马 Silencer、WebEx 开放 1001 端口。木马 Doly Trojan 开放 1011 端口。

端口：1024

服务：Reserved

说明：它是动态端口的开始，许多程序并不在乎用哪个端口连接网络，它们请求系统为它们分配下一个闲置端口。基于这一点分配从端口 1024 开始。这就是说第一个向系统发出请求的会分配到 1024 端口。你可以重启机器，打开 Telnet，再打开一个窗口运行 natstat - a 将会看到 Telnet 被分配 1024 端口。还有 SQL session 也用此端口和 5000 端口。

端口：1025、1033

服务：1025：network blackjack 1033：[NULL]

说明：木马 netspy 开放这两个端口。

端口：1080

服务：SOCKS

说明：这一协议以通道方式穿过防火墙，允许防火墙后面的人通过一个 IP 地址访问 Internet。理论上它应该只允许内部的通信向外到达 Internet。但是由于错误的配置，它会允许位于防火墙外部的攻击穿过防火墙。WinGate 常会发生这种错误，在加入 IRC 聊天室时常会看到这种情况。

端口：1170

服务：[NULL]

说明：木马 Streaming Audio Trojan、Psyber Stream Server、Voice 开放此端口。

端口：1234、1243、6711、6776

服务：[NULL]

说明：木马 SubSeven2.0、Ultors Trojan 开放 1234、6776 端口。木马 SubSeven1.0/1.9 开放 1243、6711、6776 端口。

端口：1245

服务：[NULL]

说明：木马 Vodoo 开放此端口。

端口：1433

服务：SQL

说明：Microsoft 的 SQL 服务开放的端口。

端口：1492

服务：stone-design-1

说明：木马 FTP99CMP 开放此端口。

端口：1500

服务：RPC client fixed port session queries

说明：RPC 客户固定端口会话查询。

端口：1503

服务：NetMeeting T.120

说明：NetMeeting T.120。

端口：1524

服务：ingress

说明：许多攻击脚本将安装一个后门 Shell 于这个端口，尤其是针对 SUN 系统中 Send-mail 和 RPC 服务漏洞的脚本。如果刚安装了防火墙就看到在这个端口上的连接企图，很可能是上述原因。可以试试 Telnet 到用户的计算机上的这个端口，看看它是否会给你一个 Shell。连接到 600/pcserver 也存在这个问题。

端口：1600

服务：issd

说明：木马 Shivka-Burka 开放此端口。

端口：1720

服务：NetMeeting

说明：NetMeeting H.233 call Setup。

端口：1731

服务：NetMeeting Audio Call Control

说明：NetMeeting 音频调用控制。

端口：1807

服务：[NULL]

说明：木马 SpySender 开放此端口。

端口：1981

服务：[NULL]

说明：木马 ShockRave 开放此端口。

端口：1999

服务：cisco identification port

说明：木马 BackDoor 开放此端口。

端口：2000

服务：[NULL]

说明：木马 GirlFriend 1.3、Millenium 1.0 开放此端口。

端口：2001

服务：[NULL]

说明：木马 Millenium 1.0、Trojan Cow 开放此端口。

端口：2023

服务：xinuexpansion 4

说明：木马 Pass Ripper 开放此端口。

端口：2049

服务：NFS

说明：NFS 程序常运行于这个端口。通常需要访问 Portmapper 查询这个服务运行于哪个端口。

端口：2115

服务：[NULL]

说明：木马 Bugs 开放此端口。

端口：2140、3150

服务：[NULL]

说明：木马 Deep Throat 1.0/3.0 开放此端口。

端口：2500

服务：RPC client using a fixed port session replication

说明：应用固定端口会话复制的 RPC 客户。

8.2　网卡与 IP 配置

8.2.1　Linux 网卡配置

1. 网卡配置文件

（1）/etc/sysconfig/network-scripts/ifcfg-interface-name

配置文件"ifcfg-interface-name"包含了初始化接口所需的大部分详细信息。其中 interface-name 将根据网卡的类型和排序而不同,一般其名字为 eth0、eth1、ppp0 等,其中 eth 表示以太(eth0)类型网卡,0 表示第一块网卡,1 表示第二块网卡,而 ppp0 则表示第一个 point-to-point protocol 网络接口。在 ifcfg 文件中定义的各项目取决于接口类型。下面的值较为常见:

》DEVICE=name,其中,name 是物理设备名。

》IPADDR=addr,其中,addr 是 IP 地址。

》NETMASK=mask,其中,mask 是网络掩码值。

》NETWORK=addr,其中,addr 是网络地址。

》BROADCAST=addr,其中,addr 是广播地址。

》GATEWAY=addr,其中,addr 是网关地址。

》ONBOOT=answer,其中,answer 是 yes(引导时激活设备)或 no(引导时不激活设备)。

》USERCTL=answer,其中,answer 是 yes(非 root 用户可以控制该设备)或 no。

》BOOTPROTO=proto,其中,proto 取下列值之一:none,引导时不使用协议;static 静态分配地址;bootp,使用 BOOTP 协议,或 dhcp,使用 DHCP 协议。

(2) 根据上述各参数的意义,设定 linpcl.lintec.edu.cn 机器的设置文件如下:

```
[root@linpcl root]# cat /etc/sysconfig/networking/devices/ifcfg-rth0
DEVICE=eth0    www.2cto.com
ONBOOT=yes
BOOTPROTO=static
IPADDR=192.168.0.2
NETMASK=255.255.255.0
GATEWAY=192.168.0.1
```

(3) 参数配置完毕后保存文件,并使用/etc/init.d/network restart 命令重启网络设备,最新设值即可生效。

```
[root@linpcl root]# /etc/rc.d/init.d/network restart
```

正在关闭接口 eth0:	[确定]
关闭环回接口:	[确定]
设置网络参数:	[确定]
弹出环回接口:	[确定]
弹出界面 eth0:	[确定]

(4) 使用 ifconfig 命令查看网络设备状况。

```
[root@linpcl root]# ifconfig
eth0      Link encap:Ethernet HWassr 52:54:AB:28:EE:37
          linet addr:192.168.0.2 bcast:192.168.0.255 Mask:255.255.255.0
```

(还有一些参数文件自动显示,在此省略)

禁用网卡:

ifconfig eth0 down

永久禁用,就要修改一下配置文件了。

2. 网络驱动程序的基本方法

网络设备作为一个对象,提供一些方法供系统访问。正是这些有统一接口的方法,掩蔽了硬件的具体细节,让系统对各种网络设备的访问都采用统一的形式,做到硬件无关性。下面解释最基本的方法。初始化(initialize)驱动程序必须有一个初始化方法。在把驱动程序载入系统的时候会调用这个初始化程序。它做以下几方面的工作。检测设备:在初始化程序里你可以根据硬件的特征检查硬件是否存在,然后决定是否启动这个驱动程序;配置和初始化硬件:在初始化程序里你可以完成对硬件资源的配置,比如即插即用的硬件就可以在这个时候进行配置(Linux 内核对 PnP 功能没有很好的支持,可以在驱动程序里完成这个功能);配置或协商好硬件占用的资源以后,就可以向系统申请这些资源:有些资源是可以和别的设备共享的,如中断。有些是不能共享的,如 I/O、DMA;接下来你要初始化 device 结构中的变量;最后,你可以让硬件正式开始工作。

(1) 打开(open)

open 这个方法在网络设备驱动程序里是网络设备被激活的时候被调用(即设备状态由 down→up)。所以实际上很多在 initialize 中的工作可以放到这里来做。比如资源的申请,硬件的激活。如果 dev→open 返回非 0(error),则硬件的状态还是 down。open 方法另一个作用是如果驱动程序作为一个模块被装入,则要防止模块卸载时设备处于打开状态。在 open 方法里要调用 MOD_INC_USE_COUNT 宏。

(2) 关闭(stop)

close 方法做和 open 相反的工作,可以释放某些资源以减少系统负担。close 是在设备状态由 up 转为 down 时被调用的。另外如果是作为模块装入的驱动程序,close 里应该调用 MOD_DEC_USE_COUNT,减少设备被引用的次数,以使驱动程序可以被卸载。另外 close 方法必须返回成功(0==success)。

(3) 发送(hard_start_xmit)

所有的网络设备驱动程序都必须有这个发送方法。在系统调用驱动程序的 xmit 时,发送的数据放在一个 sk_buff 结构中。一般的驱动程序把数据传给硬件发出去。也有一些特殊的设备比如 loopback 把数据组成一个接收数据再回送给系统,或者 dummy 设备直接丢弃数据。如果发送成功,hard_start_xmit 方法里释放 sk_buff,返回 0(发送成功)。如果设备暂时无法处理,比如硬件忙,则返回 1。这时如果 dev -> tbusy 置为非 0,则系统认为硬件忙,要等到 dev -> tbusy 置 0 以后才会再次发送。tbusy 的置 0 任务一般由中断完成。硬件在发送结束后产生中断,这时可以把 tbusy 置为 0,然后用 mark_bh()调用通知系统可以再次发送。在发送不成功的情况下,也可以不置 dev -> tbusy 为非 0,这样系统会不断尝试重发。如果 hard_start_xmit 发送不成功,则不要释放 sk_buff。传送下来的 sk_buff 中的数据已经包含硬件需要的帧头。所以在发送方法里不需要再填充硬件帧头,数据可以直接提交给硬件发送。sk_buff 是被锁住的(locked),确保其他程序不会存取它。

(4) 接收(reception)

驱动程序并不存在一个接收方法。有数据收到应该是驱动程序来通知系统的。一般设备收到数据后都会产生一个中断,在中断处理程序中驱动程序申请一块 sk_buff(skb),从硬件读出数据放置到申请好的缓冲区里。接下来填充 sk_buff 中的一些信息。skb -> dev = dev,判断收到帧的协议类型,填入 skb -> protocol(多协议的支持)。把指针 skb -> mac.raw

指向硬件数据然后丢弃硬件帧头(skb_pull)。还要设置 skb -> pkt_type,标明第二层(链路层)数据类型,可以是以下类型。

　　PACKET_BROADCAST:链路层广播

　　PACKET_MULTICAST:链路层组播

　　PACKET_SELF:发给自己的帧

　　PACKET_OTHERHOST:发给别人的帧(监听模式时会有这种帧)

　　最后调用 netif_rx()把数据传送给协议层。netif_rx()里数据放入处理队列然后返回,真正的处理是在中断返回以后,这样可以减少中断时间。调用 netif_rx()以后,驱动程序就不能再存取数据缓冲区 skb。

　　(5) 硬件帧头(hard_header)

　　硬件一般都会在上层数据发送之前加上自己的硬件帧头,比如以太网(Ethernet)就有 14 字节的帧头。这个帧头是加在上层 ip、ipx 等数据包的前面的。驱动程序提供一个 hard_header 方法,协议层(ip、ipx、arp 等)在发送数据之前会调用这段程序。硬件帧头的长度必须填在 dev -> hard_header_len,这样协议层回到数据之前保留好硬件帧头的空间。这样 hard_header 程序只要调用 skb_push,然后正确填入硬件帧头就可以了。在协议层调用 hard_header 时,传送的参数包括(2.0.xx):数据的 sk_buff,device 指针,protocol,目的地址(daddr),源地址(saddr),数据长度(len)。数据长度不要使用 sk_buff 中的参数,因为调用 hard_header 时数据可能还没完全组织好。saddr 是 NULL 的话是使用缺省地址(default)。daddr 是 NULL 表明协议层不知道硬件的目的地址。如果 hard_header 完全填好了硬件帧头,则返回添加的字节数。如果硬件帧头中的信息还不完全(比如 daddr 为 NULL,但是帧头中需要目的硬件地址。典型的情况是以太网需要地址解析(arp)),则返回负字节数。hard_header 返回负的情况下,协议层会做进一步的 build header 工作。目前 Linux 系统里就是做 arp(如果 hard_header 返回正,dev-> arp=1,表明不需要做 arp,返回负,dev -> arp=0,做 arp)。对 hard_header 的调用在每个协议层的处理程序里,如 ip_output。

　　(6) 地址解析(xarp)

　　有些网络有硬件地址(如 Ethernet),并且在发送硬件帧时需要知道目的硬件地址。这样就需要上层协议地址(ip、ipx)和硬件地址的对应。这个对应是通过地址解析完成的。需要做 arp 的设备在发送之前会调用驱动程序的 rebuild_header 方法。调用的主要参数包括指向硬件帧头的指针,协议层地址。如果驱动程序能够解析硬件地址,就返回 1,如果不能,返回 0。对 rebuild_header 的调用在 net/core/dev.c 的 do_dev_queue_xmit()里。

　　在驱动程序里还提供一些方法供系统对设备的参数进行设置和读取信息。一般只有超级用户(root)权限才能对设备参数进行设置。设置方法有:

　　dev -> set_mac_address()

　　当用户调用 ioctl 类型为 SIOCSIFHWADDR 时是要设置这个设备的 mac 地址。一般对 mac 地址的设置没有太大意义的。

　　dev -> set_config()

　　当用户调用 ioctl 时类型为 SIOCSIFMAP 时,系统会调用驱动程序的 set_config 方法。用户会传递一个 ifmap 结构包含需要的 I/O、中断等参数。

　　dev -> do_ioctl()

如果用户调用 ioctl 时类型在 SIOCDEVPRIVATE 和 SIOCDEVPRIVATE＋15 之间，系统会调用驱动程序的这个方法。一般是设置设备的专用数据。读取信息也是通过 ioctl 调用进行。除此之外驱动程序还可以提供一个 dev -> get_stats 方法，返回一个 enet_statistics 结构，包含发送接收的统计信息。ioctl 的处理在 net/core/dev.c 的 dev_ioctl()和 dev_ifsioc()里。

3. 查看网卡型号

kudzu --probe --class＝network

结果如下。

class：NETWORK

bus：PCI

detached：0

device：eth3

driver：bnx2

desc："Broadcom Corporation NetXtreme II BCM5709 Gigabit Ethernet"

network.hwaddr：d8：d3：85：b3：cd：0c

vendorId：14e4

deviceId：1639

subVendorId：103c

subDeviceId：7055

pciType：1

pcidom：0

pcibus： 4

pcidev： 0

pcifn： 1

4. 查看驱动版本

modinfo bnx2

结果如下。

filename：   /lib/modules/2.6.18-194.el5PAE/kernel/drivers/net/bnx2.ko

version：   2.0.2

license：   GPL

description：   Broadcom NetXtreme II BCM5706/5708/5709/5716 Driver

author：   Michael Chan mchan@broadcom.com

srcversion：   7025AAF3645EE432EAF1C00

alias：   pci：v000014E4d0000163Csv＊sd＊bc＊sc＊i＊

alias：   pci：v000014E4d0000163Bsv＊sd＊bc＊sc＊i＊

alias：   pci：v000014E4d0000163Asv＊sd＊bc＊sc＊i＊

alias：   pci：v000014E4d00001639sv＊sd＊bc＊sc＊i＊

alias：   pci：v000014E4d000016ACsv＊sd＊bc＊sc＊i＊

alias：   pci：v000014E4d000016AAsv＊sd＊bc＊sc＊i＊

alias：　　　　pci：v000014E4d000016AAsv0000103Csd00003102bc＊sc＊i＊

alias：　　　　pci：v000014E4d0000164Csv＊sd＊bc＊sc＊i＊

alias：　　　　pci：v000014E4d0000164Asv＊sd＊bc＊sc＊i＊

alias：　　　　pci：v000014E4d0000164Asv0000103Csd00003106bc＊sc＊i＊

alias：　　　　pci：v000014E4d0000164Asv0000103Csd00003101bc＊sc＊i＊

depends：

vermagic：　　2.6.18-194.el5PAE SMP mod_unload 686 REGPARM 4KSTACKS gcc-4.1

parm：　　　　disable_msi：Disable Message Signaled Interrupt（MSI）（int）

parm：　　　　enable_entropy：Allow bnx2 to populate the /dev/random entropy pool（int）

module_sig：　883f3504bb64ec7285b5c47ed7a1e8e1124ab709d1d789bf78777b43dfcfff 9788e6b1c1da763fece09cfbd9bab31828ce6ca80ce374b2929a3abf6cd83

5. 网卡驱动安装

以 D-Link530 的网卡进行模块的编译。由于 Linux 的默认内核已经建立很多网卡驱动程序模块，所以在编译网卡模块之前就要确认网卡芯片是否被支持，如果被支持，就不需要编译模块。D-Link530 的网卡的芯片组是有名的 via-rhine（有时也写成 viarhine），先找找有没有这块网卡的模块，如果有，你的网卡已经被支持，可以跳过编译过程，直接进行模块的加载。

（1）先查看内核版本，因为不同版本的模块放置的路径不同。

uname-r

（2）内核模块的路径。

cd /lib/modules/'uname -r'/kennel/drivers/net

以上为 2.4 版的路径

cd /lib/modules/'uname -r'/net

以上为 2.2 版的路径

（3）查询模块。

ls -l via＊

如果自己不知道网卡被 Linux 检测到，可以用以下方法来测试：

dmesg │ grep eth

如果检测到，就不需要编译内核模块。万一检测不到，就必须进行编译工作了。

1）下载网卡驱动程序模块。

2）确定存在所需要的包：由于驱动程序需要配合内核来编译，就会用到 kernel source 或 kernel header 的数据，此外也需要编译器的帮助，先确定 Linux 中是否已经存在下面的包（以 RedHat 9 为例）：

kernel-source-2.4.20-18.9

kernel-2.4.20-18.9

gcc-3.2.2-5

make-3.79.1-17

如果没有以上的包,就要拿出光盘,将它们安装到 Linux 中。

注意:由于很多内核模块默认都是由/usr/src/linux 这个 kernel source 的目录来取得所需信息,但偏偏目前很多的 Linux 都是使用/usr/src/linux-2.4 这个目录来链接,所以很多时候就会出现找不到文件的错误信息。因此,可以使用下面的方式来链接目录:

cd /usr/src

ln -s linux-2.4.20-18.9 linux

3）编译下载的模块

下载完整的驱动程序源代码,如文件名为:dlkfet-4.24.tar.gz。

（1）将取得的文件放置到/tmp 下,并解压文件

cp dlkfet-4.24.tar.gz /tmp

cd tmp

tar -zxvf dlkfet-4.24.tar.gz

cd dlkfet-4.24

（2）开始编译

Make

会产生一个文件模块:rhinefet.o,将它移动到模块放置的目录后,执行 depmod -a 即可。

cp rhinefet.o /lib/modules/'uname -r'/kennel/drivers/net

depmod-a

4）模块测试

内核模块编译完成后,就要测试能否正常运行,因为我们已经运行 depmod -a,所以直接以 modprobe 进行模块的加载。

（1）加载模块测试

modprobe rhinefet.o

注意,不要写完整的名称,.o 不需要写。rhinefet 就是刚刚编译出来的 rhinefet.o.

lsmod

（2）设置开机加载模块

就是编辑/etc/modules.conf

vi /etc/modules.conf

在文件中加入下面一行:

alias eth0 rhinefet

（3）重新启动,看是否为正常启动模块

sync;sync;reboot

上面我们使用的是 rhinefet 模块,如果不是这个名称,就请根据你的实际情况来修改。接下来就是测试这个网卡是否正常工作。

8.2.2　Linux 设置 IP 地址

可以通过命令设定 IP 的方法,不过此方法的前提条件是用户需 root 权限。在 Linux 系统的"/etc/sysconfig/network-script/ifcfg-eth0"文件中存放着网卡 IP 地址配置的相关信息,它的具体格式为

［root@localhost network-scripts］# cat ifcfg-eth0

DEVICE＝eth0

BOOTPROTO＝none

ONBOOT＝yes

TYPE＝Ethernet

NETMASK＝255.255.255.0

IPADDR＝IP 地址

USERCTL＝no

PEERDNS＝yes

GATEWAY＝网关地址（路由器的 IP 地址）

下面来举个例子如何实现 Linux 环境下设置 IP 地址。

　# ifconfig eth0 192.168.0.1 或者修改/etc/sysconfig/network-scripts/下的 ifcfg-eth0

　# vi /etc/syssconfig/network-scripts/ifcfg-eth0

DEVICE＝eth0

BOOTPROTO＝static

HWADDR＝;这里是网卡的物理地址,通常检测到的网卡就不用输入了

ONBOOT＝yes

IPADDR＝192.168.0.1

NETMASK＝255.255.255.0

NETWORK＝192.168.1.0

BROADCAST＝192.168.1.255

GATEWAY＝;这里输入网关,路由器的 IP 地址

保存退出

　# /sbin/service network restart

如果网卡启动 OK 的话就说明 IP 地址设定成功了。另外可以用 ifconfig eth0 来显示当前的 IP 来确认是否设置正确。

利用以下命令：

/etc/init.d/network reload 命令或 service network ［命令］

重新导入该文件,实现网络启动。

Linux 下修改 IP、DNS、路由命令行设置。

ubuntu 版本命令行设置,IP：cat /etc/network/interfaces

　# This file describes the network interfaces available on your system

　# and how to activate them. For more information,see interfaces(5).

　# The loopback network interface

auto lo

iface lo inet loopback

　# The primary network interface

auto eth0

iface eth0 inet static

address 192.168.1.104

netmask 255.255.255.0

network 192.168.1.0

broadcast 192.168.1.255

gateway 192.168.1.2

dns- * options are implemented by the resolvconf package, if installed

dns-nameservers 58.22.96.66 218.104.128.106 202.101.138.8

dns-search .COM

重启网卡：/etc/init.d/networking restatr

RedHat Linux 版本命令行设置 IP：

ifconfig eth0 新 IP

然后编辑/etc/sysconfig/network-scripts/ifcfg-eth0，修改 IP

1. 修改 IP 地址

[aeolus@db network-scripts] $ vi ifcfg-eth0

DEVICE＝eth0

ONBOOT＝yes

BOOTPROTO＝static

IPADDR＝219.136.241.211

NETMASK＝255.255.255.128

GATEWAY＝219.136.241.254

2. 修改网关

vi /etc/sysconfig/network

NETWORKING＝yes

HOSTNAME＝Aaron

GATEWAY＝192.168.1.1

3. 修改 DNS

[aeolus@db etc] $ vi resolv.conf

nameserver 202.96.128.68

nameserver 219.136.241.206

4. 重新启动网络配置

/etc/init.d/network restart

5. 例子

（1）修改 IP 地址

即时生效：

ifconfig eth0 192.168.0.20 netmask 255.255.255.0

启动生效：

修改/etc/sysconfig/network-scripts/ifcfg-eth0

（2）修改 default gateway

即时生效：

route add default gw 192.168.0.254

启动生效：

修改/etc/sysconfig/network-scripts/ifcfg-eth0

修改 dns

修改/etc/resolv.conf

修改后可即时生效，启动同样有效

（3）修改 host name

即时生效：

hostname fc2

启动生效：

修改/etc/sysconfig/network

ps：

DEVICE＝eth0

BOOTPROTO＝static

IPADDR＝192.168.8.85

NETMASK＝255.255.248.0

GATEWAY＝192.168.8.1

HWADDR＝00：0uu3：47：2C：D5：40

ONBOOT＝yes

（4）添加 Linux 系统启动项：

vi /etc/rc.d/rc.local

修改 Linux 系统 SSH 的端口号

修改 Linux 系统 SSH 的端口号操作系统 linux 和 Unix 都适用：修改配置文件 /etc/ssh/sshd_config，将里面的 Port 改为新端口（此端口必须是没有程序用到），比如 10022，然后 kill -HUP 'cat /var/run/sshd.pid' 就行了。

注：现有连接自己不会断，因为 kill －HUP '修改 Linux 系统 SSH 的端口号操作系统 Linux 和 Unix 都适用：修改配置文件"/etc/ssh/sshd_config"，将里面的 Port 改为新端口（此端口必须是没有程序用到），比如 10022，然后 kill －HUP 'cat /var/run/sshd.pid' 就行了。

8.3 使用防火墙 iptables

ipfwadm-wrapper 是一种包装，它以旧的方法设置使用新的内码的防火墙策略。像这样做可以更好一点：

ipchains -P forward DENY

ipchains -A forward -s 192.168.1.0/24 -j MASQ

如果想在系统启动时就执行这个命令，且加到文件"/etc/rc.d/rc.local"的末尾。这文件是像 DOS 里的 AUTOEXEC.BAT。推荐阅读手册和其他文件，看看这些命令做什么，有什么其他的选择：

less /usr/doc/HOWTO/mini/IP-Masquerade

man ipfwadm

man ipchains

在 RedHat 7.1（Kernel 2.4.x)防火墙能被设置使用新的 iptables 命令。

假如你不同时用 iptables，你还能使用老 ipchains，也可用 ntsysv 确定 ipchains 有效和 iptables 无效。

1. 安装 iptables 防火墙

如果没有安装 iptables 需要先安装，CentOS 执行：

yum install iptables

Debian/Ubuntu 执行：

apt-get install iptables

2. 清除已有的 iptables 规则

iptables -F

iptables -X

iptables -Z

3. 开放指定的端口

允许本地回环接口（即运行本机访问本机）

iptables -A INPUT -s 127.0.0.1 -d 127.0.0.1 -j ACCEPT

允许已建立的或相关联的通行

iptables -A INPUT -m state --state ESTABLISHED,RELATED -j ACCEPT

允许所有本机向外的访问

iptables -A OUTPUT -j ACCEPT

允许访问 22 端口

iptables -A INPUT -p tcp --dport 22 -j ACCEPT

允许访问 80 端口

iptables -A INPUT -p tcp --dport 80 -j ACCEPT

允许 FTP 服务的 21 和 20 端口

iptables -A INPUT -p tcp --dport 21 -j ACCEPT

iptables -A INPUT -p tcp --dport 20 -j ACCEPT

如果有其他端口的话，规则也类似，稍微修改上述语句就行

禁止其他未允许的规则访问

iptables -A INPUT -j REJECT（注意：如果 22 端口未加入允许规则，SSH 链接会直接断开。）

iptables -A FORWARD -j REJECT

4. 屏蔽 IP

如果只是想屏蔽 IP 的话，"3. 开放指定的端口"可以直接跳过。

屏蔽单个 IP 的命令是

iptables -I INPUT -s 123.45.6.7 -j DROP

封整个段即从 123.0.0.1 到 123.255.255.254 的命令
iptables -I INPUT -s 123.0.0.0/8 -j DROP
封 IP 段即从 123.45.0.1 到 123.45.255.254 的命令
iptables -I INPUT -s 124.45.0.0/16 -j DROP
封 IP 段即从 123.45.6.1 到 123.45.6.254 的命令是
iptables -I INPUT -s 123.45.6.0/24 -j DROP

5. 查看已添加的 iptables 规则

iptables -L -n

v：显示详细信息，包括每条规则的匹配包数量和匹配字节数

x：在 v 的基础上，禁止自动单位换算（K、M）vps 侦探

n：只显示 IP 地址和端口号，不将 IP 解析为域名

6. 删除已添加的 iptables 规则

将所有 iptables 以序号标记显示，执行：

iptables -L -n --line-numbers

比如要删除 INPUT 里序号为 8 的规则，执行：

iptables -D INPUT 8

7. iptables 的开机启动及规则保存

CentOS 上可能会存在安装好的 iptables 后，iptables 并不开机自启动，可以执行：

chkconfig --level 345 iptables on

将其加入开机启动。

CentOS 上可以执行：service iptables save 保存规则。

另外更需要注意的是 Debian/Ubuntu 上 iptables 是不会保存规则的。

需要按如下步骤进行，让网卡关闭是保存 iptables 规则，启动时加载 iptables 规则：

创建"/etc/network/if-post-down.d/iptables"文件，添加如下内容：

! /bin/bash

iptables-save >/etc/iptables.rules

执行：chmod ＋x /etc/network/if-post-down.d/iptables 添加执行权限。

创建"/etc/network/if-pre-up.d/iptables"文件，添加如下内容：

! /bin/bash

iptables-restore 〈 /etc/iptables.rules

执行：chmod ＋x /etc/network/if-pre-up.d/iptables 添加执行权限。

8.4 网络问题的故障诊断工具

ping 工具和应用测试方法，只是提供简单的处于网络的主机是否可用，但不会知道具体问题所在。所以引入故障诊断这一概念以解决问题。

故障诊断流程：

（1）网线做得是否规范，在以太网络中，交叉线和平行线的做法适用的网络是不一样的；

（2）网络接口配置是否正确；

（3）DNS 客户端配置文件是否正确；

（4）是否可以 ping 通回环地址 127.0.0.1；

（5）是否可以用 IP 地址 ping 通网络的主机；

（6）是否可以 ping 通其他网段的主机；不同网络的主机沟通需要添加路由；

（7）是否可以用 telnet、http、ftp、ssh 访问其他主机上相对应的服务；

traceroute 跟踪数据包到达网络主机所经过的路由工具；

traceroute 是用来发出数据包的主机到目标主机之间所经过的网关的工具。traceroute 的原理是试图以最小的 TTL 发出探测包来跟踪数据包到达目标主机所经过的网关，然后监听一个来自网关 ICMP 的应答。发送数据包的大小默认为 38 个字节。

traceroute［参数选项］hostname，域名或 IP 地址

参数选项：

-i　指定网络接口，对于多个网络接口有用。比如 -i eth1 或-i ppp1 等；

-m　把在外发探测试包中所用的最大生存期设置为 max-ttl 次转发，默认值为 30 次；

-n　显示 IP 地址，不查主机名。当 DNS 不起作用时常用到这个参数；

-p port　探测包使用的基本 UDP 端口设置为 port，默认值是 33434；

-q n　在每次设置生存期时，把探测包的个数设置为值 n，默认时为 3；

-r　绕过正常的路由表，直接发送到网络相连的主机；

-w n　把对外发探测包的等待响应时间设置为 n 秒，默认值为 3 秒。

［例 8.1］　traceroute 最常用的用法：直接接 IP 或 hostname 或域名

［root@localhost ～］# traceroute linuxsir.org

traceroute to linuxsir.org（211.93.98.20），30 hops max，40 byte packets

1 sir01. localdomain（192.168.1.1）0.151 ms 0.094 ms 0.146 ms

2 221.201.88.1（221.201.88.1）5.867 ms 7.588 ms 5.178 ms

3 218.25.158.149（218.25.158.149）6.546 ms 6.230 ms 8.297 ms

4 218.25.138.133（218.25.138.133）7.129 ms 7.644 ms 8.311 ms

此例中，记录按序列号从 1 开始，每个记录就是一跳，每跳表示一个网关，每行有三个时间，单位是 ms，其实就是-q 的默认参数。探测数据包向每个网关发送三个数据包后，网关响应后返回的时间；如果用 traceroute -q 4 linuxsir.org，表示向每个网关发送 4 个数据包。

有时当 traceroute 一台主机时，会看到有一些行是以星号表示的。出现这样的情况，可能是防火墙封掉了 ICMP 的返回信息，所以得不到什么相关的数据包返回数据。

有时在某一网关处延时比较长，有可能是某台网关比较阻塞，也可能是物理设备本身的原因。当然如果某台 DNS 出现问题时，不能解析主机名、域名时，也会有延时的现象；可以加-n 参数来避免 DNS 解析，以 IP 格式输出数据；如果在局域网中的不同网段之间，可以通过 traceroute 来找出问题到底是主机的问题还是网关的问题。如果通过远程访问某台服务器遇到问题时，用到 traceroute 追踪数据包所经过的网关，提交 IDC 服务商，也有助于解决问题。

［例 8.2］　一些参数的用法示例：

［root@localhost ～］# traceroute -m 10 linuxsir.org 把跳数设置为 10 次；

［root@localhost ～］# traceroute -n linuxsir.org 注：显示 IP 地址，不查主机名；

〔root@localhost ～〕# traceroute -p 6888 linuxsir.org 注:探测包使用的基本 UDP 端口设置 6888;

〔root@localhost ～〕# traceroute -q 4 linuxsir.org 注:把探测包的个数设置为值 4;

〔root@localhost ～〕# traceroute -r linuxsir.org 注:绕过正常的路由表,直接发送到网络相连的主机;

〔root@localhost ～〕# traceroute -w 3 linuxsir.org 注:把对外发探测包的等待响应时间设置为 5 秒。

8.5　域名解析问题的故障诊断

8.5.1　无法解析到域名对应的 IP

1. 故障描述

执行 ping、tracert、telnet 等命令时,无法将输入的域名解析为对应的 IP 地址。例如,ping 域 host 对应的主机时,出现如下提示信息之一:

〈Sysname〉ping host

Error： Ping：Unknown host host

〈Sysname〉ping host

Trying DNS resolve,press CTRL_C to break

Error： Ping：Unknown host host

〈Sysname〉ping host

Trying DNS resolve,press CTRL_C to break

Trying DNS server (1.1.1.1)

Error： Ping：Unknown host host

〈Sysname〉ping host

Trying DNS resolve,press CTRL_C to break

Trying DNS server (1.1.1.1)

Trying DNS server (1.1.1.1)

Error： Ping：Unknown host host

2. 故障处理流程

图 8.1 为无法解析到 IP 地址故障处理流程图。

3. 故障处理步骤

1)检查设备上是否存在静态表项

通过 display ip host 命令查看静态域名解析表中是否存在待解析的域名。

(1)若存在该域名,则请联系技术支持人员。

(2)若不存在该域名,且用户已经知道域名对应的 IP 地址,则可以通过 ip host 命令手工添加域名和 IP 地址的对应关系。正常情况下,添加域名和 IP 地址对应关系后域名解析可以成功,若仍然无法解析到域名对应的 IP 地址,则请联系技术支持人员。

(3)如果用户不知道域名对应的 IP 地址,则请继续执行下面的步骤"2)检查设备上是否存在动态表项"。

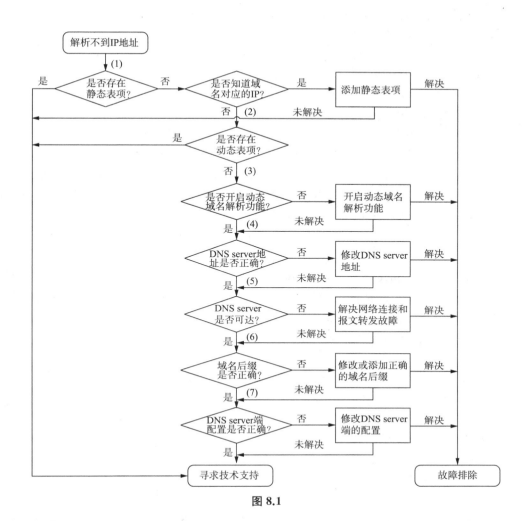

图 8.1

2）检查设备上是否存在动态表项

通过 display dns host ip 命令查看动态域名缓存中是否存在待解析的域名。

（1）若存在该域名，则请联系技术支持人员。

（2）若不存在该域名，则请继续执行下面的步骤。

3）检查设备上是否开启动态域名解析功能

进行动态域名解析之前，需要先开启动态域名解析功能。

执行下面的命令查看当前配置命令中是否存在 dns resolve 命令。

〈Sysname〉display current-configuration | include dns

〈Sysname〉

若不存在 dns resolve 命令，则需要在系统视图下执行该命令，开启动态域名解析功能。

〈Sysname〉system-view

［Sysname］dns resolve

4）检查设备上 DNS server 地址是否正确

通过 display dns server 命令查看设备上的 DNS server 地址是否正确。

〈Sysname〉display dns server

Type：

  D：Dynamic   S：Static

DNS Server   Type   IP Address

    1   S   10.1.1.5

    2   S   30.1.1.5

    3   D   50.1.1.1

若 DNS server 地址不正确，则需要查看显示信息中的 Type 字段，判断 DNS server 地址的获取方式。Type 字段为 D 时，表示 DNS server 地址是通过 DHCP 等方式动态获取到的，修改此类 DNS server 地址，需要修改服务器端(如 DHCP 服务器端)的配置。Type 字段为 S 时，表示 DNS server 地址是在设备上手工配置的，修改此类 DNS server 地址，需要执行以下操作。

(1) 执行 display current-configuration 命令查看配置 DNS server 地址的视图(系统视图或接口视图)。以如下显示信息为例，系统视图下配置了 DNS server 地址 10.1.1.5、接口视图下配置了 DNS server 地址 30.1.1.5。

〈Sysname〉display current-configuration

\#

  dns resolve

  dns server 10.1.1.5

\#

  interface Ethernet1/1

  port link-mode route

  dns server 30.1.1.5

\#

(2) 在配置 DNS server 地址的视图下执行相应的 undo dns server 命令，删除错误的 DNS server 地址。本例中，需要在系统视图下执行 undo dns server 10.1.1.5，在接口视图下执行 undo dns server 30.1.1.5。

〈Sysname〉system-view

[Sysname] undo dns server 10.1.1.5

[Sysname] interface ethernet 1/1

[Sysname-Ethernet1/1] undo dns server 30.1.1.5

(3) 在系统视图或接口视图下，通过 dns server 命令添加正确的 DNS server 地址。

5) 检查 DNS server 地址是否可达

在设备上 ping 域名服务器的地址，判断 DNS server 地址是否可达。

(1) 若 DNS server 地址不可达，则检查网络连接和路由信息，解决网络连接故障和路由不可达问题。

(2) 若 DNS server 地址可达，则通过 debugging dns 命令打开 DNS 调试信息开关，查看 DNS 报文收发是否正常。如果 DNS 报文收发出现问题，则请联系技术支持人员。如果 DNS 报文收发正常，则请继续执行下面的步骤。

6）检查域名后缀配置是否正确

动态域名解析支持域名后缀列表功能。设备上可以预先设置一些域名后缀，在域名解析的时候，用户只需要输入域名的部分字段，系统会自动将输入的域名加上不同的后缀进行解析。举例说明，用户想查询域名 aabbcc.com，那么可以先在后缀列表中配置 com，然后输入"aabbcc"进行查询，系统会自动将输入的域名与后缀连接成 aabbcc.com 进行查询。

使用域名后缀的时候，根据用户输入域名方式的不同，查询方式分成以下几种情况：

（1）如果用户输入的域名中没有"."，比如 aabbcc，系统认为这是一个主机名，会首先加上域名后缀进行查询，如果所有加后缀的域名查询都失败，将使用最初输入的域名（如 aabbcc）进行查询。

（2）如果用户输入的域名中间有"."，比如 www.aabbcc，系统直接用它进行查询，如果查询失败，再依次加上各个域名后缀进行查询。

（3）如果用户输入的域名最后有"."，比如 aabbcc.com.，表示不需要进行域名后缀添加，系统直接用输入的域名进行查询，不论成功与否都直接返回。

如果域名后缀配置不正确，则可能导致查询请求中携带的待查询域名错误，从而导致域名解析失败。在设备上执行 display dns domain 命令查看域名后缀列表信息，并根据上述原则判断加上域名后缀后，是否可以组成正确的待解析域名。

〈Sysname〉display dns domain

Type：

D：Dynamic　　　S：Static

No.	Type	Domain-name
1	S	com
2	S	net
3	D	test.com

若域名后缀配置不正确，则需要查看显示信息中的 Type 字段，判断域名后缀的获取方式：

（1）Type 字段为 D 时，表示域名后缀是通过 DHCP 等方式动态获取到的。修改此类域名后缀，需要修改服务器端（如 DHCP 服务器端）的配置。

（2）Type 字段为 S 时，表示域名后缀是在设备上手工配置的。修改此类域名后缀，需要先通过 undo dns domain 命令删除错误的域名后缀，并通过 dns domain 命令添加正确的域名后缀。

7）检查 DNS server 端配置是否正确

设备无法解析到域名对应 IP 地址的原因，还有可能是 DNS server 端配置错误，如未启动 DNS server 功能、DNS server 上不存在域名和 IP 地址之间的对应关系。请检查 DNS server 端配置，确保 DNS server 能够正确应答 DNS 查询请求。

8.5.2　解析到的 IP 地址不正确

1. 故障描述

如图 8.2 所示，解析到的 IP 地址不正确。

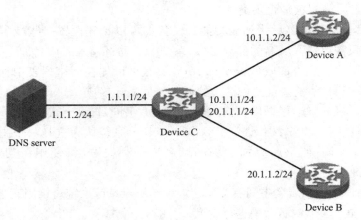

图 8.2

通过域名解析得到的 IP 地址不正确。例如，在图 8.2 中，网络管理员在 Device C 上以 Telnet 方式登录 Device A 和 Device B，对它们进行配置和管理。Device A 和 Device B 的域名分别为 devicea.com 和 deviceb.com，设备名称分别为 DeviceA 和 DeviceB。网络管理员登录 Device A 的过程如下所示：# 在 Device C 上执行 telnet 命令登录 Device A。

〈DeviceC〉telnet devicea.com
Trying DNS resolve，press CTRL_C to break
Trying DNS server（1.1.1.2）
Trying 20.1.1.2 …
Press CTRL＋K to abort
Connected to 20.1.1.2 …

〈DeviceB〉

Device A 的设备名称为 DeviceA，而网络管理员登录的设备名称为 DeviceB，即登录到 Device B 上。导致该错误的原因，可能是域名解析过程中错误地将域名 devicea.com 解析为 Device B 的 IP 地址 20.1.1.2。

2. 故障处理流程

如图 8.3 所示，解析到的 IP 地址不正确故障处理流程图。

3. 故障处理步骤

1）检查是否存在静态表项、静态表项是否正确

通过 display ip host 命令查看静态域名解析表中是否存在待解析的域名、待解析域名对应的 IP 地址是否正确。

（1）若存在该域名，且域名对应的 IP 地址正确，则请联系技术支持人员。

（2）若存在该域名，但域名对应的 IP 地址不正确，则通过 ip host 命令手工修改域名和

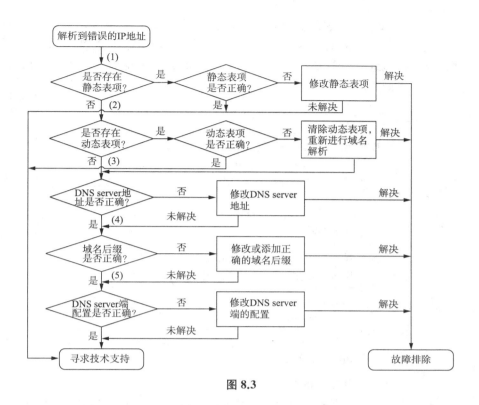

图 8.3

IP 地址的对应关系。正常情况下,修改域名和 IP 地址对应关系后可以解析到正确的 IP 地址,若解析到的 IP 地址仍然错误,则请联系技术支持人员。

（3）若不存在该域名,则请通过 ip host 命令手工添加域名和 IP 地址的对应关系,或继续执行下面的步骤。

2）检查是否存在动态表项、动态表项是否正确

通过 display dns host ip 命令查看动态域名缓存中是否存在待解析的域名、待解析域名对应的 IP 地址是否正确。

（1）若存在该域名,且域名对应的 IP 地址正确,则请联系技术支持人员。

（2）若存在该域名,但域名对应的 IP 地址不正确,则通过 reset dns host ip 命令清空动态域名缓存信息,重新进行域名解析。

（3）若不存在该域名,则请继续执行下面的步骤。

3）检查设备上 DNS server 地址是否正确

DNS server 地址不正确,会导致设备将域名查询报文发送给错误的 DNS server,从而导致解析到的 IP 地址不正确。

定位和解决 DNS server 地址错误的方法,请参见上一节中"4）检查设备上 DNS server 地址是否正确"。

4）检查域名后缀配置是否正确

域名后缀不正确,会导致设备发送的查询请求中携带错误的待查询域名,从而导致域名解析错误。

定位和解决域名后缀错误的方法,请参见上一节中"6）检查域名后缀配置是否正确"。

5）检查 DNS server 端配置是否正确

设备解析到错误 IP 地址的原因，还有可能是 DNS server 端配置错误，如 DNS server 上配置的域名和 IP 地址对应关系不正确。请检查 DNS server 端配置，确保 DNS server 能够正确应答 DNS 查询请求。

8.5.3　故障诊断命令

1. IPv4 域名解析故障诊断命令如表 8.1 所示。

表 8.1

命　令	说　明
display dns domain	显示域名后缀列表信息 用来判断设备上的域名后缀是否正确
display dns host ip	显示 IPv4 动态域名缓存信息 用来判断设备上是否存在动态表项、动态表项是否正确
display dns server	显示 IPv4 域名服务器的相关信息 用来判断设备上的 DNS server 地址是否正确
display ip host	显示静态域名解析表中所有域名与 IPv4 地址的对应关系 用来判断设备上是否存在静态表项、静态表项是否正确
debugging dns	打开 DNS 调试信息开关 根据调试信息可以观察域名解析过程，判断 DNS 报文收发是否正常
reset dns host ip	清空 IPv4 动态域名缓存信息 用来删除设备上保存的动态表项

2. IPv6 域名解析故障诊断命令如表 8.2 所示。

表 8.2

命　令	说　明
display dns domain	显示域名后缀列表信息 用来判断设备上的域名后缀是否正确
display dns host ipv6	显示 IPv6 动态域名缓存信息 用来判断设备上是否存在动态表项、动态表项是否正确
display dns ipv6 server	显示 IPv6 域名服务器的相关信息 用来判断设备上的 DNS server 地址是否正确
display ipv6 host	显示静态域名解析表中所有域名与 IPv6 地址的对应关系 用来判断设备上是否存在静态表项、静态表项是否正确
debugging dns	打开 DNS 调试信息开关 根据调试信息可以观察域名解析过程，判断 DNS 报文收发是否正常
reset dns host ipv6	清空 IPv6 动态域名缓存信息 用来删除设备上保存的动态表项

思考题

8-1　请简述 TCP 和 UDP 端口。

8-2　如何配置网卡？网卡配置文件的存放路径在哪里？

8-3　如何修改 IP 地址？

8-4　如何绕过正常的路由表，直接发送到与网络相连的主机？

8-5　根据用户输入域名方式的不同，查询方式分为哪几种？

第四篇　系统安全篇

第9章
Linux 系统安全

本章学习要点

通过对本章的学习,读者应该了解 Linux 系统的 SELinux 基础、切换身份、安全相关工具、文件验证工具、SSH 及几种常见的身份验证方法,其中读者应着重掌握 Linux 系统的安全相关工具与远程访问工具 SSH,其中安全相关工具是 Linux 系统安全措施的必要工具,保护系统免受攻击;远程访问工具 SSH 是一个非常重要的工具,相当于 Windows 系统的远程桌面连接,可对 Linux 服务器进行远程控制。

学习目标

(1) 了解 SELinux 机制;

(2) 掌握安全相关工具的使用;

(3) 掌握使用远程访问工具 SSH;

(4) 了解 MD5 文件验证工具;

(5) 了解几种常见的身份验证方法。

9.1　SELinux 基础

安全增强式 Security - Enhanced Linux(SELinux)是一个在内核中实现的强制访问控制(MAC)安全性机制。在这种访问控制体系的限制下,进程只能访问那些在它的任务中所需要文件。SELinux 是由美国国家安全局(NSA)对于强制访问控制的实现,是 Linux 上最杰出的新安全子系统。SELinux 可以最大限度地保证 Linux 系统的安全。

9.1.1　SELinux 简介

SELinux 是 2.6 版本的 Linux 内核提供的强制访问控制(MAC)系统。对于目前可用的 Linux 安全模块来说,SELinux 是功能最全面,而且测试最充分的,它是在 20 年的 MAC 研究基础上建立的。SELinux 在类型强制服务器中合并了多级安全性或一种可选的多类策略,并采用了基于角色的访问控制概念。

没有 SELinux 保护的 Linux 的安全级别和 Windows 一样,是 C2 级,但经过保护 SELinux 保护的 Linux,安全级别则可以达到 B1 级。如:我们把/tmp 目录下的所有文件和目录权限设置为 0777,这样在没有 SELinux 保护的情况下,任何人都可以访问/tmp 下的内容。而在 SELinux 环境下,尽管目录权限允许你访问/tmp 下的内容,但 SELinux 的安全策略会继续检查你是否可以访问。

NSA 推出的 SELinux 安全体系结构被称为 Flask,在这一结构中,安全性策略的逻辑和通用接口一起封装在与操作系统独立的组件中，这个单独的组件被称为安全服务器。
SELinux 的安全服务器定义了一种混合的安全性策略，由类型实施(TE)、基于角色的访问
控制(RBAC)和多级安全(MLS)组成。通过替换安全服务器，可以支持不同的安全策略。

9.1.2　SELinux 的部分问题

要更加了解 SELinux 的重要性及能够为你做什么，最简单的方法就是参考一些例子。
在未启用 SELinux 的情况下，要控制用户的文件访问权，唯有通过酌情访问控制(DAC)方
法如文件权限或访问控制清单(ACL)。不论用户或程序都可以将不安全的文件权限赋予其
他人，或反过来访问系统在正常运作下无须访问的部分。举例如下。

(1) 管理员不能控制用户：用户可以把谁都可读入的权限赋予敏感文件，例如 ssh 金钥
及惯常用来放置这些金钥的目录，如～/.ssh/。

(2) 进程可以更改安全性属性：每位用户的邮件文件应该只供该用户读入，但邮件客户
端软件有能力将它们改为谁都可读入。

(3) 进程继承用户的权限：假如 Firefox 被木马程序所占用，它可能会阅读用户的私人
ssh 金钥，尽管它没有理由这样做。

基本上传统 DAC 模式只在两个权限级别——root 及用户，而当中不能简易地实施最小
权限的理念。很多由 root 引导 1 的进程在后期会撤除它们的权限并以受限制的用户身份
来运行，有些则会在 chroot 的情况下执行，但这些安全措施都是酌情的。

9.1.3　SELinux 解决方案

SELinux 更能遵从最小权限的理念。在缺省的 enforcing 情况下，一切均被拒绝，接着
有一系列例外的政策来允许系统的每个元素(服务、程序、用户)运作时所需的访问权。当一
项服务、程序或用户尝试访问或修改一个它不需用的文件或资源时，它的请求会遭拒绝，而
这个行动会被记录下来。

由于 SELinux 是在内核中实践的，应用程序无须被特别编写或重写便可以采用
SELinux。当然，如果一个程序特别留意稍后所提及的 SELinux 错误码，它的运作可能会更
顺畅。假如 SELinux 拦阻了一个行动，它会以一个标准的(至少是常规的)拒绝访问类的错
误信息来回复给该应用程序。然而，很多应用程序不会测试系统函数所返回的错误码，因此
它们也许不会输出消息解释问题所在，或者输出错误消息。

理论上，下列方案可提供更高安全度：

(1) 局限只有某些获授权的程序可读入用户的 ～/.ssh/ 目录；

(2) 防止派发邮件程序(Mail Delivery Agent)更改拥有群组、群组设置或其他读档
权限；

(3) 阻止浏览器读入用户的主目录。

不过截至第 6 版的 CentOS，这些方案都不包含在 SELinux 规则内。这是一个发展中的
领域，由于上游发行者的系统管理员客户群难以接受上述的做法，事实上亦不会在短期内
落实。

9.1.4　SELinux 模式

SELinux 拥有三种访问控制方法。

（1）强制类型（TE）：TE 是针对型政策所采用的主要访问控制机制；

（2）基于角色的访问控制（RBAC）：它以 SELinux 用户（未必等同 Linux 用户）为基础，但缺省的针对型政策并未采用它；

（3）多层保障（MLS）：普遍不获采用，而且经常隐藏在缺省的针对型政策内。

所有进程及文件都拥有一个 SELinux 的安全性脉络。让我们查看 Apache 的主页 /var/www/html/index.html 的 SELinux 安全性脉络来看看它们如何运作：

$ ls -Z /var/www/html/index.html -rw-r--r-- username username system_u:object_ r:httpd_sys_content_t /var/www/html/index.html

注：-Z 这个标旗在多数工具内都可用来显示 SELinux 安全性脉络（如 ls -Z、ps axZ 等）。

除了标准的文件权限及拥有权，我们更可以看到 SELinux 脉络栏：system_u:object_r: httpd_sys_content_t。

这是建基于［用户:角色:类型:多层保障］。在上述例子里，［用户:角色:类型］栏都有显示，而［多层保障］是隐藏的。在缺省的针对型政策里，类型是用来实施［强制类型］的重要字段，在这里它是 httpd_sys_content_t。

现在让我们看看 Apache 网页服务器，httpd，这个进程的 SELinux 安全性脉络：

$ ps axZ | grep httpd

system_u:system_r:httpd_t   3234 ?   Ss   0:00 /usr/sbin/httpd

从类型栏我们看出 Apache 在 httpd_t 这个类型本地内运行。

最后，让我们看看位于我们的主目录内的一个文件的安全性脉络：

$ ls -Z /home/username/myfile.txt

-rw-r--r-- username username user _ u：object _ r：user _ home _ t/home/username/ myfile.txt。

它的类型是 user_home_t，这是位于每个户主目录内的文件的缺省类型。

唯有相似的类型才可互相访问，因此以 httpd_t 运行的 Apache 可以读入拥有 httpd_ sys_content_t 类型的 /var/www/html/index.html。由于 Apache 在 httpd_t 这个本地内运行但不属 username 这个用户，纵然 /home/username/myfile.txt 可供任何人读入，Apache 却不能访问该文件，因为它的 SELinux 安全性脉络并不是 httpd_t 类型。倘若 Apache 被人占用，又假设它仍未取得更改 SELinux 标签至另一个脉络的 root 权限，它将会不能引导 httpd_t 本地外的进程（借此防止权限升级），或访问与 httpd_t 本地不相关的文件。

9.2 切换身份使用 Linux

9.2.1 限制 root 访问

由于 root 可以在 Linux 计算机上为所欲为，访问该账户必须加以限制。在只有一个管理员的系统中，可以使管理员设置一个任何人都不知道的 root 密码。这个用户可以稍后使用 root 直接登录或使用 su 来获取 root 权限。su 命令代表 switcher user（切换用户），它用来更改用户的显示标识。仅仅输入 su 会导致提示输入 root 密码。如果用户输入了正确的密码，会话就会有效得变为一个 root 会话。你也可以在 su 后输入一个用户名来得到那个用户的权限。当 root 用户这么做了之后,那么就不需要任何密码了(这样有时能方便调查单个用户所报告的问题)。使用-c 指定程序名,使用 root 权限运行该程序,如 su -c "lsof -i" 表示用 root 权限运行 lsof -i。

不提倡直接用 root 用户登录通常有以下几个原因:没有记录有人输入的密码在日志文件中出现;root 密码可以被很多方式拦截;如果用户离开终端,一个过路人也可以劫持计算机。使用 su 在安全的角度来看比直接登录来得更加好,因为使用 su 通常会在系统日志中留下谁是 root 的痕迹。

一个比直接登录 root 和 su 都好的取得 root 权限的方法是使用 sudo。用 sudo 作为 root 运行一条命令,比如,作为 root 运行 lsof -i,输入:

$ sudo lsof -i

[sudo] password for georgia:

在这个例子中,计算机提出输入用户(georgia)的密码,而不是 root 密码。言外之意即你首先配置计算机作为 sudo 用户去访问一个特定用户。这些用户然后可能使用他们自己的密码来执行一个超级用户的任务,即使这些用户没有 root 密码。不过一些 sudo 配置需要用户去输入超级用户的密码而不是他们自己的密码。你甚至可以调整那些任务用户可以执行。这是通过/etc/sudoers 配置文件来完成的。你必须通过 visudo 来编辑此配置,visudo 是一个 Vi 的变种,只是用来编辑/etc/sudoers。

/etc/sudoers 包括两种条目:别名(aliases)和用户规格(user specifications)。别名基本上就是变量,你可以使用它去定义一组命令、一组用户等。用户规格链接用户的机器和命令(可能给一些或所有选项使用别名)。因此,你可以配置 sudoers,其中 georgia 可以以 root 权限运行网络程序单而不能运行账户维护工具,同时 george 可以运行账户维护工具而不能运行网络程序。

你的默认/etc/sudoers 文件可能包含一些例子。考虑以下几行:

##Storage

Cmnd_Alias STORAGE=/sbin/fdisk,/sbin/sfdisk,/sbin/parted,➡

/sbin/partprobe,/bin/mount,/bin/umount

##Processes

Cmnd_Alias PROCESSES=/bin/nice,/bin/kill,/usr/bin/kill,/usr/bin/killall

%sys ALL=STORAGE,PROCESSES

%disk ALL=STORAGE

%wheel ALL=(ALL) ALL

这个例子中定义了两个命令的别名:STORAGE 和 PROCESSES,每个都代表了一串命令。在 sys 组中的用户可以同时使用这两个命令;在 disk 组中的用户能使用 STORAGE 命令,而不能使用 PROCESSES 命令;在 wheel 组中的用户可以使用所有命令,无论他们是否在/etc/sudoers 中被提到。

在一些发行版中(如 Ubuntu)就充分利用了 sudo。这些发行版就是设计来通过 sudo 专门管理的,他们设置一个"/etc/sudoers"文件来提供至少一个用户来简单访问所有的系统功能。其他发行版就不这样依赖 sudo 了,虽然你仍然可以通过 sudo 配置来使管理生效。

9.3 安全相关工具的使用

9.3.1 远程网络扫描器

1. 概述

Nmap 是一款用于网络发现(network discovery)和安全审计(security auditing)的网络安全工具,它是自由软件。软件名字 Nmap 是 Network Mapper 的简称。通常情况下,Nmap 用于:

(1) 列举网络主机清单;

(2) 管理服务升级调度;

(3) 监控主机;

(4) 服务运行状况。

Nmap 可以检测目标机是否在线、端口开放情况、侦测运行的服务类型及版本信息、侦测操作系统与设备类型等信息。它是网络管理员必用的软件之一,用以评估网络系统安全。

正如大多数工具被用于网络安全的工具,Nmap 也是不少黑客及骇客(又称脚本小孩)爱用的工具。系统管理员可以利用 Nmap 来探测工作环境中未经批准使用的服务器,但是黑客会利用 Nmap 来搜集目标电脑的网络设定,从而计划攻击的方法。

Nmap 通常用在信息搜集阶段(information gathering phase),用于搜集目标主机的基本状态信息。扫描结果可以作为漏洞扫描(vulnerability scanning)、漏洞利用(vulnerablity exploit)、权限提升(privilege escalation)等阶段的输入。例如,业界流行的漏洞扫描工具 Nesssus 与漏洞利用工具 Metasploit 都支持导入 Nmap 的 XML 格式结果,而 Metasploit 框架内也集成了 Nmap 工具(支持 Metasploit 直接扫描)。

Nmap 不仅可以用于扫描单个主机,也可以适用于扫描大规模的计算机网络(例如扫描因特网上数万台计算机,从中找出感兴趣的主机和服务)。当然,扫描大规模的网络时,需要注意优化 Nmap 的各种时序及发包的参数,参数可以巨大地提高扫描性能。

2. Nmap 核心功能

(1) 主机发现(host discovery)

用于发现目标主机是否处于活动状态。

Nmap 提供了多种检测机制,可以更有效地辨识主机。例如可用来列举目标网络中哪些主机已经开启,类似于 Ping 命令的功能。

(2) 端口扫描(port scanning)

用于扫描主机上的端口状态。

Nmap 可以将端口识别为开放(open)、关闭(closed)、过滤(filtered)、未过滤(unfiltered)、开放/过滤(open/filtered)、关闭/过滤(closed/filtered)。默认情况下,Nmap 会扫描 1000 个常用的端口,可以覆盖大多数基本应用情况。

(3) 版本侦测(version detection)

用于识别端口上运行的应用程序与程序版本。

Nmap 目前可以识别数千种应用的签名(signatures),检测数百种应用协议。而对于不识别的应用,Nmap 默认会将应用的指纹(fingerprint)打印出来,如果用于确知该应用程序,那么用户可以将信息提交到社区，为社区做贡献。

（4）操作系统侦测（OS detection）

用于识别目标机的操作系统类型、版本编号及设备类型。

Nmap 目前提供了上千种操作系统或设备的指纹数据库，可以识别通用 PC 系统、路由器、交换机等设备类型。

（5）防火墙/IDS 规避（firewall/IDS evasion）

Nmap 提供多种机制来规避防火墙、IDS 的屏蔽和检查，便于秘密地探查目标机的状况。

基本的规避方式包括：分片（fragment）/IP 诱骗（IP decoys）/IP 伪装（IP spoofing）/MAC 地址伪装（MAC spoofing）等。

（6）NSE 脚本引擎（Nmap scripting engine）

NSE 是 Nmap 最强大、最灵活的特性之一，可以用于增强主机发现、端口扫描、版本侦测、操作系统侦测等功能，还可以用来扩展高级的功能如 Web 扫描、漏洞发现、漏洞利用等。Nmap 使用 Lua 语言来作为 NSE 脚本语言，目前的 Nmap 脚本库已经支持 350 多个脚本。

3. Nmap 基本命令和典型用法

全面进攻性扫描（包括各种主机发现、端口扫描、版本扫描、OS 扫描及默认脚本扫描）：

nmap -A -v targetip

Ping 扫描：

nmap -sn -v targetip

快速端口扫描：

nmap -F -v targetip

版本扫描：

nmap -sV -v targetip

操作系统扫描：

nmap -O -v targetip

9.3.2　密码管理工具

默认的 Linux 配置对于密码非常依赖。用户密码是他们进入系统的钥匙，如果用户粗心对待他们的密码，那么结果将侵害系统安全。理解这些风险对于维护系统安全至关重要，你的任务就是帮助用户，毕竟，他们拥有密码。你也应该知道 Linux 所提供的一些工具，以保证密码的安全。

大多数发行版 Linux 默认使用阴影密码，所以这个章节的大部分都假定这个特性是开启状态的。为了提供额外的安全性，发行版将哈希密码从所有人都可以读取的"/etc/passwd"文件移到了"/etc/shadow"文件中，此外，阴影密码还额外添加了账户信息。

阴影密码的优点之一是它们支持密码老化（password aging）和账户过期（account expiration）特性。这些特性使你能执行密码定期更换和在特定时间后自动禁用账户。你可以使用 chage 命令来使这些特性生效，并更改设定时间。

usermod 工具可以用来调整阴影密码特性，比如账户过期日期。chage 命令可以更彻底地调整账户安全特性，而 usermod 可以调整更多非安全的账户特性。

9.4　文件验证工具

9.4.1　使用 md5sum 校验文件 MD5 值

MD5 算法常常被用来验证网络文件传输的完整性，防止文件被人篡改。

MD5 全称是报文摘要算法（Message-Digest Algorithm 5），此算法对任意长度的信息逐位进行计算，产生一个二进制长度为 128 位（十六进制长度就是 32 位）的"指纹"（或称"报文摘要"），不同的文件产生相同的报文摘要的可能性是非常小的。

在 Linux 或 Unix 上，md5sum 是用来计算和校验文件报文摘要的工具程序。一般来说，安装了 Linux 后，就会有 md5sum 这个工具，直接在命令行终端直接运行。

1. 生成 MD5 验证码

\# md5sum filename >filename.md5

或者# md5sum filename >>filename.md5

这会为名为"filename"的文件生成名为"filename.md5"的 md5 验证码文件。

2. 多个文件的验证码

也可以把多个文件的报文摘要输出到一个 md5 文件中，这要使用通配符 ∗，比如某目录下有几个 zip 文件，要把这几个 zip 文件的摘要输出到 zip.md5 文件中，命令如下：

md5sum ∗.zip >zip.md5

3. 使用 md5sum 验证

把 filename 和其验证文件 filename.md5 放到同一目录下用下面的命令：

\# md5sum -c filename.md5

4. 新文件的验证码

可以为多个文件创建一个验证文件，也可以把新的文件的验证码加进去：

\# md5sum ∗ >filename.md5　　　//为同一目录下的所有文件建立验证文件

\# md5sum newfile >>filename.md5　　//把 newfile 的验证码加入验证文件 filename.md5 中

9.5　远程访问工具 SSH

9.5.1　概述

Linux 是一种自由和开放源代码的类 Unix 操作系统内核。它具有较高的可靠性、安全性和稳定性，因而广泛应用于服务器和工作站等领域。

在 Linux 平台上，传统的网络服务程序如 FTP、POP 和 Telnet，它们本质上都是不安全的。在网络上，这些程序采用明文传送数据、用户账号或用户口令，较容易受攻击。一种攻击方式为利用一台机器冒充真正的服务器接收用户发送给服务器的数据，随后再冒充用户传数据给真正的服务器。也就是说，如果有主机监听所有数据包，则网络上所传输的敏感信息都会被获取。因此远程管理需要一种安全的方式。

SSH 是一种创建在应用层和传输层基础上的安全协议。SSH 是当前可靠的，专为远程登录会话和其他网络服务提供安全性的协议。利用 SSH 协议可以有效防止远程管理过程中的信息泄露问题。通过 SSH 可以对所有传输的数据进行加密,也能够防止 DNS 欺骗和 IP 欺骗。同时 SSH 传输的数据是经过压缩的,所以可以加快传输的速度。

9.5.2　Linux 系统 SSH 应用

1. OpenSSH 简介

由于受版权和加密算法等的限制,Linux 平台的基于 SSH 的远程管理,一般采用 OpenSSH。OpenSSH 是 SSH 的替代软件包,而且是开源和免费的。为方便说明,这里的 Linux 系统都采用 Red Hat 版本 OpenSSH 程序组包括以下内容:

sshd——SSH 服务端程序;

scp——非交互式 sftp - server 的客户端,用来向服务器上传/下载文件;

sflp——交互式 sflp - server 客户端,安全文件传输协议;

ssh——SSH 协议的客户端程序,用来登录远程系统或远程执行命令;

ssh-add——SSH 代理相关程序,用来向 SSH agent 添加 dsa/rsa key;

ssh-agent——SSH 代理程序;

ssh-keyscan——SSH public key 生成器。

2. OpenSSH 使用

OpenSSH 服务器安装完成后,SSH 的启动和停止等操作如下:

/etc/init.d/sshd start # 启动 SSH 服务;

/etc/init.d/sshd stop # 停止 SSH 服务;

/etc/init.d/sshd restart # 重新启动 SSH 服务;

/etc/init/d/sshd reload # 加载修改后的配置文件并生效。

SSH 默认采用端口 22。如需修改端口等配置信息,需修改“~/ete/ssh/ssh_config” 文件。

使用 SSH 客户端远程管理时,首先登录远程机器,最常用为密码验证登录:

ssh username@ipaddress

以上两个参数分别为登录系统账户和服务器地址。如果不采用默认端口。还需输入连接端口号。根据提示键入密码登录。登录成功后,SSH 会链接远程服务器上的 sshd 服务器程序。此时所进行的远程操作,是在远程服务器上执行命令并把结果返回本地。

9.5.3　远程管理安全与防火墙

SSH 是一种安全的远程管理方式,它提供了多种访问和验证控制,一般情况下可以保证数据传输的安全。而针对 SSH 传输配置防火墙,可以过滤非授权的访问,更进一步提升安全性。

在 Linux 系统中,通过配置 iptables,可以增加访问控制。

如果需要限制 SSH 只能访问局域网主机,加入规则:

ipt-A INPUT -I $ LAN_IFACE -P tcp -S192.168.1.0/24 --dport 22 -sport 1024:65535 -nl state-state NEW -j ACCEPT

防火墙可以专门设置允许 SSH 登录的特定端口,以及限制特定源 IP 地址的登录。

如果需要通过 SSH 远程管理局域网,访问局域网内的主机,此时 SSH 远程登录需要穿越 NAT 防火墙。一种通用的方式为,首先 SSH 到防火墙,通过防火墙再登录到局域网内的主机。这种会话方式实质上是借助防火墙主机来实现的。

如果由于授权等原因不借助防火墙主机账号来登录,则可以设置端口转发,从而直接访问局域网主机的相应端口。此时用户可以直接根据完全限定域名及端口号进行访问,端口转发过程对用户是透明的,用户无需额外账号信息,因而管理上安全可靠。

9.5.4　总结

SSH 是一种安全实用的远程登录会话等网络服务解决方案,对传输信息进行了加密。在 Linux 平台上,应用 SSH 进行远程管理,可以防止使用过程中的信息泄露。SSH 采用多种验证机制来保证其安全性,而通过针对性配置防火墙可以灵活地限制 SSH 的访问,进一步提高其安全性。

9.6　几种常见的身份验证方法

9.6.1　SSH 验证机制

SSH 支持多种安全验证方式,包括主机密钥验证、公钥验证等。

主机密钥验证方式,使用 Linux 系统登录名和密码来验证 SSH 密钥加密会话。这种方式简单易行,最为常用公钥验证使用 SSH 身份密钥验证。身份密钥可以验证独立的用户,它的原理为首先由用户生成一对密钥,然后将公钥保存在 SSH 服务器用户的目录中,私钥保存在本地计算机中,当用户登录时,服务器检查 authorize_kev 文件的公钥是否与用户的私钥对应,如果相符则允许登录,否则拒绝登录。这种方式下,由于私钥只保存在用户的本地计算机中。因此入侵者就算得到用户口令,也不能登录服务器。

9.6.2　PAM 验证

1. 引入

很多 Linux 应用程序都要求某种类型的身份验证。过去,每个身份验证机制影响对应的应用程序的编译,使用的是硬编码的关于运行应用程序的系统使用的身份验证机制的信息。改变或改进系统的身份验证机制会要求更新和重新编译所有使用该机制的应用程序,甚至当你有系统上所有相关应用程序的源代码时,这也是很枯燥的工作。

PAM 提供了一个灵活的动态的验证任何使用 PAM 的应用程序或服务的机制。用 Linux - PAM 库编译的应用程序或服务使用文本格式的配置文件来标识它们的身份验证要求。在系统中使用 PAM,可以让读者轻松地修改身份验证要求或集成新的身份验证机制,只需在具体的应用程序或服务使用的 PAM 配置文件中添加条目。

虽然这里讲的东西看起来有些过于详细,但了解 PAM 和 PAM 配置文件的工作方式可以为后面的内容提供必要的背景知识,后面的 4 个速成技巧解释了如何在不重写或重新编译代码的情况下,把具体的现代身份验证机制集成到 Linux 系统。

2. 概述

PAM 是使用主要的 Linux - PAM 身份验证库编译的应用程序自动加载的共享库模块。使用 PAM(有时称为 PAM 模块)的应用程序一般称为 PAM 感知的应用程序。

PAM 满足 PAM 感知的应用程序不同的身份验证要求,类似于可重用代码和库和应用程序的关系。例如,PAM 感知的 login 程序可以调用许多 PAM 进行检查,比如以根身份登录的用户是否在一个安全终端上,是否允许用户此时登录系统,还可满足其他类似的身份验证要求。因为 PAM 是共享库模块,PAM 感知的 rsh 程序可以重用"是否允许用户现在登录系统"之类相同的检查。PAM 还是 login 使用的 PAM,但应用的规则和 rsh 更相关一些。PAM 模块本身现在通常都是存放在/lib/security 目录,但有些老的 Linux 分发版把 PAM 保存在/usr/lib/security 目录中。

　　不同的 PAM 感知应用程序使用的 PAM 以两种方式定义。在现代 PAM 的实现中,PAM 由/etc/pam.d 目录中的特定于应用程序的配置文件控制。在比较老的 PAM 实现中,系统中应用程序使用的所有模块都在一个中央的配置文件"/etc/pam.conf"中定义。为了向后兼容系统仍支持老的方法,但不建议采用,同时鼓励使用现代方法,如果系统中两者同时存在,则使用/etc/pam.d 目录,而不是"/etc/pam.conf"文件的内容。此技巧把重点放在/etc/pam.d 中的 PAM 配置文件,因为多数现代系统就是这样使用 PAM 的。

思考题

　　9-1　SELinux 拥有哪几种访问控制方法?

　　9-2　如何取得系统权限?

　　9-3　Nmap 可以检测目标主机哪些信息?

　　9-4　Nmap 的核心功能有哪些?

　　9-5　如何修改 SSH 端口等配置信息?